建筑安装工程质量检验与验收

主　编　刘增峰
主　审　吴建敏

北京邮电大学出版社
·北京·

内容简介

本书依据国家标准《建筑工程施工质量验收统一标准》(GB 50300－2001)及相关专业验收规范，以设备安装工程检验批质量检查验收的方法为主要内容，按照检验批、分项工程、分部(子分部)工程、单位工程施工质量验收的基本程序为主线进行编写，重点介绍建筑设备及安装工程检验技术。突出现场的实用技术和学生实际能力的培养。

本书主要适用于高职高专建筑设备专业及相关专业建筑设备安装质量检验技术课程，也可以作为成人高校及本科院校的二级职业技术学院建筑设备专业教学使用，还可作为相关技术专业人员的培训用教材或作为工程施工现场参考用书。

图书在版编目(CIP)数据

建筑安装工程质量检验与验收/刘增峰主编. --北京:北京邮电大学出版社，2011.4

ISBN 978-7-5635-2587-4

Ⅰ.①建…　Ⅱ.①刘…　Ⅲ.①建筑安装—质量检验　Ⅳ.①TU712

中国版本图书馆 CIP 数据核字(2011)第 034195 号

书　　名：建筑安装工程质量检验与验收
主　　编：刘增峰
责任编辑：周虹霖
出版发行：北京邮电大学出版社
社　　址：北京市海淀区西土城路 10 号(邮编：100876)
发 行 部：电话：010-62282185　传真：010-62283578
E-mail：publish@bupt.edu.cn
经　　销：各地新华书店
印　　刷：北京忠信诚胶印厂
开　　本：787 mm×1 092 mm　1/16
印　　张：16
字　　数：392 千字
印　　数：1—3 000 册
版　　次：2011 年 4 月第 1 版　2011 年 4 月第 1 次印刷

ISBN 978-7-5635-2587-4　　定　价：32.00 元

·如有印装质量问题，请与北京邮电大学出版社发行部联系·

前　言

“建筑安装工程质量检验与验收”是建筑设备专业的一门重要的专业技术课程。本书主要介绍建筑设备安装质量的相关知识；介绍建筑设备安装质量检验的概念、质量检验的组织程序、质量检验的项目内容和方法、技术和过程；介绍建筑设备安装质量检验的标准、规范要求、质量检验表格的填制等知识。

本书是以我院建筑设备工程技术主专业培养方案中对人才能力培养目标为主线，以学生毕业后岗位专业能力需求为基点，以《建筑设备安装质量验收规范》(GB 50242—2002、GB 50243—2002、GB 50303—2002、GB 50310—2002、GB 50339—2003)为依据编写而成。在编写的内容上有以下特点。

1. 采用国家最新标准，内容设置与人才培养目标一致：即突出过程、方法、技术的应用。

2. 重视实践训练，体现教、学、作一体的教学模式；教材每一章都安排了一定的实训项目，着力培养学生的实践工作能力。

3. 在内容的编排上，遵循专业知识、专业技术、专业能力的渐进原则；按照建筑设备安装质量检验的过程顺序，从检验批开始直至单位(子单位)工程质量检验，使学生体验过程环节与方法技术内在联系。

本书由刘增峰、吴建敏编写，吴建敏主审，在编写过程中，参考了相应的文献资料、标准规范，在此，谨向这些文献的作者表示诚挚的谢意。

由于编者水平有限，书中难免有不足之处，欢迎广大读者指正。

编　者

目　录

绪论………………………………………………………………………………… 1

0.1　建设工程质量与质量监督管理 …………………………………………… 1

0.1.1　建设工程质量 ……………………………………………………… 1

0.1.2　工程质量管理体系 ………………………………………………… 1

0.1.3　全面质量管理 ……………………………………………………… 2

0.1.4　参与施工质量检查与验收的各方主体 ………………………… 3

0.2　工程质量的检查与验收 …………………………………………………… 4

0.2.1　建筑工程施工质量检查与验收的基本思想 …………………… 4

0.2.2　建筑工程施工质量检查与验收的依据 ………………………… 5

0.2.3　建筑工程质量检查与验收的基本方法 ………………………… 5

0.2.4　工程质量检验程度种类 …………………………………………… 6

0.2.5　建筑工程质量检验的常用工具 …………………………………… 6

0.3　课程的任务、研究对象、内容 ……………………………………………… 9

0.3.1　本课程的任务 ……………………………………………………… 9

0.3.2　本课程研究的对象 ………………………………………………… 9

0.3.3　本课程的主要内容 ………………………………………………… 9

0.4　本课程的学习方法 ………………………………………………………… 9

0.4.1　课程综合性强 ……………………………………………………… 9

0.4.2　课程实践性强……………………………………………………… 10

上篇　质量检查与验收基础知识

第1章　建筑工程质量检查与验收 ………………………………………… 13

1.1　建筑工程质量验收的划分…………………………………………………… 13

1.1.1　建筑工程施工质量检验统一标准(GB 50300－2001)与规范的配套使用 …… 13

1.1.2　建筑工程质量验收的划分…………………………………………… 14

1.2　建筑工程质量验收程序和组织……………………………………………… 19

1.2.1　工程质量检验与验收………………………………………………… 19

1.2.2　建筑工程验收程序和组织…………………………………………… 20

第 2 章　检验批施工质量验收 …… 24
2.1　检验批施工质量验收…… 24
2.1.1　检验批合格质量规定…… 24
2.1.2　主控项目…… 24
2.1.3　一般项目…… 25
2.2　检验批施工质量验收表格…… 25
2.2.1　检验批施工质量验收记录…… 25
2.2.2　检验批质量验收表的填制…… 26
第 3 章　分项工程施工质量验收 …… 30
3.1　分项工程施工质量验收…… 30
3.1.1　分项工程施工质量验收合格规定…… 30
3.1.2　分项工程验收表格及填表说明…… 30
3.2　分项工程施工质量验收方法…… 31
3.2.1　分项工程施工质量验收方法…… 31
3.2.2　分项工程施工质量验收通用表格…… 32
第 4 章　分部(子分部)工程施工质量验收 …… 33
4.1　分部(子分部)工程施工质量验收…… 33
4.1.1　分部(子分部)工程质量验收合格规定…… 33
4.1.2　分部(子分部)工程施工质量验收方法…… 33
4.1.3　分部(子分部)工程验收表格及填表说明…… 34
4.2　各分部(子分部)工程施工质量验收…… 39
4.2.1　建筑给水、排水及采暖分部(子分部)工程 …… 39
4.2.2　建筑电气分部(子分部)工程…… 41
4.2.3　通风与空调分部(子分部)工程…… 42
4.2.4　电梯分部(子分部)工程…… 44
第 5 章　单位(子单位)工程竣工验收 …… 46
5.1　单位(子单位)工程质量竣工验收…… 46
5.1.1　单位(子单位)工程验收程序与组织…… 46
5.1.2　单位(子单位)工程质量验收合格规定…… 47
5.2　竣工验收记录与备案…… 47
5.2.1　单位(子单位)工程验收填表说明及表格…… 47
5.2.2　单位工程竣工验收备案…… 54

下篇 安装工程检验技术

第6章 建筑给水、排水及采暖工程…… 59
6.1 建筑给水安装工程…… 59
6.1.1 室内给水管网安装工程施工质量验收…… 59
6.1.2 室内热水管网安装工程施工质量验收…… 63
6.1.3 室外给水管网安装工程施工质量验收…… 65
6.2 建筑排水安装工程…… 68
6.2.1 室内排水安装工程…… 69
6.2.2 室外排水管网安装工程…… 74
6.3 建筑中水安装工程…… 75
6.3.1 建筑中水系统管道及辅助设备安装分项工程施工质量验收项目及方法 …… 75
6.3.2 游泳池水系统安装分项工程施工质量验收项目及方法…… 76
6.4 建筑采暖安装工程…… 77
6.4.1 室内采暖系统安装工程…… 77
6.4.2 室外供热管网安装工程…… 81
6.4.3 供热锅炉及辅助设备安装工程…… 83
第7章 建筑电气安装工程 …… 92
7.1 配电及电气设备安装工程…… 92
7.1.1 架空线路及杆上电气设备安装分项工程施工质量检验项目及方法…… 92
7.1.2 变压器、箱式变电所安装分项工程施工质量检验项目及方法 …… 93
7.1.3 成套配电柜、控制柜(屏、台)、照明配电箱(盘)安装分项工程施工质量控制项目及检验方法…… 95
7.1.4 低压电动机、电加热器及电动执行机构检查接线分项工程施工质量控制项目及检验方法…… 97
7.1.5 柴油发电机组安装分项工程施工质量控制项目及检验方法…… 98
7.1.6 不间断电源安装分项工程施工质量控制项目及检验方法…… 99
7.1.7 低压电气动力设备试验和试运行分项工程施工质量控制项目及检验方法…… 100
7.1.8 裸母线及封闭母线、插接式母线安装分项工程施工质量控制项目…… 100
7.1.9 电缆桥架安装和桥架内电缆敷设分项工程施工质量控制项目及检验方法…… 104
7.1.10 电缆沟内和电缆竖井内电缆敷设分项工程施工质量控制项目及检验方法 … 106
7.2 建筑电气照明安装工程 …… 107
7.2.1 电线导管、电缆导管和线槽敷设分项工程施工质量控制项目及检验方法 … 107
7.2.2 电线、电缆穿管和线槽敷线分项工程施工质量控制项目及检验方法…… 109

7.2.3 槽板配线分项工程施工质量控制项目及检验方法 …… 110
7.2.4 钢索配线分项工程施工质量控制项目及检验方法 …… 110
7.2.5 电缆头制作、接线和线路绝缘测试分项工程施工质量控制项目及检验方法 … 111
7.2.6 普通灯具安装分项工程施工质量控制项目及检验方法 …… 112
7.2.7 专用灯具安装分项工程施工质量控制项目及检验方法 …… 113
7.2.8 建筑物景观照明灯、航空障碍标志灯和庭院灯安装分项工程施工质量控制项目及检验方法 …… 115
7.2.9 开关、插座、风扇安装分项工程施工质量控制项目及检验方法 …… 117
7.2.10 建筑物照明通电试运行分项工程施工质量控制项目及检验方法…… 119
7.3 防雷与接地安装工程 …… 119
7.3.1 接地装置安装分项工程施工质量控制项目及检验方法 …… 119
7.3.2 避雷引下线和变配电室接地干线敷设分项工程施工质量控制项目及检验方法 …… 120
7.3.3 接闪器安装分项工程施工质量控制项目及检验方法 …… 121
7.3.4 建筑物等电位联结分项工程施工质量控制项目及检验方法 …… 122

第8章 通风与空调安装工程 …… 124

8.1 风管与配件制作工程 …… 124
8.1.1 金属风管与配件制作分项工程质量控制项目及验收方法 …… 124
8.1.2 非金属、复合材料风管与配件制作分项工程质量控制项目及验收方法 …… 130
8.1.3 风管部件与消声器制作分项工程质量控制项目及验收方法 …… 137
8.2 风管系统安装 …… 140
8.2.1 送、排风与排烟风管系统安装分项工程质量控制项目及验收方法…… 140
8.2.2 空气调节风管系统安装分项工程质量控制项目及验收方法 …… 143
8.2.3 净化空调风管系统安装分项工程质量控制项目及验收方法 …… 144
8.3 系统设备安装 …… 146
8.3.1 通风机安装分项工程质量控制项目及验收方法 …… 146
8.3.2 通风与除尘系统设备安装分项工程质量控制项目及验收方法 …… 147
8.3.3 空调系统设备安装分项工程质量控制项目及验收方法 …… 149
8.3.4 净化空调系统设备安装分项工程质量控制项目及验收方法 …… 151
8.3.5 空调制冷系统设备安装分项工程质量控制项目及验收方法 …… 152
8.4 空调水系统安装 …… 156
8.4.1 金属管道空调水系统安装分项工程质量控制项目及验收方法 …… 156
8.4.2 非金属管道空调水系统安装分项工程质量控制项目及验收方法 …… 161
8.4.3 空调水系统设备安装分项工程质量控制项目及验收方法 …… 162
8.5 管道的防腐与绝热 …… 163
8.5.1 风管系统防腐与绝热施工分项工程质量控制项目及验收方法 …… 164
8.5.2 管道系统防腐与绝热施工分项工程质量控制项目及验收方法 …… 165

8.6 通风与空调安装工程系统调试 …… 166

第9章 电梯安装工程 …… 170

9.1 电力驱动的曳引式或强制式电梯 …… 170
9.1.1 电力驱动的曳引式或强制式电梯设备进场分项工程质量控制项目及验收方法 …… 170
9.1.2 电梯安装土建交接分项工程质量控制项目及验收方法 …… 170
9.1.3 电力驱动的曳引式或强制式电梯驱动主机安装分项工程质量控制项目及验收方法 …… 172
9.1.4 电梯导轨安装分项工程质量控制项目及验收方法 …… 172
9.1.5 电梯门系统安装分项工程质量控制项目及验收方法 …… 173
9.1.6 电梯轿厢及对重(平衡重)安装分项工程质量控制项目及验收方法 …… 173
9.1.7 电梯安全部件安装分项工程质量控制项目及验收方法(同时适用于液压电梯安全部件安装检验批工程的验收) …… 174
9.1.8 悬挂装置、随行电缆、补偿装置安装分项工程质量控制项目及验收方法 …… 174
9.1.9 电梯电气装置安装分项工程质量控制项目及验收方法(同时适用于液压电梯电气装置安装检验批工程的验收) …… 175
9.1.10 电梯整机安装分项工程质量控制项目及验收方法 …… 176
9.2 液压电梯 …… 178
9.2.1 设备进场验收分项工程质量控制项目及验收方法 …… 178
9.2.2 液压系统安装分项工程质量控制项目及验收方法 …… 178
9.2.3 悬挂装置、随行电缆安装分项工程质量控制项目及验收方法 …… 178
9.2.4 整机安装分项工程质量控制项目及验收方法 …… 179
9.3 自动扶梯、自动人行道 …… 182
9.3.1 设备进场验收分项工程质量控制项目及验收方法 …… 182
9.3.2 土建基础交接分项工程质量控制项目及验收方法 …… 182
9.3.3 整机安装试车分项工程质量控制项目及验收方法 …… 183

第10章 智能建筑工程 …… 186

10.1 通用部分 …… 186
10.1.1 工程现场质量管理 …… 186
10.1.2 产品质量检查 …… 187
10.1.3 工程实施及质量控制 …… 188
10.1.4 系统检测 …… 192
10.1.5 各智能化系统(分部、子分部)工程竣工验收 …… 195
10.2 通信网络系统 …… 196
10.2.1 通信系统 …… 196
10.2.2 卫星数字电视及有线电视系统 …… 199
10.2.3 公共广播与紧急广播系统 …… 200

10.3 信息网络系统…… 201
10.3.1 工程实施及质量控制…… 201
10.3.2 信息网络系统检测…… 203
10.3.3 竣工验收…… 205
10.4 建筑设备监控系统…… 206
10.4.1 工程实施及质量控制…… 206
10.4.2 系统检测…… 207
10.4.3 竣工验收…… 210
10.5 火灾自动报警及灭火联动系统…… 211
10.5.1 工程实施及质量控制…… 211
10.5.2 系统检测…… 216
10.5.3 竣工验收…… 217
10.6 安全防范及监控管理系统…… 217
10.6.1 工程实施及质量控制…… 217
10.6.2 系统检测…… 220
10.6.3 竣工验收…… 224
10.7 综合布线系统…… 224
10.7.1 工程实施及质量控制…… 224
10.7.2 系统检测…… 226
10.7.3 竣工验收…… 227
10.8 智能化系统集成…… 227
10.8.1 工程实施及质量控制…… 227
10.8.2 系统检测…… 227
10.8.3 竣工验收…… 229
10.9 电源与接地…… 229
10.9.1 系统检测…… 229
10.9.2 竣工验收…… 232
10.10 环境 …… 232
10.10.1 系统检测 …… 232
10.10.2 竣工验收 …… 233
10.11 住宅(小区)智能化 …… 233
10.11.1 工程实施及质量控制 …… 233
10.11.2 系统检测 …… 233
10.11.3 竣工验收 …… 235
附件…… 237
参考文献…… 243

绪　论

建筑安装工程是一种特殊的综合加工产品，该产品的质量即建筑安装工程质量，是建筑工程项目质量的一个重要组成部分，也是建筑安装企业质量管理和综合水平的反映。在工程建设项目中，建筑安装工程具有投资大、质量要求高、使用寿命长、质量显性特征强等特点。因此，建筑安装工程质量的好坏，直接关系到使用者的财产、生命和使用安全，关系到建筑工程项目的服务效益，也关系到企业的发展与生存。

0.1　建设工程质量与质量监督管理

0.1.1　建设工程质量

建设工程质量是指工程施工完工后的产品（建筑产品）与使用者要求的，符合国家法律、法规、技术规范、设计文件规定及合同约定的综合特性的符合程度。建筑工程作为一种特殊产品，其质量特性主要表现在以下几个方面。

1. 适用性：即功能，是指工程应满足使用目的的各种性能。包括其理化性能、结构性能、使用性能和外观性能几个方面。

2. 耐久性：即寿命，是指工程在规定条件下，满足规定功能要求的使用年限，也就是竣工后的合理使用寿命周期（由于建筑物本身结构类型、质量要求、施工方法、使用条件等不同特点，目前，国家对建设工程的合理使用寿命周期还缺乏统一的规定，仅在少数技术标准中提出了明确的要求。对建筑设备，如管道、屋面防水、卫生洁具、电梯等则视生产厂家设计的产品性质及工程设计的合理使用寿命周期而规定不同的耐用年限）。

3. 安全性：是指工程建成后在使用过程中保证结构安全度，避免人身和环境遭受危害（包括结构安全、抗震、耐火、防火、抗辐射、抗核污染的能力；栏杆、扶手、电气、电梯等建筑设备）的程度。

4. 可靠性：是指工程在规定的时间和规定的条件下完成规定功能（包括抗洪、隔热、隔音、防水，及防止跑、冒、滴、漏）的能力。

5. 经济性：指工程从规划、勘察、设计、施工的建设成本到整个产品使用寿命周期内的费用（包括征地、拆迁、勘察、设计、施工、配套设施、使用阶段的能耗、水耗、维护、保养、改建等）总和与经济性指标的符合程度。

6. 协调性：是指工程与其周围环境、与所在地区的经济环境、与周围已建工程、与可持续发展的要求的协调程度。

0.1.2　工程质量管理体系

国际标准化组织ISO对质量的定义是：一组产品，其显性的和隐含的功能与标准的符合程度。国家标准 GB/T 19000—2000 对质量控制的定义为：质量管理的一部分，致力于满足质量要求。而工程质量检验则是质量控制的重要环节和手段。

在工程项目建设中，参与工程建设的各方，都应该建立相应的质量管理体系。包括七大质量管理要素、八项质量管理原则。国际标准化组织颁布的 ISO 9000—2000 标准中规定，企业应按照"以顾客为关注焦点、领导作用、全员参与、过程方法、管理系统方法、基于事实的决策方法、与供方互利关系、持续改进"八项质量管理原则，在确定市场及顾客需求的前提下，制定企业的质量方针、质量目标、质量手册、程序文件及质量记录文件的质量管理体系。作为企业在工作（服务）全过程的作业内容、程序要求和工作标准，质量管理体系，是企业制定的，用来指导、规范、约束、检查企业质量管理工作的一系列标准文件。质量管理体系强调的是企业生产（服务）的过程环节，从而实现企业在质量管理过程的持续改进。ISO 9000—2000 标准体现的是过程环节，其核心是过程控制。即：基于七大要素和八项管理原则基础上的、有效的质量管理体系，来实现企业生产产品（服务）质量。

0.1.3 全面质量管理

全面质量管理是指对产品质量全面的管理、全过程的管理以及全员参与的管理。

1. 其主要含义

（1）质量除了包括一般的理解"产品质量"、"施工质量"外，还包括工作质量、如期完工及交付使用的质量、质量成本等全面覆盖产品质量特性；

（2）全过程是指工作过程的各个环节；

（3）全员是指所有参加质量生成的人员。

2. PDCA 循环

全面质量管理可以分成四个过程：即计划（Plan）、执行（Do）、检查（Check）、处理（Action），简称 PDCA 循环。其基本工作过程如下。

（1）计划、执行、检查、处理四个过程按规定的顺序进行，靠企业质量管理的力量来推动，像车轮一样前进，周而复始，不断循环，从而推动质量的不断改进，如图 0-1 所示。

（2）企业的每一个工段、班组直至个人的工作都有遵从 PDCA 的过程，如图 0-2 所示。质量指标一层一层地分解，质量过程一级一级地落实，质量环节一环一环地紧扣，从而实现大环套小环，小环保大环，一环扣一环，推动大循环的循环过程。

（3）每进行一次循环，都要进行质量总结，提出新的质量目标，再进行第二次循环。PDCA每循环一次质量水平和管理水平均提高一步，如图 0-3 所示。

图 0-1

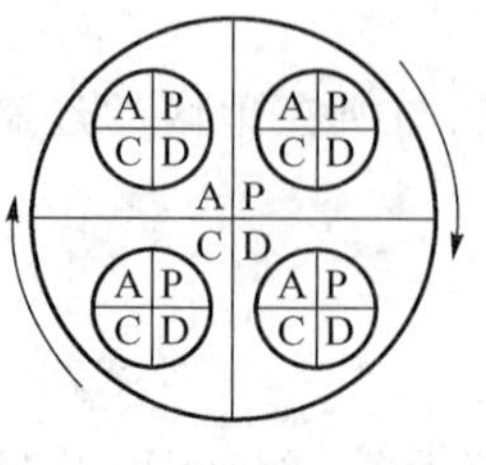

图 0-2

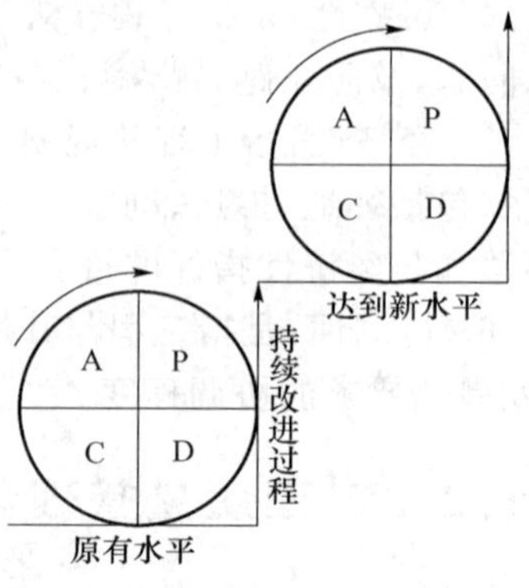

图 0-3

0.1.4 参与施工质量检查与验收的各方主体

建筑工程施工质量检查与验收是保证工程施工质量的重要手段。在施工质量检查与验收中,施工单位自行进行检查,监理单位、建设单位等参与验收的各方应根据自己的立场,通过抽样检查与复测等形式,从不同角度参与验收,互相合作,互相制约,对工程质量控制起到了积极的作用。可以说,他们都是参与施工质量检查与验收的重要主体。

1. 建设方

建设方是建筑物的所有者和使用者的代表,是工程建设市场的重要主体,是工程建设过程和建设效果的负责方,拥有按照法律、法规选定勘察、设计、施工、监理等单位和确定建设项目的规模、功能、外观、使用材料和设备等权力。建设方应按国家现行有关工程建设法规、技术标准及合同的规定,定期或不定期地深人工地进行检查和验收。当没有委托监理单位时,建设方参与检验批、分项工程、分部(子分部)工程等的验收。当工程项目施工委托监理的时候,建设方也应参与施工项目的质量检查,同时须组织单位工程的竣工验收。

2. 监理方

监理方受建设单位的委托,代表建设方执行施工监督、控制工程质量并参与各层次的检查与验收工作。

监理方在工程建设的实施过程中,对施工单位已经完成并自检合格的项目须进行抽检检查,进行质量确认,形成验收文件;同时在施工过程中应采取巡视和旁站等手段,对隐蔽工程、下一道施工工序完成后难以检查的重点部位,进行监督检查。监理工程师的质量检查是对承包单位作业活动质量的复核与确认,是验收。

3. 施工方

施工方是建筑工程施工的主体,是市场中的生产方,也是工程建设质量责任的主要主体,其行为对工程建设质量起关键性作用。工程施工质量的验收均应在施工方自行检查评定的基础上进行,故施工方应进行各层次的检查。检查合格后再与有关单位一起参与验收。

施工方对检验批、分项、分部(子分部)、单位(子单位)工程应按操作标准(企业标准)等进行自行检查并评定结果。

施工方质量检查体系表现在以下几点:(1) 作业活动的作业者在作业结束后必须自检;(2) 不同工序交接、转换必须由相关人员交接检查;(3) 承包单位专职质检员的专检。

4. 设计(勘察)方

设计(勘察)方提出建筑物设计文件及质量要求,对于涉及安全和重要使用功能的分部(子分部)工程,设计(勘察)方应参与验收,另外设计方应参与单位工程的竣工验收。

勘察单位通过一系列的勘察工作提交工程勘察报告,作为设计的依据之一。在施工阶段,勘察单位参加一定阶段的勘察配合及其验收工作,对施工过程中出现的地质问题要进行跟踪服务,特别是要参加验槽、基础工程验收及与地基基础有关的工程事故的处理工作。

设计单位主要根据建设单位的意图,利用自己的设计和技术手段将意图转化成可以施工的图纸。在施工阶段,图纸要接受施工的检验,设计人员要参与到施工中去,解决图纸中的未尽事宜,参与验槽、基础验收、主体验收和竣工验收等过程,以保证工程项目质量的实现。

5. 其他

在工程建设过程中，除上述单位外，检测机构、质量监督机构也在一定程度上、一定范围内参与或影响着工程项目的施工质量检查与验收。

(1) 质量监督机构

我国实行建设工程质量监督管理制度。工程质量监督管理的主体是各级政府建设行政主管部门和其他有关部门。但由于工程建设周期长、环节多、点多面广，工程质量监督工作是一项专业技术性强且很繁杂的工作，政府部门不可能亲自进行日常检查工作。因此，工程质量监督管理由建设行政主管部门或其他有关部门委托的工程质量监督机构具体实施。

建设工程质量监督机构通过制订质量监督工作方案，检查施工现场工程建设各方主体的质量行为，检查建设工程实体质量和监督工程质量验收来对建设工程质量进行控制。

(2) 检测机构

工程质量检测机构是对建设工程、建筑构件、制品及现场所用的有关建筑材料、设备质量进行检测的法定单位。在建设行政主管部门领导和标准化管理部门指导下开展检测工作，其出具的检测报告具有法定效力。法定的检测机构对本地区正在施工的建设工程所用的材料、混凝土、砂浆和建筑构件等进行随机抽样检测，向本地建设工程质量主管部门和质量监督部门提出抽样报告和建议。

目前，见证检测已经成为工程质量管理中通行的一种方式，在下列三种情况下应进行见证检测：国家规定应进行见证检测时；合同约定应进行见证检测时；对材料的质量发生争议需要进行仲裁时。

对于需要进行见证检测的材料或试件，应由监理单位或建设单位具有见证资格的人员(即见证员)监督，由施工单位有取样资格的人员(即取样员)随机抽取一定数量的材料或试件，在见证员的旁站监督下押送或封样送往检测单位。见证员、取样员须持证上岗。

0.2 工程质量的检查与验收

0.2.1 建筑工程施工质量检查与验收的基本思想

建筑工程施工质量检查与验收是工程施工项目质量管理的一部分，通过对工程质量进行检查与验收，可以有效地保障工程质量，避免不合格的施工项目(或过程)流向下一工序，从而确保整个工程质量。

但是，一般的工程施工项目都较为庞大，施工周期长，如果仅是工程结束后才进行验收，或之间只设置几个验收点，都是远远不够保证工程施工质量的。新的验收规则把庞大的工程施工项目层层分解：单位工程分为若干分部(子分部)工程；分部(子分部)工程依然较大，又被划分为较小的分项工程；较小的分项工程又被分为更小的检验批。检验批是施工项目检查与验收的最小单位。进行工程项目施工质量验收的时候，通过对检验批的检查与验收来保证所在的分项工程的合格验收，分项工程的合格从而又保证了分部(子分部)工程的合格，最后保证了整个单位工程的质量合格。

0.2.2 建筑工程施工质量检查与验收的依据

施工质量验收是依据国家有关工程建设的法令、法规、标准、规范及有关文件进行验收。主要依据是:(1)《建筑工程施工质量验收统一标准》及相关质量验收规范。(2) 国家现行的勘察、设计、施工等技术标准、规范。(3) 施工执行的标准,主要是施工的技术标准、工艺标准,它们可以是行业标准(JGJ)、地方标准(DB)、企业标准(QB)、协会标准(CECS)等。这些标准是施工操作的依据,是施工全程控制基础,也是施工质量验收的基础和依据。(4) 施工图设计文件,包括设计变更、洽商文件等。(5) 建设单位与参建单位签订的“合同”。(6) 其他有关规定和文件。

0.2.3 建筑工程质量检查与验收的基本方法

对于现场所用的原材料、半成品、工序过程或工程产品质量进行检验的方法,一般可分为三类,即:目测法、检测工具量测法以及试验法。

1. 目测法

目测法即凭借感官进行检查,也可以叫做观感检验。这类方法主要是根据质量要求,其手段可归纳为看、摸、敲、照 4 个字对检查对象进行检查。

“看”就是根据质量标准要求进行外观目测检查。例如清水墙表面是否洁净,喷涂的密实度和颜色是否良好、均匀,工人的施工操作是否正常,混凝土振捣是否符合要求等。进行观察检验的人需要具有丰富的经验,经过反复实践才能掌握标准。所以这种方法虽然简单,但是难度最大,应予以充分重视,加强训练。

“摸”就是通过触摸手感进行检查。主要用于装饰工程的某些检查项目,如油漆的光滑度,浆活是否牢固、不掉粉等,均可通过手摸加以鉴别。

“敲”就是运用工具敲击的方法进行音感检查。对拼镶木地板、墙面瓷砖、大理石镶贴、地面铺砌等的质量均可通过敲击检查,根据声音虚实、脆闷判断有无空鼓等质量问题。还可根据声音的清脆和沉闷,判定属于面层空鼓还是底层空鼓。如果用手敲玻璃,发出颤动声响,一般是底灰不满或压条不实。

“照”就是通过人工光源或反射光照射,仔细检查难以看到或光线较暗的部位。

2. 测量法

测量法就是利用量测工具或计量仪表,通过实际量测结果与规定的质量标准或规范的要求相对照,从而判断质量是否符合要求。量测的手段也可归纳为靠、吊、量、套 4 个字。

“靠”是用直尺、塞尺检查墙面、地面、屋面的平整度。对墙面、地面等要求平整的项目大多利用这种方法检验。

“吊”是指用托线板线锤检查垂直度。

“量”是指用测量工具或计量仪表等检查断面尺寸、轴线、标高、温度、湿度等数值并确定其偏差。如外墙砌砖上下窗口偏移用经纬仪或吊线检查,钢结构焊缝余高用“量规”检查,管道保温厚度用钢针刺入保温层和尺量检查等。

“套”是以方尺套方,辅以塞尺检查。如对阴阳角的方正、踢脚线的垂直度、预制构件的方正等项目的检查。对门窗口及门窗框的对角线检查，也是套方的特殊手段。

3. 试验法

试验法指通过进行现场试验或实验室试验等理化试验手段，取得数据，分析判断质量情况。包括理化试验和无损测试或检验。

（1）理化试验。工程中常用的理化试验包括各种物理力学性能方面的检验和化学成分及含量的测定等两个方面。力学性能的检验如各种力学指标的测定，如抗拉强度、抗压强度、抗弯强度、抗折强度、冲击韧性硬度承载力等。各种物理性能方面的测定有密度、含水量、凝结时间、安定性、抗渗、耐磨耐热等。各种化学方面的试验有化学成分及其含量的测定（例如钢筋中的磷、硫含量，混凝土粗骨料重的活性氧化硅成分测定等），以及耐酸、耐碱、抗腐蚀等。此外，必要时还可在现场通过对诸如桩或地基的现场静载试验或打试桩确定其承载力；对混凝土现场取样，通过实验室的抗压强度试验，确定混凝土达到的强度等级；以及通过管道水压试验判断其耐压及渗漏情况等。

（2）无损测试或检验。借助专门的仪器、仪表等手段探测结构物或材料、设备内部组织结构或损伤状态。这类检测仪器有：超声波探伤仪、磁粉探伤仪、γ射线探伤、渗透液探伤等。它们一般可以在不损伤被探测物的情况下了解被探测物的质量情况。

0.2.4 工程质量检验程度种类

按质量检验的程度，即检验对象被检验的数量划分，可有以下几类。

1. 全数检验

全数检验也叫普遍检验。它主要是用于关键工序部位或隐蔽工程，以及那些在技术规程、质量检验验收标准或设计文件中有明确规定应进行全数检验的对象。总之，对于诸如：规格、性能指标对工程的安全性、可靠性起决定作用的施工对象；质量不稳定的工序；质量水平要求高，对后继工序有较大影响的施工对象，不采取全数检验不能保证工程质量时，均须采取全数检验。例如：对安装模板的稳定性、刚度、强度、结构物轮廓尺寸，对架立的钢筋规格、尺寸、数量、间距、保护层；以及绑扎或焊接质量等，采取全数检验。

2. 抽样检验

对于主要的建筑材料、半成品或工程产品等，由于数量大，通常采取抽样检验，即从一批材料或产品中，随机抽取少量样品进行检验，并根据对其数据经统计分析的结果，判断该批产品的质量状况。与全数检验相比较，抽样检验具有如下优点：①检验数量少，比较经济；②适合于需要进行破坏性试验（如混凝土抗压强度的检验）的检验项目；③检验所需时间少。

3. 免检

免检就是在某种情况下，可以免去质量检验过程。对于已有足够证据证明质量有保证的一般材料和产品；或实践证明其产品质量长期稳定、质量保证资料齐全者；或是某些施工质量只有通过在施工过程中的严格质量监控，而质量检验人员很难对产品内在质量再作检验的，均可考虑采取免检。

0.2.5 建筑工程质量检验的常用工具

建筑工程施工质量检查的工具较多，不同的分项工程有不同的检查验收内容和不同的检查方法，所使用的检查工具也不同。建筑工程施工验收系列规范在具体的检查项目中，对检查的项目和所采用的工具均有要求。钢尺、水准仪、经纬仪、坍落度筒等工具都是常见的检验工具，这里不再逐一介绍，但要说明的是，用于检验的各工具必须是经过标定计量合格的工具。如最常见的钢卷尺，有 2 m、3 m、5 m 的，规格不一，但相同的规格，价格相差甚远，在街头巷尾只需 3～5 元，在正规的五金商店需 20 元左右，其质量差别可想而知。在某一工程检查中，工人与管理人员发生争执，原因是操作工人的钢尺误差太大所致。

下面仅介绍目前工地较常使用的 JZC-D 型多功能建筑工程检测器。

1. 使用范围

多功能建筑工程检测器，由垂直检测尺、内外直角检测尺等 9 件组成，主要用于工程建筑、装修装潢、设备安装等工程的施工及竣工质量检测。

2. 技术参数

建筑工程检测器的技术参数见表 0-1。

表 0-1　建筑工程检测器的技术参数

序 号	器具名称	规 格	测量范围	精度误差
1	垂直检测尺	2 000×55×25 mm	±14/2 000	0.5 mm
2	对角检测尺	970×22×13 mm	1 000～2 420	(标尺)0.5 mm
3	内外直角检测尺	200×130 mm	±7/130	0.5 mm
4	楔形塞尺	150×15×17 mm	1～15	0.5 mm
5	百格网	240×115×53 mm	标准砖	0.5%
6	检测镜	105×65×10 mm		
7	卷线器	65×65×20 mm	线长 15 m	
8	响鼓槌	25 g		
9	钢针小锤	10 g		

3. 使用方法

(1) 垂直检测尺

检测物体平面的垂直度、平整度及水平度的偏差。

① 垂直度检测：检测尺为可展式结构，合拢长 1 m，展开长 2 m。用于 1 m 检测时，推下仪表盖，活动销推键向上推，将检测尺左侧面靠紧被测面(注意：握尺要垂直，观察红色活动销外露 3～5 mm，摆动灵活即可)。待指针自行摆动停止时，直读指针所指下行刻度数值，此数值即被测面 1 m 垂直度偏差，每格为 1 mm。用于 2 m 检测时，将检测尺展开后锁紧连接扣，检测方法同上，直读指针所指上行刻度数值，此数值即被测面 2 m 垂直度偏差，每格为 1 mm。如被测面不平整，可用右侧上下靠脚(中间靠脚旋出不要)检测。

② 平整度检测：检测尺侧面靠紧被测面，其缝隙大小用楔形塞尺检测，其数值即平整度偏差。

③ 水平度检测：检测尺侧面装有水准管，可检测水平度。用法同普通水平仪。

④ 校正方法：垂直检测时，如发现仪表指针数值偏差，应将检测尺放在标准器上进行校

对调正，标准器可自制、将一根长约2.1 m平直方木或铝型材，竖直安装在墙面上，由线坠调正垂直，将检测尺靠在标准器上，用十字螺丝刀调节检测尺上的“指针调节”螺丝，使指针对准“0”为止。水准管调正，可将检测尺放在标准水平物体上。用十字螺丝刀调节水准管“S”螺丝，使气泡居中。

⑤ 注意事项：检测尺在出厂前均经严格检验，符合Q/WNJY 02—2002标准才允许出厂，但在运输途中，经过长时间的颠簸或装卸中过大的碰撞等因素，可能会造成少部分仪器数值偏差，请用户在购买后使用前，都在标准器上进行校对调正(参照④校正方法)。经过调正校对后的仪器，检测数值照样正确，丝毫不会影响使用性能。

(2) 对角检测尺

① 检测尺为3节伸缩式结构。中节尺设3挡刻度线。检测时，大节尺推键应锁定在中节尺上某挡刻度线“0”位，将检测尺两端尖角顶紧被测对角顶点，固紧小节尺。检测另一对角线时，松开大节尺推键，检测后再固紧，目测推键在刻度线上所指的数值，此数值就是该物体上两对角线长度对比的偏差值(单位：mm)。

② 检测尺小节尺顶端备有M6螺栓。可装楔形塞尺、检测镜、活动锤头，便于高处检测使用。

(3) 内外直角检测尺

① 内外直角检测。将推键向左推检测时主尺及活动尺都应紧靠被测面，长度的直角度偏差，每格为1 mm。拉出活动尺，旋转270°即可检测指针所指刻度牌数值即被测面130 mm。

② 该尺在检测后离开被测物体时，指针所指数值不会变动(活动尺不会自行滑动)，检测后可将检测尺拿到明亮处看清数值，克服了过去在检测中遇到高处、暗处，墙角处等不易看清数值的缺陷，扩大了使用范围。

③ 垂直度及水平度检测：该检测尺装有水准管，可检测一般垂直度及水平度偏差。垂直度可用主尺侧面垂直靠在被测面上检测。检测水平度应把活动尺拉出旋转270°，使指针对准“0”位，主尺垂直朝上，将活动尺平放在被测物体上检测。

(4) 楔形塞尺

① 缝隙检测：游码推到尺顶部，手握塑料柄，将顶部插入被测缝隙中，插紧后退出，直读游码刻度(单位：mm)。

② 平整度检测：取一平直长尺紧靠被测面，缝隙大小用楔形塞尺去检测，游码所指数值即被测面的平整度偏差。

③ 楔形塞尺侧面有M6螺孔，可将塞尺装在伸缩杆或对角检测尺顶部，便于高处检测。

(5) 百格网

百格网采用高透明度工业塑料制成，展开后检测面积等同于标准砖，其上均布100小格，专用于检测砌体砖面砂浆涂覆的饱满度，即覆盖率(单位%)。

(6) 检测镜

检验建筑物体的上冒头、背面、弯曲面等肉眼不易直接看到的地方，手柄处有M6螺孔，可装在伸缩杆或对角检测尺上，以便于高处检测。

(7) 卷线器

塑料盒式结构，内有尼龙丝线，拉出全长 15 m，可检测建筑物体的平直，如砖墙砌体灰缝、踢脚线等(用其他检测工具不易检测物体的平直部位)。检测时，拉紧两端丝线，放在被测处，目测观察对比，检测完毕后，用卷线手柄顺时针旋转，将丝线收入盒内，然后锁上方扣。

(8) 响鼓槌(锤头重 25 g)

轻轻敲打抹灰后的墙面，可以判断墙面的空鼓程度及砂灰与砖水泥粘结的黏合质量。

(9) 钢针小锤(锤头重 10 g)

① 小锤轻轻敲打玻璃、马赛克、瓷砖，可以判断空鼓程度及黏合质量。

② 拔出塑料手柄，里面是尖头钢针，钢针向被检物上戳几下，可探查出多孔板缝隙、砖缝等砂浆是否饱满。

0.3 课程的任务、研究对象、内容

0.3.1 本课程的任务

本课程的教学，旨在培养学生了解建筑安装工程在建筑工程项目中的地位；充分认识建筑安装工程质量的重要性；掌握建筑安装工程的工作内容、安装规范、验收标准和验收方法；掌握建筑安装工程各种质量验收记录表格的填写；培养学生在安装现场进行质量控制和质量检验的技能；提升学生分析问题和解决问题的能力；实现对应的安装质量控制岗位零距离就业的目的。

0.3.2 本课程研究的对象

本课程主要研究在建筑安装工程施工验收中如何正确划分检验批、分项工程和分部工程及单位工程；如何准确理解建筑设备安装工程质量验收标准、规范；如何正确评定检验批、分项工程和分部工程及单位工程的施工质量；如何正确地填报业内各种质量验收记录和工程竣工验收资料等内容。

0.3.3 本课程的主要内容

本课程的主要内容包括：建筑工程质量验收的划分和工程质量检验的组织及程序；安装工程检验批施工质量验收；分项工程施工质量验收；分部(子分部)工程施工质量验收；安装工程竣工验收及备案等方面的内容。

0.4 本课程的学习方法

0.4.1 课程综合性强

“建筑工程质量检验与验收”课程是一门专业技能型课程，课程综合性强。与“建筑工程

测量”、“建筑材料”、“房屋建筑学”、“建筑力学”、“建筑工程设备”、“设备安装工程技术”等课程密切相关，只有在学好以上各门课程的基础上，才能学好本门课程。

0.4.2 课程实践性强

学习中必须坚持理论联系实际，除在课堂学习基本理论外，同时要加强教学实践环节，以大量的案例来丰富学生的实践知识，或者以施工现场参观、生产实习、定岗操作等形式，着重强化实践技能和提高操作能力。

上篇　质量检查与验收基础知识

第1章 建筑工程质量检查与验收

建筑工程施工质量检查与验收是工程施工项目质量管理的一部分，通过对工程质量进行检查与验收，可以有效地保障工程质量，避免不合格的施工项目（或过程）流向下一工序，从而确保整个工程质量。

1.1 建筑工程质量验收的划分

1.1.1 建筑工程施工质量检验统一标准(GB 50300－2001)与规范的配套使用

1. 统一标准的适用范围

《建筑工程施工质量验收统一标准》(GB 50300－2001)（以下简称《统一标准》）是房屋建筑各专业工程施工质量验收规范编制的统一准则。是为了统一房屋建筑工程各专业施工质量验收规范而编制的。对检验批、分项、分部（子分部）、单位（子单位）工程的划分、质量指标的设置和要求、验收程序与组织都提出了原则的要求，以指导本系列标准各专业验收规范的编制，有关内容的繁简，质量指标的多少，宽严程度等，均应依据统一标准，并使其各专业规范之间能够相应协调。是建筑类各专业施工质量验收基本依据。

2. 与统一标准配套使用的规范

在建筑工程施工质量检验评定中，应根据统一标准和相应的规范评定其质量标准。统一标准与各专业质量验收规范一起，构成建筑类各专业工程质量验收系列规范（以下简称系列规范）。系列规范包括以下内容：《建筑地基基础工程施工质量验收规范》(GB 50202—2002)、《砌体工程施工质量验收规范》(GB 50203—2002)、《混凝土结构工程施工质量验收规范》(GB 50204—2002)、《钢结构工程施工质量验收规范》(GB 50205—2002)、《木结构工程施工质量验收规范》(GB 50206—2002)、《屋面工程质量验收规范》(GB 50207—2002)、《地下防水工程质量验收规范》(GB 50208—2002)、《建筑地面工程施工质量验收规范》(GB 50209—2002)、《建筑装饰装修工程质量验收规范》(GB 50210—2001)等9项土建工程部分以及《建筑给水排水及采暖工程施工质量验收规范》(GB 50242—2002)、《通风与空调工程施工质量验收规范》(GB 50243—2002)、《建筑电气工程施工质量验收规范》(GB 50303—2002)、《智能建筑工程施工质量验收规范》(GB 50339—2003)、《电梯工程施工质量验收规范》(GB 50310—2002)、《建筑节能工程施工质量验收规范》(GB 50411—2007)等6项建筑设备安装工程部分。

《统一标准》和各专业质量验收规范是编写本教材的主要依据。安装工程质量检验评定技术主要执行《统一标准》和《建筑给排水及采暖工程施工质量验收规范》(GB 50242—

2002)、《通风与空调工程施工质量验收规范》(GB 50243—2002)、《建筑电气工程施工质量验收规范》(GB 50303—2002)、《电梯工程施工质量验收规范》(GB 50310—2002)、《智能建筑工程施工质量验收规范》(GB 50339—2003)。

3. 统一标准与规范的配套使用

本系列各专业质量验收规范必须与统一标准配套使用。

在执行统一标准时,必须同时执行相应的各专业质量验收规范,统一标准是规定质量验收程序及组织的规定和单位(子单位)工程的验收指标;相应规范是各分项工程质量验收指标的具体内容,因此应用标准时必须相互协调,同时满足二者的要求。各分项工程验收的具体方法见各专业质量验收规范。

执行系列规范,必须建立一个全行业的技术标准体系。质量验收规范的使用,必须建立在企业的企业标准作为施工操作、上岗培训、质量控制和质量验收基础之上,来保证各专业质量验收规范的落实。同时,要达到有效控制和科学管理,要尽可能使质量验收的指标数据化,同时必须有完善的检验测试手段、试验方法和规定的设备等,才有可比性和规范性。

1.1.2 建筑工程质量验收的划分

建筑工程一般施工周期较长,从开工到交付使用,要经过若干工序、若干专业工种的共同配合,故工程质量合格与否,取决于各工序和各专业工种的质量。为确保工程竣工质量达到合格的标准,就有必要把工程项目进行细化,划分为分项、分部、单位工程进行质量管理和控制。分项工程是工程管理的最小单位,也是质量管理的基本单元。但作为检查与验收的最小单位是检验批,把分项工程划分成检验批进行验收,有助于及时纠正施工中出现的质量问题,确保工程质量,也符合施工实际的需要。

1. 单位(子单位)工程的划分

(1) 单位工程的划分原则

① 具备独立施工条件并能形成独立使用功能的建筑物及构筑物为一个单位工程。

② 规模较大的单位工程,可将其能形成独立使用功能的部分划分为一个子单位工程。

子单位工程的划分一般可根据工程的建筑设计分区、使用功能的显著差异、结构缝的设置等实际情况,在施工前由建设、监理、施工单位自行商定。

③ 室外工程可根据专业类别和工程规模划分单位(子单位)工程。

(2) 房屋建筑(构筑)物单位工程

房屋建筑(构筑)物的单位工程是由建筑工程主体结构及建筑设备安装工程共同组成,目的是突出房屋建筑(构筑)物的整体质量。

一个独立的、单一的建筑(构筑)物均为一个单位工程。如在一个住宅小区建筑群中,每一栋住宅楼、一个商店、锅炉房、变电站,一所学校的一个教学楼、一个办公楼、传达室等均为一个单位工程。

一个单位工程是由地基与基础、主体结构、屋面、装饰装修四个分部工程和建筑设备安装工程的建筑给排水及采暖、建筑电气、通风与空调、电梯和智能建筑五个分部工程组成,不论其工作量大小,都可以作为一个分部工程参与单位工程的验收。但有的单位工程中,不一定全部包含这些分部工程。

为了考虑大体量工程的分期验收,充分发挥基本建设投资效益,凡具有独立的施工条件并能形成独立使用功能的建筑物及构筑物也可以作为一个单位工程,对建设规模较大的单位工程，可将其能形成独立使用功能的部分划分为一个子单位工程。这样大大方便了大型、高层及超高层建筑的分段验收。如一个公共建筑有 30 层塔楼及裙房，该业主在裙房施工完，具备使用功能，就计划先投入使用，则可以先以子单位工程进行验收，而把 30 层塔楼分成二个或三个子单位工程验收。各子单位工程验收合格，整个单位工程也就验收合格了，并且可以以子单位工程办理竣工验收备案手续。

(3) 室外单位工程

为了加强室外工程的管理和验收，促进室外工程质量的提高，将室外工程根据专业类别和工程规模划分为室外建筑环境和室外安装两个室外单位工程，按照其小类又可将室外工程分成附属建筑、室外环境、给排水、采暖和电气子单位工程，见表 1-1。

表 1-1　室外工程划分

单位工程	子单位工程	分部(子分部)工程
室外建筑环境	附属建筑	车棚、围墙、大门、挡土墙、垃圾收集站
	室外环境	建筑小品、道路、亭台、连廊、花坛、场坪绿化
室外安装	给排水及采暖	室外给水系统、室外排水系统、室外供热系统
	电气	室外供电系统、室外照明系统

2. 分部(子分部)工程的划分

分部工程的划分应按下列原则确定。

(1) 分部工程按专业性质和建筑部位确定。建筑与结构按主要部位划分为地基与基础、主体工程、装饰装修及屋面等四个分部；建筑设备安装一般应按工种分类及设备组别等划分为建筑给水、排水及采暖、建筑电气、智能建筑、通风与空调、电梯等五个分部工程。

建筑安装工程(构筑物)是由土建工程和建筑设备安装工程共同组成的。建筑安装工程划分为地基与基础、主体结构、建筑装饰装修、建筑屋面、建筑给排水及采暖、建筑电气、智能建筑、通风与空调、电梯等九个分部工程。

(2) 当分部工程较大或较复杂时，为了方便验收和分清质量责任可按材料种类、施工特点、施工程序、专业系统及类别等划分成为若干个子分部工程。

3. 分项工程的划分

分项工程应按主要工种、材料、施工工艺、设备类别等进行划分。

建筑与结构按分项工程划分应按主要工种划分，也可按施工程序的先后和使用材料的不同划分，如钢筋工的钢筋安装工程，木工的木门窗安装工程，油漆工的混色油漆工程等。也有一些分项工程并不限于一个工种，由几个工种配合施工的，如装饰工程的护栏和扶手制作与安装，由于其材料可以是金属的，也可是木质的，不一定由一个工种来完成。

建筑设备安装工程的分项工程一般应按工种分类及设备类别等划分，如给排水及采暖分部工程的分项工程，有给水管道安装、排水管道安装等；从设备组别来分，有锅炉安装、锅炉附属设备安装、卫生器具安装等。另外，对于管道的工作压力不同，质量要求也不同，也应分别划分为不同的分项工程。同时还应根据工程的特点，按系统或区段来划分各自的分项工程，如住宅楼的下水管道，可把每个单元排水系统划分为一个分项工程。

4. 检验批的划分

按同一的生产条件或按规定的方式汇总起来供检验用的，由一定数量样本组成的检验体称为检验批。检验批是工程验收的最小单位。

分项工程可由一个或若干个检验批组成。检验批可根据施工及质量控制和专业验收需要按楼层、施工段、变形缝等进行划分。同时也可按系统、区段来划分，例如大型公共建筑的通风管道工程，一个楼层可分为数段来检验，每段则为一个检验批工程等。

一般来说，分项工程检验批的划分，可按如下原则确定。

(1) 工程量较少的分项工程可统一划分为一个检验批，地基基础分部工程中的分项工程一般划分为一个检验批，安装工程一般按一个设计系统或设备组别划分为一个检验批，室外工程统一划分为一个检验批。

(2) 多层及高层建筑工程中主体分部的分项工程可按楼层或施工段划分检验批。

(3) 单层建筑工程中的分项工程可按变形缝等划分检验批。

(4) 地基与基础分部工程中的分项工程一般划分为一个检验批，有地下层的基础工程可按不同地下层划分检验批。

(5) 屋面分部工程中的分项工程可按不同楼层屋面划分不同的检验批。

(6) 其他分部工程中的分项工程一般按楼层划分检验批。

(7) 散水、台阶、明沟等工程含在地面检验批中。

分部工程、分项工程划分见表1-2。

表1-2　建筑工程分部工程、分项工程划分

序号	分部工程	子分部工程	分项工程
1	地基与基础	无支护土方	土方开挖、土方回填
		有支护土方	排桩、降水、排水，地下连续墙，锚杆、土钉墙、水泥土桩、沉井与沉箱，钢及混凝土支撑
		地基处理	灰土地基、碎砖三合土地基，土工合成材料地基，粉煤灰地基，重锤夯实地基，强夯地基，振冲地基，砂桩地基，预压地基，高压喷射注浆地基，注浆地基，水泥粉煤灰碎石桩地基，夯实水泥土桩地基
		桩基	锚杆静压桩及静力压桩，预应力离心管桩，钢筋混凝土预制桩，钢桩，混凝土灌注桩(成孔、钢筋笼、清孔、水下混凝土灌注)
		地下防水	防水混凝土，水泥砂浆防水层，卷材防水层，涂料防水层，金属板防水层，塑料板防水层，细部构造，喷锚支护，复合式衬砌，地下连续墙，盾构法隧道；渗排水、盲沟排水，隧道坑道排水；预注浆、后注浆，衬砌裂缝注浆
		混凝土基础	模板、钢筋、混凝土，后浇带混凝土，混凝土结构缝处理
		砌体基础	砖砌体，混凝土砌块砌体，配筋砌体，石砌体
		劲钢(管)混凝土	劲钢(管)焊接，劲钢(管)与钢筋的连接，混凝土
		钢结构	焊接钢结构、栓接钢结构，钢结构制作，钢结构安装，钢结构涂装
2	主体结构	混凝土结构	模板、钢筋、混凝土，预应力、现浇结构，装配式结构
		劲钢(管)混凝土结构	劲钢(管)焊接，螺栓连接，劲钢(管)与钢筋的连接，劲钢(管)制作、安装，混凝土
		砌体结构	砖砌体，混凝土小型空心砌块砌体，石砌体，填充墙砌体，配筋砖砌体
		钢结构	钢结构焊接，紧固件连接，钢零部件加工，单层钢结构安装，多层及高层钢结构安装，钢结构涂装，钢构件组装，钢构件预拼装，钢网架结构安装，压型金属板
		木结构	方木和原木结构，胶合木结构，轻型木结构，木构件防护
		网架和索膜结构	网架制作，网架安装，索膜安装，网架防火，防腐涂料

续表

序号	分部工程	子分部工程	分 项 工 程
3	建筑装饰装修	地面	整体面层:基层,水泥混凝土面层,水泥砂浆面层,水磨石面层,防油渗面层,水泥钢(铁)屑面层,不发火(防爆的)面层;板块面层:基层,砖面层(陶瓷锦砖、缸砖、陶瓷地砖和水泥花砖面层),大理石面层和花岗岩面层,预制板块面层(预制水泥混凝土、水磨石板块面层),料石面层(条石、块石面层),塑料板面层、活动地板面层,地毯面层;木竹面层:基层、实木地板面层(条材、块材面层)、实木复合地板面层(条材、块材面层),中密度(强化)复合地板面层(条材面层),竹地板面层
		抹灰	一般抹灰,装饰抹灰,清水砌体勾缝
		门窗	木门窗制作与安装,金属门窗安装,塑料门窗安装,特种门安装,门窗玻璃安装
		吊顶	暗龙骨吊顶,明龙骨吊顶
		轻质隔墙	板材隔墙,骨架隔墙,活动隔墙,玻璃隔墙
		幕墙	玻璃幕墙,金属幕墙,石材幕墙
		涂饰	水性涂料涂饰,溶剂型涂料涂饰,美术涂饰
		裱糊与软包	裱糊,软包
		细部	橱柜制作与安装,窗帘盒、窗台板和暖气罩制作与安装,门窗套制作与安装,护栏和扶手制作与安装,花饰制作与安装
4	建筑屋面	卷材防水屋面	保温层,找平层,卷材防水层,细部构造
		涂膜防水屋面	保温层,找平层,涂膜防水层,细部构造
		刚性防水屋面	细石混凝土防水层,密封材料嵌缝,细部构造
		瓦屋面	平瓦屋面,油毡瓦屋面,金属板屋面,细部构造
		隔热屋面	架空屋面,蓄水屋面,种植屋面
5	建筑给水、排水及采暖	室内给水系统	给水管道及配件安装,室内消火栓系统安装,给水设备安装,管道防腐,绝热
		室内排水系统	排水管道及配件安装,雨水管道及配件安装
		室内热水供应系统	管道及配件安装,辅助设备安装,防腐,绝热
		卫生器具安装	卫生器具安装,卫生器具给水配件安装,卫生器具排水管道安装
		室内采暖系统	管道及配件安装,辅助设备及散热器安装,金属辐射板安装,低温热水地板辐射采暖系统安装,系统水压试验及调试,防腐,绝热
		室外给水管网	给水管道安装,消防水泵结合器及室外消火栓安装,管沟及井室
		室外排水管网	排水管道安装,排水管道与井池
		室外供热管网	管道及配件安装,系统水压试验及调试,防腐,绝热
		建筑中水系统及游泳池系统	建筑中水系统管道及辅助设备安装,游泳池水系统安装
		工人供热锅炉及辅助设备安装	锅炉安装,辅助设备及管道安装,安全附件安装,烘炉、煮炉和试运行,换热站安装,防腐,绝热

续 表

序号	分部工程	子分部工程	分项工程
6	建筑电气	室外电气	架空线路及杆上电器设备安装，变压器、箱式变电所安装，成套配电柜、控制柜(屏、台)和动力、照明配电箱(盘)及控制柜安装，电线、电缆导管和线槽敷设，电缆头制作、导线连接和线路电气试验，建筑物外部装饰灯具、航空障碍标志灯和庭院路灯安装，建筑照明通电试运行，接地装置安装
		变配电室	变压器、箱式变电所安装，成套配电柜、控制柜(屏、台)和动力、照明配电箱(盘)安装，裸母线、封闭母线、插接式母线安装，电缆沟内和电缆竖井内电缆敷设，电缆头制作、导线连接和线路电气试验，接地装置安装，避雷引下线和变配电室接地干线敷设
		供电干线	裸母线、封闭母线、插接式母线安装，桥架安装和桥架内电缆敷设，电缆沟内和电缆竖井内电缆敷设，电线、电缆导管和线槽敷设，电线、电缆穿管和线槽敷线，电缆头制作、导线连接和线路电气试验
		电气动力	成套配电柜、控制柜(屏、台)和动力、照明配电箱(盘)及控制柜安装，低压电动机、电加热器及电动执行机构检查、接线，低压电气动力设备检测、试验和空载试运行，桥架安装和桥架内电缆敷设，电线、电缆导管和线槽敷设，电线、电缆穿管和线槽敷线，电缆头制作、导线连接和线路电气试验，插座、开关、风扇安装
		电气照明安装	成套配电柜、控制柜(屏、台)和动力、照明配电箱(盘)安装，电线、电缆导管和线槽敷设，电线、电缆穿管和线槽敷线，槽板配线，钢索配线，电缆头制作、导线连接和线路电气试验，普通灯具安装，专用灯具安装，插座、开关、风扇安装，建筑照明通电试运行
		备用和不间断电源安装	成套配电柜、控制柜(屏、台)和动力、照明配电箱(盘)安装，不间断电源的其他功能单元安装，裸母线、封闭母线、插接式母线安装，电线、电缆导管和线槽敷设，电线、电缆穿管和线槽敷线，电缆头制作、导线连接和线路电气试验，接地装置安装
		防雷及接地安装	接地装置安装，避雷引下线和变配电室接地干线敷设，建筑等电位连接，接闪器安装
7	智能建筑	通信网络系统	通信系统，卫星及有线电视系统，公共广播系统
		办公自动化系统	计算机网络系统，信息平台及办公自动化应用软件，网络安全系统
		建筑设备监控系统	空调与通风系统，变配电系统，照明系统，给排水系统，热源和热交换系统，冷冻和冷却系统，电梯和自动扶梯系统，中央管理工作站与操作分站，子系统通信接口
		火灾报警及消防联动系统	火灾和可燃气体探测系统，火灾报警控制系统，消防联动系统
		安全防范系统	电视监控系统，入侵报警系统，巡更系统，出入口控制(门禁)系统，停车管理系统
		综合布线系统	缆线敷设和终结，机柜、机架、配线架的安装，信息插座和光缆芯线终端的安装
		智能化集成系统	集成系统网络，实时数据库，信息安全，功能接口
		电源与接地	智能建筑电源，防雷及接地
		环境	空间环境，室内空调环境，视觉照明环境，电磁环境
		住宅(小区)智能化系统	火灾自动报警及消防联动系统，安全防范系统(含电视监控系统、入侵报警系统、巡更系统、门禁系统、楼宇对讲系统、住户对讲呼救系统、停车管理系统)，物业管理系统(多表现场计量及与远程传输系统、建筑设备监控系统、公共广播系统、小区网络及信息服务系统、物业办公自动化系统)，智能家庭信息平台

续表

序号	分部工程	子分部工程	分项工程
8	通风与空调	送排风系统	风管与配件制作，部件制作，风管系统安装，空气处理设备安装，消声设备制作与安装，风管与设备防腐，风机安装，系统调试
		防排烟系统	风管与配件制作，部件制作，风管系统安装，防排烟风口，常闭正压风口与设备安装，风管与设备防腐，风机安装，系统调试
		除尘系统	风管与配件制作，部件制作，风管系统安装，除尘器与排污设备安装，风管与设备防腐，风机安装，系统调试
		空调风系统	风管与配件制作，部件制作，风管系统安装，空气处理设备安装，消声设备制作与安装，风管与设备防腐，风机安装，风管与设备绝热，系统调试
		净化空调系统	风管与配件制作，部件制作，风管系统安装，空气处理设备安装，消声设备制作与安装，风管与设备防腐，风机安装，风管与设备绝热，高效过滤器安装，系统调试
		制冷设备系统	制冷机组安装，制冷剂管道及配件安装，制冷附属设备安装，管道及设备的防腐与绝热，系统调试
		空调水系统	管道冷热（媒）水系统安装，冷却水系统安装，冷凝水系统安装，阀门及部件安装，冷却塔安装，水泵及附属设备安装，管道与设备的防腐与绝热，系统调试
9	电梯	电力驱动的曳引式或强制式电梯安装	设备进场验收，土建交接检验，驱动主机，导轨，门系统，轿箱，对重（平衡重），安全部件，悬挂装置，补偿装置，电气装置，整机安装验收
		液压电梯安装	设备进场验收，土建交接检验，液压系统，导轨，门系统，轿箱，对重（平衡重），安全部件，悬挂装置，随行电缆，电气装置，整机安装验收
		自动扶梯、自动人行道安装	设备进场验收，土建交接检验，整机安装验收

本课程主要研究上表中第5项（建筑给排水及采暖）、第6项（建筑电气）、第7项（智能建筑）、第8项（通风与空调）、第9项（电梯）等分部工程施工质量检验评定的项目及方法。

在施工过程中，为了保证分项、分部、单位工程的划分评定，应将其作为施工组织设计的一个组成部分，在工程开工之前就给予明确规定，则会对质量控制起到非常好的作用。

1.2 建筑工程质量验收程序和组织

1.2.1 工程质量检验与验收

1. 工程质量检验

对检验项目中的性能进行量测、检查、试验等，并将结果与标准规定要求进行比较，以确定每项性能是否合格所进行的活动称为检验。

工程质量检验是依据国家颁布的统一标准及配套使用的规范或合同要求，通过相应的检验试验手段，对施工质量进行检查，并衡量结果与标准、规范、设计和使用要求的符合性，从而核定施工质量是否合格。其核定的结论为“合格”或“不合格”。

质量检验评定首先是施工班组在施工过程的自我检查。就是按照施工规范和操作工艺要求，边操作边检查，将误差控制在规定的限制内。自我检查的方法有三种：自检、互检和交接检。

自检、互检是班组在检验批、分项或分部工程交接（分项完工或中间交工验收）前，由班组组织的检查；也可以是分包单位在将分包工程交给总包之前，由分包单位自己组织的检查；还可以是单位工程交接前的检查。总之，自检和互检，就是由工程施工单位内部组织的自我检查或互相检查。

交接检是各班组、各工种之间或各分包之间，在工序、分项或分部工程施工完成之后，下一道工序、分项或分部工程施工之前，共同组织的对前一道工序、分项或分部工程进行的检查，经后一道工程施工单位认可，为其提供了合格的工作条件的检查。如基础公司将桩基工程交给土建公司之前，由基础公司和土建公司共同对桩基工程进行检查；土建施工队将主体工程交给安装队进行水、电、管道和设备安装等。交接检是分清质量责任，保证下一道工序顺利进行，防止下一道工序对上一道工序施工结果的破坏的有力措施。

2. 工程质量验收

建筑工程在施工单位自行检查评定的基础上，参与建设活动的有关单位共同对检验批、分项、分部、单位工程的质量进行抽样复验，根据相关标准以书面形式对工程质量达到合格与否做出确认。

3. 当工程质量不符合要求时的处理方法

当建筑工程质量不符合要求时，应按下列规定进行处理。

(1) 经返工重做或更换器具、设备的检验批，重新进行验收。

(2) 经有资质的检验单位鉴定能够达到设计要求的检验批，应予以验收。

(3) 经有资质的检验单位鉴定达不到设计要求、但经原设计单位核定认可能够满足结构安全和使用功能的检验批，可予以验收。

(4) 经返修或加固处理的分项、分部工程，虽然改变外形尺寸但仍能满足安全使用要求，可按技术处理方案和协商文件进行验收。

(5) 通过返修或加固处理仍不能满足安全使用要求的分部工程、单位（子单位）工程，严禁验收。

通过返修或加固处理仍不能满足安全使用要求的工程、单位（子单位）工程，虽然不会经常出现，但确实存在。通常是在制定加固技术或处理方案之前，就已经初步判断加固补强或处理措施效果不会太理想，或是不值得加固处理，或是加固处理后仍达不到保证安全及使用功能，就应该坚决拆除或更换，不要再花大的代价来加固补强。这是强制性条文，必须贯彻执行。

1.2.2 建筑工程验收程序和组织

1. 验收程序

建筑安装工程质量的验收，是检验工程安装质量的一项重要步骤。一般情况下，对检验批、分项、分部（子分部）和单位（子单位）工程的质量验收，都是先由施工企业检查评定后，再由监理或建设单位进行验收。

(1) 划分检验批及分项、分部工程

根据工程特点和划分基本原则，把检验对象工程划分为不同的检验批、分项、分部(子分部)和单位(子单位)工程。

(2) 工程质量的验收顺序

工程质量的验收顺序是首先验收检验批工程质量，验收分项工程质量，再验收分部(子分部)工程质量，最后验收单位(子单位)工程的质量。

在安装工程的分项、分部(子分布)工程的划分时，应严格按表1-1项目划分，工程中没有的分项、分部(子分部)工程，不予列入。工程质量验收顺序见图1-1。

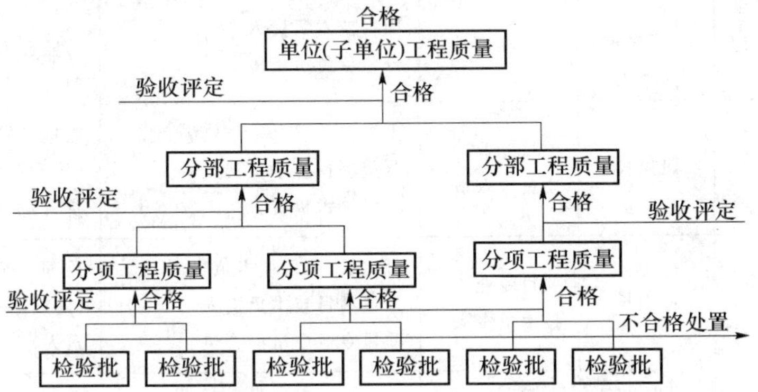

图1-1　工程质量验收程序

2. 验收组织

工程质量验收一般分为两个阶段：自检自验阶段和工程交验阶段。对检验批、分项工程、分部(子分部)工程、单位(子单位)工程的质量验收，在遵守工程验收程序的前提下，首先由施工企业(单位)检查评定，认为符合验收标准及使用条件后，向工程监理单位或建设单位提出验收申请，再由监理单位或建设单位组织，由监理、建设、施工和设计(勘察)等单位共同参加进行验收。

检验批、分项工程由监理工程师(建设单位项目技术负责人)组织施工单位的项目专业技术负责人等进行验收。分部(子分部)工程由总监理工程师(建设单位项目负责人)组织施工单位项目负责人(项目经理)和技术、质量负责人及勘察、设计单位工程项目负责人参加验收。

至于一些有特殊要求的建筑设备安装工程，以及一些使用新技术、新结构的项目，应按设计和主管部门要求组织有关人员进行验收。

单位工程完工后，施工单位应自行组织有关人员进行检查评定，向监理单位提交《竣工报验单》，并向建设单位提交《竣工验收报告》。

监理单位收到施工单位提交的《竣工报验单》后，总监理工程师组织各专业监理工程师审查施工单位的竣工验收资料，并对工程实体进行检查预验收。监理单位应督促施工单位对检查发现的问题及时整改，并向建设单位提交《工程质量评估报告》。

建设单位收到施工单位提交的《竣工验收报告》和监理单位提交的《工程质量评估报告》后，由建设单位(项目)负责人组织施工(含分包单位)、勘察、设计、监理等单位(项目)负责人进行单位(子单位)工程竣工验收。

单位工程有分包单位施工时,分包单位对所承包的工程项目应按统一标准规定的程序检查评定,总包单位应派人参加。分包工程完工后,应将工程有关资料交总包单位。

当参加验收各方对工程质量验收意见不一致时,可请当地建设行政主管部门或工程质量监督机构协调处理。

检验批、分项、分部(子分部)和单位(子单位)工程的各项验收程序关系对照见表 1-3。

表 1-3 验收分项及参验人员关系对照表

序号	验收表的名称	质量自检人员	质量检验人员		质量验收人员
			检验组织人	参验人员	
1	施工现场质量管理检查记录表	项目经理	项目经理	项目技术负责人 分包单位负责人	总监理工程师
2	检验批质量验收记录表	班组长	项目专业质量检查员	班组长 分包项目技术负责人 项目技术负责人	监理工程师 (建设单位项目专业技术负责人)
3	分项工程质量验收记录表	班组长	项目专业技术负责人	班组长、项目技术负责人 分包项目技术负责人 项目专业质量检查员	监理工程师 (建设单位项目专业技术负责人)
4	分部(子分部)工程质量验收记录表	项目经理 分包单位项目经理	项目经理	项目专业技术负责人 分包项目技术负责人 勘察、设计单位项目负责人 建设单位项目专业负责人	总监理工程师(建设单位项目负责人)
5	单位(子单位)工程质量竣工验收记录表	项目经理	项目经理或施工单位负责人	项目经理、企业技术、质量部门、分包单位项目经理、设计单位项目负责人	总监理工程师(建设单位项目负责人)
6	单位(子单位)工程质量控制资料核查记录表	项目技术负责人	项目经理	分包单位项目经理 监理工程师 项目技术负责人 企业技术、质量部门	总监理工程师(建设单位项目负责人)
7	单位(子单位)工程安全和功能检查资料核查及主要功能抽查记录表	项目技术负责人	项目经理	分包单位项目经理 监理工程师 项目技术负责人 企业技术、质量部门	总监理工程师(建设单位项目负责人)
8	单位(子单位)工程观感质量检查记录表	项目技术负责人	项目经理	分包单位项目经理 监理工程师 项目技术负责人 企业技术、质量部门	总监理工程师(建设单位项目负责人)

复习与思考

1. 简述建筑安装工程质量验收的划分。
2. 简述建筑安装工程质量验收的程序。
3. 简述建筑安装工程质量验收的组织。
4. 工程质量不符合要求时应当怎样处理？
5. 安装工程质量检查与验收主要依据的标准和规范有哪些？

第2章

检验批施工质量验收

建筑工程一般施工周期较长，从开工到竣工交付使用，要经过若干工序、若干专业工种的共同配合，故工程质量合格与否，取决于各工序和各专业工种的质量。为确保工程竣工质量达到合格的标准，就有必要把工程项目进行细化。划分为分项、分部、单位工程进行质量管理和控制。分项工程是工程管理的最小单位，也是质量管理的基本单元。但作为验评的最小单位是检验批，把分项工程划分成检验批进行验收，有助于及时纠正施工中出现的质量问题，确保工程质量，也符合施工实际的需要。

2.1 检验批施工质量验收

检验批是分项工程中的最基本单元，是分项工程施工质量检验的基础。检验批的划分是根据施工过程中条件相同，并有一定数量的材料、构配件或安装项目，由于质量基本均匀一致，因此可以作为检验的基本单位，并按批验收。通过对检验批的检验，能比较准确地反映出分项工程的质量。检验批是施工质量验收的最基本单位，是分项工程、分部(子分部)工程乃至单位(子单位)工程质量验收的基础。每一个检验批的工程质量检验项目均由主控项目和一般项目两部分构成。

2.1.1 检验批合格质量规定

(1) 主控项目和一般项目的质量经抽样检验合格。

(2) 具有完整的施工操作依据、质量检查记录。

2.1.2 主控项目

主控项目是建筑中的对安全、卫生、环境保护和公众利益起决定性作用的检验项目。

主控项目是必须达到要求的项目，是保证工程安全要求和使用功能的重要检验项目，是对建筑物安全、卫生、建筑环境保护和公众利益起决定作用的检验项目，是确定该检验批性能的项目。主控项目中所有子项必须全部符合各专业验收规范规定的质量指标方能判定该主控项目质量合格。反之，只要其中某一子项甚至某一抽查样本检验后达不到要求，即可判定该检验批质量为不合格，则该检验批拒收。换言之，主控项目中某一子项甚至某一抽查样本的抽查结果为不合格时，即行使对检验批质量的否决权。所以必须全部达到要求。主控项目包括的主要内容有：

(1) 重要材料、构配件及建筑设备的技术性能与进场复验要求等。如水泥、钢材的质量;预制楼板、门窗及构配件材质、技术性能;风机等设备的质量及试验数据等。

(2) 涉及结构安全、使用功能的检测项目。如混凝土、砂浆的强度;钢结构的焊缝强度;管道的压力试验;风管的系统测定与调整;电气的绝缘、接地测试;电梯的安全保护、试运转结果等。对一些有龄期的项目,在其龄期不到,不能提供数据时,可将其他评价项目先行评价,并根据施工现场的质量保证和控制情况,暂时验收该项目,待检测数据出来后,再填入数据。如果数据达不到规定数值,以及对一些材料、构配件质量及工程性能的测试数据有疑问时,应进行复试、鉴定及实地检验。

(3) 一些重要的允许偏差项目,必须控制在允许偏差限值之内。

2.1.3 一般项目

一般项目是除主控项目以外的检验项目,也是应该达到相应要求的,只不过对少数不影响工程安全和使用功能的可以适当放宽一些。有些一般项目虽不像主控项目那样重要,但对工程安全、使用功能、重点部位的美观都是有较大影响的。所以,规定一般项目的合格判定条件:抽查样本的80%及以上(个别项目为90%以上,如混凝土规范中梁、板构件上部纵向受力钢筋保护层厚度等)符合各专业验收规范规定的质量指标,其余样本的缺陷通常不超过规定允许偏差值的1.5倍(个别规范规定为1.2倍,如钢结构)。具体应根据各专业验收规范的规定执行。

一般项目包括的内容主要有以下几方面。

(1) 允许有一定偏差的项目,放在一般项目中,用数据规定的标准,可以有允许偏差范围,并有20%的检查点可以超过允许偏差值,但也不能超过允许值的50%。

(2) 对不能确定偏差值而又允许出现一定缺陷的项目,则以缺陷的数量来区分。

(3) 其他一些无法定量的而采用定性的项目。如碎拼大理石地面颜色协调,无明显裂缝和坑洼;油漆工程中,中级油漆的光亮和光滑项目;卫生器具给水配件安装项目中,接口严密,启闭部分灵活;管道接口项目中,无外露油麻等。这些就要靠监理工程师依据现场的实际情况、长期的工作经验的积累、工程质量的要求即使用情况灵活掌握。

2.2 检验批施工质量验收表格

检验批施工质量验收过程必须有详细准确的记录,检验批验收表格应按规范要求填制,填制表格应在验收结束后立即由专业人员填制,不应有空格,并保证表格中的各种信息和参数的准确性、真实性和有效性。

2.2.1 检验批施工质量验收记录

检验批施工质量验收记录是验收全过程的各验收点(件)的验收数据记载,包括检验项目在施工过程中的施工记录、试件试验结果记录、送检结果记录,是检验批质量验收记录表填制的依据,应在验收现场据实记录,已有的施工过程记录必须是有效记录。

检验批施工质量验收记录的通用表格,见表2-1。

表 2-1　××检验批施工质量验收记录

□□□□□□□□

<table>
<tr><td colspan="2">工程名称</td><td colspan="6"></td><td colspan="5">验收部位</td><td colspan="1"></td></tr>
<tr><td colspan="2">施工单位</td><td colspan="6"></td><td colspan="5">分包单位</td><td colspan="1"></td></tr>
<tr><td colspan="2">总包
项目经理</td><td></td><td colspan="2">分包
项目经理</td><td colspan="2"></td><td colspan="3">专业工长
（施工员）</td><td colspan="2"></td><td>施工班
组长</td><td></td></tr>
<tr><td colspan="3">施工执行标准名称及编号</td><td colspan="11"></td></tr>
<tr><td colspan="3">验收项目及要求</td><td colspan="10">施工单位检验意见</td><td>监理（单位）单位验收意见</td></tr>
<tr><td rowspan="6">主控项目</td><td>1</td><td></td><td colspan="10"></td><td></td></tr>
<tr><td>2</td><td></td><td colspan="10"></td><td></td></tr>
<tr><td>3</td><td></td><td colspan="10"></td><td></td></tr>
<tr><td>4</td><td></td><td></td><td></td><td></td><td></td><td></td><td></td><td></td><td></td><td></td><td></td><td></td></tr>
<tr><td>5</td><td></td><td></td><td></td><td></td><td></td><td></td><td></td><td></td><td></td><td></td><td></td><td></td></tr>
<tr><td>6</td><td></td><td></td><td></td><td></td><td></td><td></td><td></td><td></td><td></td><td></td><td></td><td></td></tr>
<tr><td rowspan="6">一般项目</td><td>1</td><td></td><td colspan="10"></td><td></td></tr>
<tr><td>2</td><td></td><td colspan="10"></td><td></td></tr>
<tr><td>3</td><td></td><td colspan="10"></td><td></td></tr>
<tr><td>4</td><td></td><td></td><td></td><td></td><td></td><td></td><td></td><td></td><td></td><td></td><td></td><td></td></tr>
<tr><td>5</td><td></td><td></td><td></td><td></td><td></td><td></td><td></td><td></td><td></td><td></td><td></td><td></td></tr>
<tr><td>6</td><td></td><td></td><td></td><td></td><td></td><td></td><td></td><td></td><td></td><td></td><td></td><td></td></tr>
<tr><td colspan="2">施工单位
检验结果</td><td colspan="12">项目专业质量检查员：　　　　年　月　日</td></tr>
<tr><td colspan="2">监理
（建设）
单位
验收
结论</td><td colspan="12">监理工程师：
（建设单位项目专业技术负责人）：　　　　年　月　日</td></tr>
</table>

2.2.2　检验批质量验收表的填制

（以室外排水管道安装工程检验批质量验收记录表 2-2 为例）

（1）编号填写　检验批施工质量验收记录表的右上方为验收记录表编号，□□□□□□□□是按照单位工程的分部、子分部、分项、检验批顺序统一进行编排的，前 6 位数子均印在表上，后留两个□，检查验收时填写检验批的顺序号。其编号规则为：第 1、2 位数字是分部工程的代码，01～09。地基与基础为 01，主体结构为 02，建筑装饰装修为 03，建筑屋面为 04，建筑给水排水及采暖为 05，建筑电气为 06，智能建筑为 07，通风与空调为 08，电梯为 09。第 3、4 位数字是子分部工程的代码。第 5、6 位数字是分项工程的代码。第 7、8 位数字是各分项工程检验批验收的顺序号。

（2）工程名称。应填写名称全称，与合同文件上的单位工程名称相一致。

（3）施工单位、分包单位。应填写单位的名称全称，即与合同上公章名称相一致。

（4）验收部位。应填写具体，×层×轴至×轴线之间。

(5) 总包项目经理、分包项目经理。均应是合同中指定的项目经理;专业工长(施工员)、施工班组长由本人签字。

(6) 施工执行标准名称及编号。施工执行标准是指施工所执行的工艺标准的名称及编号。这是这次验收规范编制的一个基本思路,由于验收规范只列出验收的质量指标,其工艺等只提出一个原则要求,具体的操作工艺就靠企业标准了。只有按照不低于国家质量验收规范的企业标准来操作,才能保证国家验收规范的实施。如果没有具体的操作工艺,保证工程质量就是一句空话。对于部分中小施工企业,没有编制力量,可采用地方或其他企业标准。例如:可以填写所采用的企业标准、地方标准、行业标准或国家标准,如果未采用上述标准,也可填写实际采用的施工技术方案等依据。注意此栏不应填写验收规范。

(7) 质量验收规范的规定栏。填写具体的质量要求,在制表时就已填写好验收规范中主控项目、一般项目的全部内容。但由于表格的地方小,多数指标不能将全部内容填下,所以,只将质量指标归纳、简化描述或题目及条文号填写上,作为检查内容提示,以便查对验收规范的原文。

(8) 施工单位检验意见。填写施工单位对主控项目、一般项目的自检结果。

填写方法分以下几种情况,判定验收不验收均按施工质量验收规定进行判定。

① 对定量项目直接填写检查的数据。

② 对定性项目,当符合规范规定时,可采用打"√"或"符合要求"的方法标注;当不符合规范规定时,采用打"×"或"不符合要求"的方法标注;无此项内容的用"/"来标注。

③ 有混凝土、砂浆强度等级的检验批,按规定制取试件后,可填写试件编号,待试件报告出来后,对检验批进行判定,并在分项工程验收时进一步进行强度评定以及验收。

④ 对一般项目合格点有要求的项目,应是其中带有数据的定量项目;定性项目必须基本达到。定量项目其中每个项目都必须有80%以上(混凝土保护层为90%)检测点的实测值达到规范规定。其余20%按各专业施工质量验收规范规定,不能大于150%,钢结构为120%,就是说有数据的项目除必须达到规定的数值外,其余可最大放宽到150%(或120%)。

⑤ 对于某些定量检查的项目,如果检查的点数或件数较多,超出给定的10个空格,可以一个空格内填2个。

"施工单位检查评定记录"栏的填写,将实际测量的数值填入格内,超出企业标准的数字,而没有超出国家验收规范的用"○"将其圈住;对超出国家验收规范的用"△"圈住,最好采用红笔。

(9) 监理(建设)单位验收意见栏。对定性项目填写"符合要求"或"不符合要求",对定量项目填写"合格"或"不合格"。

对不符合验收标准规定而未通过验收的项目,应写明不符合原因和处理意见,待处理后再行验收。

(10) 施工单位检验结果栏。施工单位自行检查评定合格后,应填写"主控项目全部合格,一般项目满足规范规定要求"。

专业工长(施工员)和施工班、组长栏目由本人签字,以示承担责任。专业质量检查员代表企业逐项检查评定合格,将表填写并写清结果,签字(部分省要求本人签字并盖章)后,提交专业监理工程师或建设单位项目专业技术负责人验收。

(11) 监理(建设)单位验收结论栏。主控项目、一般项目验收合格,混凝土、砂浆试件强度待试验报告出来后判定,其余项目已全部验收合格,并注明"同意验收",由专业监理工程师或建设单位的专业技术负责人签字，并加盖岗位资格章。

表 2-2 室内给水管道及配件安装工程检验批质量验收记录表

050101□□

工程名称		×××小区 2 号住宅楼				验收部位		一层Ⓐ-Ⓑ/①－⑩轴								
施工单位		×××市建筑工程公司				分包单位										
总包 项目经理		×××	分包 项目经理	×××		专业工长 （施工员）		×××			施工班 组长		×××			
施工执行标准名称及编号			×××建筑企业施工工艺标准 QBJZD-2003													
验收项目及要求						施工单位检验意见										监理（单位）单位验收意见
主控项目	1	给水管道 水压试验（设计要求）				1 份试验记录，符合要求										符合要求
	2	给水系统 通水试验				1 份试验记录，符合要求										符合要求
	3	生活给水系统管道冲洗和消毒				1 份检验报告，符合要求										符合要求
	4	直埋金属给水管道 防腐（设计要求）				1 份隐蔽记录，符合要求										符合要求
一般项目	1	给排水管铺设的平行、垂直净距				符合要求										符合要求
	2	金属给水管道及管件焊接				1 份检查记录，符合要求										符合要求
	3	给水水平管道 坡度坡向				符合要求										符合要求
	4	管道支、吊架				符合要求										符合要求
	5	水表安装														
	6	水平管道纵、横方向弯曲允许偏差	钢管	每 m	1 mm											
				全长 25 m 以上	≤25 mm											
			塑料管复合管	每 m	1.5 mm											
				全长 25 m 以上	≤25 mm											
			铸铁管	每 m	2 mm											
				全长 25 m 以上	≤25 mm											
		立管垂直度允许偏差	钢管	每 m	3 mm											
				5 m 以上	≤8 mm											
			塑料管复合管	每 m	2 mm											
				5 m 以上	≤7 mm	6	⑦	△8	6	5	6	⑦	6	5	5	合格
			铸铁管	每 m	3 mm											
				5 m 以上	≤10 mm											
		成排管段和成排阀门		同一平面间距	3 mm											
施工单位检验结果	检验符合标准规定 项目专业质量检查员：××× 年 月 日															
监理（建设）单位验收结论	验收合格 监理工程师：××× （建设单位项目专业技术负责人）： 年 月 日															

复习与思考

1. 主控项目包括的主要内容有哪些？
2. 一般项目包括的主要内容有哪些？
3. 对照检验批质量验收通用表格简述表格的填写。

第3章 分项工程施工质量验收

分项工程质量验收是分部(子分部)工程质量验收的基础。分项工程质量验收是一个分项工程完工后,在对该分项工程所包含的检验批验收的基础上进行的。经验收合格后,方可进行下一个分项工程的施工。

3.1 分项工程施工质量验收

3.1.1 分项工程施工质量验收合格规定

(1) 分项工程所含的检验批均应符合合格质量的规定。

(2) 分项工程所含的检验批的质量验收记录、证明材料、随机文件和随机技术资料、施工过程记录、检验、试验报告等资料应完备且整理有序。

(3) 分项工程所含检验批验收单中项目全部填写,真实、准确无误,所有验收责任人签字手续完备。

3.1.2 分项工程验收表格及填表说明

1. 分项工程验收用表

分项工程施工质量验收记录见表3-1。

2. 验收用表填写说明

以×××分项工程施工质量验收记录为例介绍验收用表填写说明。

(1) 分项工程质量应由专业监理工程师(建设单位项目技术负责人)组织项目技术负责人等组织验收。

(2) 表头填写分项工程名称。

(3) 表格右上方编号□□□□□□是按单位工程的分部、子分部、分项统一进行编排的。前两位是分部工程代码,第三、四位是子分部工程代码,第五、六位是分项工程的顺序号。

(4) 将分项工程名称填写具体,应和检验批表的名称一致。

(5) 检验批数(栏),填写该分项工程所含检验批的数量。

(6) 检验批部位(栏),将检验批逐项填写,并注明部位、区段,以便检查是否有没检查到的部位。

(7) 施工单位检验意见(栏)填写:"符合设计要求及标准×××合格规定"。

(8) 监理(建设)单位验收意见(栏)填写:"合格"或"不合格"。

(9) 施工单位检验结果(栏)填写:"检验符合标准×××合格规定"。由项目技术负责人签字。

(10) 监理(建设)单位验收结论(栏)填写:"验收合格"或"验收不合格"。由专业监理工程师(建设单位项目负责人)签认,并加盖岗位资格章。

表 3-1　×××分项工程施工质量验收记录

□□□□□□□

<table>
<tr><td>工程名称</td><td colspan="2">×××小区 3 号住宅楼</td><td>结构类型</td><td></td><td>检验批数</td><td></td></tr>
<tr><td>施工单位</td><td colspan="2">×××</td><td>项目经理</td><td>×××</td><td>项目技术负责人</td><td>×××</td></tr>
<tr><td>分包单位</td><td colspan="2">×××</td><td>分包单位负责人</td><td>×××</td><td>分包项目经理</td><td>×××</td></tr>
<tr><td>序号</td><td colspan="2">检验批部位、区段</td><td colspan="2">施工单位检验意见</td><td colspan="2">监理(建设)单位验收意见</td></tr>
<tr><td>1</td><td colspan="2">1 层①—⑩</td><td colspan="2">符合设计要求及标准×××合格规定</td><td colspan="2">合格</td></tr>
<tr><td>2</td><td colspan="2"></td><td colspan="2"></td><td colspan="2"></td></tr>
<tr><td>3</td><td colspan="2"></td><td colspan="2"></td><td colspan="2"></td></tr>
<tr><td>4</td><td colspan="2"></td><td colspan="2"></td><td colspan="2"></td></tr>
<tr><td>5</td><td colspan="2"></td><td colspan="2"></td><td colspan="2"></td></tr>
<tr><td>6</td><td colspan="2"></td><td colspan="2"></td><td colspan="2"></td></tr>
<tr><td>7</td><td colspan="2"></td><td colspan="2"></td><td colspan="2"></td></tr>
<tr><td>8</td><td colspan="2"></td><td colspan="2"></td><td colspan="2"></td></tr>
<tr><td>9</td><td colspan="2"></td><td colspan="2"></td><td colspan="2"></td></tr>
<tr><td>10</td><td colspan="2"></td><td colspan="2"></td><td colspan="2"></td></tr>
<tr><td>11</td><td colspan="2"></td><td colspan="2"></td><td colspan="2"></td></tr>
<tr><td>12</td><td colspan="2"></td><td colspan="2"></td><td colspan="2"></td></tr>
<tr><td></td><td colspan="2"></td><td colspan="2"></td><td colspan="2"></td></tr>
<tr><td></td><td colspan="2"></td><td colspan="2"></td><td colspan="2"></td></tr>
<tr><td>施工单位检验结果</td><td colspan="2">符合设计要求及标准×××合格规定。
项目专业技术负责人:×××
年　月　日</td><td>监理(建设)单位验收结论</td><td colspan="3">验收合格
监理工程师:×××
(建设单位项目技术负责人
年　月　日</td></tr>
</table>

3.2　分项工程施工质量验收方法

3.2.1　分项工程施工质量验收方法

分项工程施工质量的验收是在检验批验收合格的基础上进行的,通常起一个归纳整理的作用,是一个统计表,没有实质性验收内容。但要注意以下三点:一是核对检验批的部位、区段是否全部覆盖分项工程的范围,有没有缺漏的及没有验收到的部位;二是检查有混凝土、砂浆强度要求的检验批,到龄期后能否达到规范要求;三是将检验批的资料统一、依次进行登记整理,方便管理。

3.2.2 分项工程施工质量验收通用表格

分项工程施工质量验收记录,见表 3-1。

复习与思考

1. 分项工程施工质量验收合格规定有哪些?
2. 简述分项工程施工质量验收方法。
3. 对照分项工程质量验收通用表格简述表格的填写。

第4章

分部(子分部)工程施工质量验收

建筑物(构筑物)是由土建工程和建筑设备安装工程共同组成的。建筑工程可分为地基与基础、主体结构、建筑装饰装修、建筑屋面、建筑给排水及采暖、建筑电气、智能建筑、通风与空调、电梯等九个分部。

建筑物及构筑物的单位工程是由建筑工程和建筑设备安装工程共同组成。如住宅小区建筑群中的一栋住宅楼，学校建筑群中的一栋教学楼、办公楼等。《建筑工程施工质量验收统一标准》(GB50300－2001)将单位工程分为九个分部工程。其中地基与基础、主体结构、建筑装饰装修、建筑屋面四个分部为建筑工程；建筑给排水及采暖、建筑电气、智能建筑、通风与空调、电梯五个分部为建筑设备安装工程。但在单位工程中，不一定都有九个分部，如多层的一般民用住宅楼没有电梯分部工程和智能建筑分部工程。

4.1 分部(子分部)工程施工质量验收

4.1.1 分部(子分部)工程质量验收合格规定

分部(子分部)工程质量验收合格应符合下列规定。

(1) 分部(子分部)工程所含分项工程的质量均应验收合格。

(2) 质量控制资料应完整。

(3) 设备安装分部(子分部)工程中有关安全及功能的检验和抽样检测结果应符合有关规定。

(4) 观感质量验收应符合要求。

通过返修或加固处理仍不能满足安全使用要求的分部工程严禁验收。

4.1.2 分部(子分部)工程施工质量验收方法

分部(子分部)工程由施工单位检验合格，交监理验收。应由总监理工程师(建设单位项目负责人)组织专业监理工程师核查、抽查，并组织专业监理工程师、施工单位项目负责人和技术、质量负责人等进行验收。

分部(子分部)工程的验收在其所含各分项工程验收的基础上进行。各分部工程(子分部)应符合验收合格的条件。

首先，分部工程的各分项工程必须已验收合格且相关的质量控制文件必须完整，这是验收的基本条件。此外，由于各分项工程的性质不尽相同，因此，作为分部工程不能简单地组合而加以归纳汇总，应增加以下两项检查项目。

一是对涉及建筑物安全和使用功能的地基基础、主体结构两个分部，以及对建筑设备安装分部涉及安全、重要使用功能的部分，应进行有关见证取样送样试验或抽样试验。

二是对观感质量的验收。观感质量的验收因受定量检查方法的限制，往往难以定量，只能以观察、触摸或简单测量的方式进行，并由各自的主观印象判断，检查结果并不给出“合格”或“不合格”的结论，而是综合给出质量评价，对于“差”的检验点应通过返修处理等补救。

4.1.3 分部(子分部)工程验收表格及填表说明

1. 分部(子分部)工程施工质量控制资料核查记录

分部(子分部)工程施工质量控制资料核查记录，见表4-1。其填表说明如下。

(1) 填写分部(子分部)名称、工程名称、施工单位、资料名称和份数(栏)，由施工单位项目质量(技术)负责人填写。

(2) 核查意见(栏)，由总监理工程师组织专业监理工程师参加核查，由总监理工程师(建设单位项目负责人)填写“符合要求”或“不符合要求”。

做到及时、准确、齐全、完整可写“符合要求”。

对“不符合要求”的应加以说明和写出处理意见。

核查人(栏)，由总包单位项目经理和总监理工程师共同确认填写“经检验、核查符合要求”或“经检验、经核查不符合要求”，并签字，加盖岗位资格章。

(3) 结论(栏)由单位项目经理和总监理工程师共同确认填写，并签字、加盖岗位资格章。

对结论为“不符合要求”应写出处理意见。

表4-1 ×××分部(子分部)工程施工质量控制资料核查记录

×××(□□□□)A

工程名称	×××小区3号住宅楼	施工单位	×××市建筑工程公司	
序号	资料名称	份数	核查意见	核查人
1				
2				
3				
4				
5				
6				
7				
8				
9				
结论： 施工单位项目经理：××× 年　月　日			总监理工程师：××× (建设单位项目负责人) 年　月　日	

2. 分部(子分部)工程安全和功能检验资料核查及主要功能抽查记录

分部(子分部)工程安全和功能检验控制资料核查及主要功能抽查记录，见表4-2。其填表说明如下。

(1) 填写分部(子分部)名称、工程名称、施工单位和份数(栏)，由施工单位项目质量(技术)负责人填写。

(2) 核查意见(栏)和抽查结果(栏)，由总监理工程师组织专业监理工程师核查、抽查，有关施工单位项目经理、项目质量(技术)负责人参加。

核查应做到及时、准确、齐全、完整可写"符合要求"，对"不符合要求"项目应加以说明并提出处理意见。

核查(抽查)人(栏)，由总监理工程师签字确认。

(3) 结论(栏)，由总承包单位项目经理和总监理工程师共同确认填写"经检验、核查及抽查符合要求"或"经检验、核查及不符合要求"，并签字加盖岗位资格章。

对经检验、核查及抽查"不符合要求"的应加以说明和提出处理意见。

表4-2　×××分部(子分部)工程安全和功能检验资料核查及主要功能抽查记录

×××(□□□□)B

工程名称	×××小区3号住宅楼	施工单位	×××市建筑工程公司		
序号	安全和功能检验项目	份数	核查意见	抽查结果	核查(抽查)人
1					
2					
3					
4					
5					
6					
结论： 施工单位项目经理：××× 年　月　日		总监理工程师：××× (建设单位项目负责人) 年　月　日			

3. 分部(子分部)工程施工观感质量评价记录

建筑给排水及采暖分部(子分部)工程施工观感质量检查评价记录，见表4-3。其填表说明如下。

(1) 填写分部(子分部)名称。

(2) 参加人员(栏)，填写总监理工程师(建设单位项目负责人)和专业监理工程师、项目经理、项目质量(技术)负责人、技术(质量)部门负责人，检查评价人数不少于5人。

(3) 项目名称(栏)由施工单位项目质量(技术)负责人填写。

(4) 抽查质量状况(栏)，各抽检点质量状况(好、一般、差)分别用√、○、×填写，评价时，施工单位应先自行检查后交监理验收，由总监理工程师组织专业监理工程师，通过现场检查，在听取有关人员的意见后，以总监理工程师为主与专业监理工程师共同确认质量评价：好、一般、差。

(5) 质量评价(栏)一般应参照以下几点。

① 每项抽检点中无“差”(×),且“好”(√)点数占该项总抽样检查点数50%及以上,可填写“好”。

② 每项抽检点中评为“差”(×)点的数不大于20%,且不影响安全、使用功能及观感,可填写“一般”。

③ 对评为“差”的应写出处理意见。

(6) 综合评价(栏)一般应参照以下几点。

① 分部(子分部)工程中被抽检的分项工程评价为“好”的项数占总抽检项数的50%及以上,且无“差”项可填写“好”。

② 分部(子分部)工程中,被抽检的分项工程评价为“好”的项数占总抽检项数低于50%,且无“差”项可填写“一般”。

③ 对评为“差”的应写出处理意见。

(7) 结论(栏),由总监理工程师(建设单位项目负责人)和施工总包单位项目经理填写,经现场检查评价共同确定为“好”、“一般”、“差”,并签字,加盖岗位资格章。

① 抽检项数综合评定为“好”的项数达到50%及以上,且无“差”项,结论可写“经现场检查评价共同确认为好”。

② 抽检项数综合评定为“好”的项数低于50%,且无“差”项,结论可写“经现场检查评价共同确认为一般”。

③ 经现场检查评价共同确认为“差”的应写出处理意见。

表4-3 建筑给排水及采暖×××分部(子分部)工程施工观感质量检查评价记录

×××(□□□□)C

工程名称		×××小区3号住宅楼							施工单位		×××市建筑工程公司				
参加人员		××× ××× ××× ××× ×××													
序号	项目名称	抽查质量状况										质量评价			综合评价
		1	2	3	4	5	6	7	8	9	10	好	一般	差	
1	水平管道纵横排布	√	√	○	√	√	○	○	√	√	√	好			好
2	立管垂直	○	√	√	√	○	○	√	√	○	√	好			
3	成排管段	√	√	√	×	√	○	√	○	√	√		一般		
4	成排阀门	√	○	○	√	√	√	○	○	√	√	好			
5	水表安装	√	√	√	×	√	○	√	○	√	√		一般		
6	管道支、吊架	√	√	×	○	√	√	√	○	√	√		一般		
7	管道保温	√	○	√	○	√	√	√	√	√	√	好			
8	室内消火栓	√	○	√	○	√	×	√	√	√	○	好			
结论: 经现场检查评价共同确认为好。															
施工单位项目经理:××× 年 月 日									总监理工程师:××× (建设单位项目负责人) 年 月 日						

4. 分部(子分部)工程施工质量验收记录

分部(子分部)工程施工质量验收记录,见表4-4。

其填表说明如下。

(1) 填写分部(子分部)名称。工程名称、施工单位及施工单位参加验收人员,由施工单位填写。

(2) 子分部(分项)工程名称(栏)。分别填写分部(子分部)工程所含的子分部(分项)工程名称。

(3) 分项(检验批)数(栏)。分别填写子分部(分项)工程所含分项(检验批)工程的数量。

(4) 施工单位检验意见(栏)。由施工单位根据自行检验结果填写"符合标准×××的合格规定"。

(5) 验收意见(栏)。由监理工程师填写"分项和检验批划分合理,验收项目完整,符合设计要求及标准×××合格的规定",或填写"验收项目不完整,不符合设计要求或不符号标准×××合格的规定"。

验收不合格应写出原因与处理意见。

(6) ×××分部(子分部)工程施工质量控制资料核查记录(栏)的填写要求。

① 分部工程施工质量控制资料核查

(a) 在施工单位检验意见(栏)施工单位根据资料的数量及完整情况填写:"经检验符合要求"。

(b) 在验收意见(栏),由监理单位根据资料及时、准确、齐全及完整情况填写:"符合要求"或"不符合要求"。

② 分部工程施工质量控制资料核查

先由施工单位检验合格,交监理单位验收。由总监理工程师组织专业监理工程师,对已核查过的子分部工程质量控制资料逐项检查和审查,符合要求后将各子分部工程审查的资料逐项进行统计,填写"核查施工质量控制资料××份,符合要求"或"不符合要求"。

(7) 分部(子分部)工程安全和功能检验控制资料核查及主要功能抽查记录(栏)填写要求。

① 子分部工程安全和功能检验控制资料核查及主要功能抽查

(a) 在施工单位检验意见(栏),施工单位应根据安全及功能两方面检测资料情况填写:"经检验符合要求"。

(b) 在验收意见(栏),由监理工程师根据安全和功能检查就每项检测是否有单项检测报告,其结果能否达到设计要求,填写"符合要求"或"不符合要求"。

② 分部工程安全和功能检验控制资料核查及主要功能抽查

先由施工单位检验合格,交监理单位验收。由总监理工程师(建设单位项目负责人)组织专业监理工程师,除对已核查和抽查过的子分部工程安全和功能检验资料逐项检查和审查，还要对分部工程进行安全和功能抽测，抽测报告是否达到设计要求及规范规定逐项进行核查验收，项目符合要求后将各子分部工程审查的资料逐项进行统计，填写“核查抽查安全和主要功能检验资料和抽查资料××份，符合要求”或“不符合要求”。

(8) 分部(子分部)工程施工观感质量检查评价记录(栏)填写要求。

① 子分部工程施工观感质量检查评价

由总监理工程师组织专业监理工程师，会同参加验收人员共同进行。通过现场检查，听取验收人员意见后，以总监理工程师为主与专业监理工程师共同确定质量评价，填写“经现场检查评价共同确认为好”或“一般”或“差”。

② 分部工程施工观感质量检查评价

施工单位先自行检查合格后，由总监理工程师(建设单位项目负责人)组织专业监理工程师、项目经理、项目质量(技术)负责人、技术(质量)部门负责人，进行检查评价。检查评价人数不少于5人。

通过现场检查，在听取有关人员意见后，以总监理工程师为主与专业监理工程师共同确认，填写：检查评价××个子分部，其中评为“好”××个子分部，占( )%，且无“差”子分部，共同确认为“好”或“一般”或“差”。

(a) 检查评价为“好”子分部数占总数的50%及以上可共同确认为“好”，低于50%可共同确认为“一般”。

(b) 检查评价有“差”的子分部确认为“差”。

(9) 检验验收单位(栏)的填写。

① 专业施工单位(栏)，由专业施工单位项目经理亲自签认，并加盖岗位资格章。填写“检验符合标准×××的合格规定”。

② 施工单位(栏)，由总承包单位项目经理亲自签认，并加盖岗位资格章。填写“检验符合标准×××的合格规定”。

③ 设计单位(栏)，由项目负责人亲自签认，并加盖岗位资格章。填写“施工质量符合(或不符合)设计要求，同意(或不同意)验收”。

④ 监理单位(栏)，由总监理工程师(建设单位项目负责人)亲自签认验收，总监应加盖岗位资格章，填写“符合×××合格规定，验收合格或验收不合格”。

对“验收不合格”应提出问题和处理意见。

表 4-4 ×××分部(子分部)工程施工质量验收记录

0501

<table>
<tr><td>工程名称</td><td>×××小区3号住宅楼</td><td>结构类型</td><td>砖混</td><td>层数</td><td>7层</td></tr>
<tr><td rowspan="2">施工单位</td><td rowspan="2">×××市建筑工程公司</td><td>技术部门负责人</td><td>×××</td><td>质量部门负责人</td><td>×××</td></tr>
<tr><td>项目技术负责人</td><td>×××</td><td>项目质量负责人</td><td>×××</td></tr>
<tr><td>分包单位</td><td></td><td>分包单位负责人</td><td></td><td>分包技术负责人</td><td></td></tr>
<tr><td>序号</td><td>子分部(分项)工程名称</td><td>分项(检验批)数</td><td colspan="2">施工单位检验意见</td><td>验收意见</td></tr>
<tr><td>1</td><td>给水管道及配件安装</td><td>10</td><td colspan="2">符合标准×××的合格规定</td><td rowspan="6">分项和检验批划分合理，验收项目完整，符合设计要求及标准×××合格的规定</td></tr>
<tr><td>2</td><td>室内消火栓系统安装</td><td>4</td><td colspan="2">符合标准×××的合格规定</td></tr>
<tr><td>3</td><td>排水管道及配件安装</td><td>10</td><td colspan="2">符合标准×××的合格规定</td></tr>
<tr><td>4</td><td>卫生器具安装</td><td>10</td><td colspan="2">符合标准×××的合格规定</td></tr>
<tr><td>5</td><td>采暖管道及配件安装</td><td>4</td><td colspan="2">符合标准×××的合格规定</td></tr>
<tr><td></td><td></td><td></td><td colspan="2"></td></tr>
<tr><td colspan="2">室内给水系统子分部工程施工质量控制资料核查记录</td><td>表4-1</td><td colspan="2">经检验符合要求</td><td>符合要求</td></tr>
<tr><td colspan="2">室内给水系统子分部工程安全和功能检验控制资料核查及主要功能抽查记录</td><td>表4-2</td><td colspan="2">经检验符合要求</td><td>符合要求</td></tr>
<tr><td colspan="2">室内给水系统子分部工程施工观感质量检查评价记录</td><td>表4-3</td><td colspan="3">经现场检查评价共同确认为“好”</td></tr>
<tr><td rowspan="4">检验验收单位</td><td>专业施工单位</td><td colspan="4">检验符合标准×××的合格规定
项目经理：××× 年 月 日</td></tr>
<tr><td>施工单位</td><td colspan="4">检验符合标准×××的合格规定
项目经理：××× 年 月 日</td></tr>
<tr><td>设计单位</td><td colspan="4">施工质量符合设计要求，同意验收
项目负责人：××× 年 月 日</td></tr>
<tr><td>监理(建设)单位</td><td colspan="4">验收合格
总监理工程师：×××
(建设单位项目专业负责人) 年 月 日</td></tr>
</table>

4.2 各分部(子分部)工程施工质量验收

4.2.1 建筑给水、排水及采暖分部(子分部)工程

1. 施工质量控制资料核查

(1) 图纸会审、设计变更及商洽文件应完整，签章齐全。

(2) 施工组织设计或施工技术方案应经总监理工程师审批。应确定检验批的划分及抽检数量、抽检方法，抽检部位应在验收时随机抽取，并确定安全及功能检测的数量、方法等。施工质量控制措施应有针对性。工程施工质量控制资料应及时、准确、齐全、完整。

(3) 主要原材料、成品、半成品、配件、器具和设备出厂合格证及进场检(试)验报告应为原件,合格证为复印件时,应加盖供应部门章,并注明原件存放处。

(4) 施工记录应包括:施工工艺标准;操作者自我检查记录;上下道工序交接检查记录;专业质量检查员检验记录。

(5) 隐蔽工程记录必须真实、及时。

(6) 有关安全及功能的检验和抽样检测结果均应符合相关标准规定或设计要求。

(7) 设备试运转记录必须真实、及时。

(8) 分项工程质量验收记录应齐全。

2. 安全和功能检验资料核查及主要功能抽查

建筑给排水及采暖工程安全和功能检测应在分项或检验批验收时进行。

核查(抽查)项目:承压管道系统水压试验记录;设备及阀门水压试验记录;给水管道通水试验记录;给水管道冲洗记录、消毒检测报告;消火栓系统测试;排水管道灌水、通球及通水试验;雨水管道灌水及通水试验;卫生器具通水试验,具有溢流功能的器具满水试验;地漏及地面清扫口排水试验;采暖系统冲洗及测试;安全阀及报警联动系统动作测试;锅炉 48 h 负荷试运行;设备试运转记录。

3. 施工观感质量检验

(1) 抽查部位:随机确定。

(2) 抽查数量:各检查项目不宜少于 5 处。

评价方法:由总监理工程师(建设单位负责人)组织施工项目主要人员和监理人员不少于 5 人共同检查评价。

在"抽查质量状况"栏填写"√","○","×",分别代表"好","一般","差"。

根据每个项目"抽查质量状况"给出相应"质量检查评价"结果。

"质量检查评价"为"差"的项目应返修后重新检查评价。

综合每项"质量检查评价",做出"综合检查评价"结果。

"结论"应写明符合要求与不符合要求的项数,及对不符合要求项目的处理意见。

(3) 抽查项目及质量要求如下。

① 管道接口、坡度、支架

(a) 管道接口

- 丝接。螺纹清洁,规整,连接牢固,根部有外露螺纹,使用管件正确;镀锌管无焊接口,镀锌管和管件的镀锌层无破损,外露螺纹防腐良好且无外露油麻。
- 法兰接。对接平行、紧密,与管子中心线垂直,螺杆露出螺母,衬垫材质符合设计及规范要求且无双层,法兰型号符合要求。
- 焊接。焊口、焊缝符合要求,焊波均匀,焊缝表面无结瘤、夹渣和气孔。
- 承插、套箍。接口结构和所用填料符合设计及规范要求;灰口密实、饱满,养护良好;胶圈接口平直无扭曲;对口间隙准确,使用管件正确。

(b) 管道坡度。管道坡度符合要求,并均匀一致,安装横平竖直,距墙、标高符合要求。

(c) 管道支架。构造正确,埋设平正牢固,位置正确,标高、间距符合要求,排列整齐;油漆种类和涂刷遍数符合要求,色泽一致,附着良好,无脱皮、起泡和漏涂。

② 卫生器具、支架、阀门

(a) 卫生器具、支架。木砖和支架、托架防腐良好,埋设平正牢固,器具放置平稳,排水管道及出口连接牢固、严密不漏,位置、标高正确,排水坡度符合要求,成排器具排列整齐,标高一致。

(b) 阀门。型号、规格符合要求,位置进出口方向正确,连接紧密牢固,启闭灵活,朝向合理,表面洁净。

(c) 配件(饮水器、水表、消火栓、喷头及水龙头、角阀等)。安装位置、标高符合要求,进出口方向、朝向正确,成品保护良好,接口紧密,启闭灵活,安装端正,表面洁净,接口无外露麻丝,油漆完整,标志清晰正确。

③ 检查口、清扫口、地漏

(a) 检查口。设置数量符合要求,高度、朝向满足使用功能要求,封盖严密无渗漏,标高允许偏差＋150 mm,－100 mm。

(b) 清扫口。设置数量和位置符合要求,封堵严密无渗漏,方便使用,地面清扫口与地面齐平。

(c) 地漏。平正、牢固、低于排水表面,无渗漏,周边整齐、平整。

④ 散热器、支架

(a) 散热器(暖风机、辐射板、铸铁及钢制散热器等)。水压试验符合要求。安装牢固位置正确,接口严密,无渗漏。距墙一致,排列整齐。

(b) 支架。数量和构造符合设计及规范要求,位置正确,埋设平正牢固,排列整齐与散热器接触紧密。涂漆符合要求。

4.2.2　建筑电气分部(子分部)工程

1. 施工质量控制资料核查

(1) 图纸会审、设计变更及商洽文件应完整,签章齐全。

(2) 施工组织设计或施工技术方案应经总监理工程师审批。应确定检验批的划分及抽检数量、抽检方法,抽检部位应在验收时随机抽取,并确定安全及功能检测的数量、方法等。施工质量控制措施应有针对性。工程施工质量控制资料应及时、准确、齐全、完整。

(3) 主要原材料、成品、半成品、配件、器具和设备出厂合格证及进场检(试)验报告应为原件,合格证为复印件时,应加盖供应部门章,并注明原件存放处。

(4) 施工记录应包括:施工工艺标准;操作者自我检查记录;工序交接检查记录;专业质量检查员检验记录。

(5) 电气设备调试记录应及时、准确、齐全、完整。

(6) 隐蔽工程记录必须真实、及时。

(7) 有关安全及功能的检验和抽样检测结果均应符合相应标准规定或设计要求。

(8) 设备试运转记录必须真实、及时。

(9) 分项工程质量验收记录应齐全。

2. 安全和功能检验资料核查及主要功能抽查

建筑电气工程安全和功能检测应在分项或检验批验收时进行。

核查(抽查)项目:照明全负荷试验记录;大型灯具牢固性试验记录;避雷接地电阻测试记录;线路、插座、开关接地检验记录;绝缘电阻测试记录。

3. 施工观感质量检查记录

(1) 配电箱、盘、板、接线盒

安装应正确,部件齐全,箱体开孔合适,切口整齐;暗式配电箱箱盖紧贴墙面;零线经汇流排(零线端子)连接,无绞接现象;箱体油漆完整,内外清洁,箱盖开闭灵活,箱内接线整齐,回路编号齐全、正确,接地(接零)支线连接紧密、牢固,接地(接零)线截面选用正确,走向合理,色标准确,防腐良好;管子与箱体连接有专用锁紧螺母。

(2) 设备器具、开关、插座

① 设备器具。大(重)型灯具用的吊钩、预埋件必须埋设牢固;器具及其支架牢固端正,位置正确,有木台的安装在木台中心;工厂罩弯管灯、防爆弯管灯的吊攀齐全,固定可靠;电铃、光学号牌等讯响显示装置部件完整,动作正确,讯响显示清晰;灯具及控制开关工作正常,安全和接地可靠。

② 开关、插座。明装平正牢固,居木台中心,油漆完整;暗开关、插座的盖板紧贴墙面,四周无缝隙,位置正确,高度一致,接线正确,开关切断相线,螺口灯头相线接在中心触点的端子上;同用途的三相插座接线,相序排列一致;单相插座的接线,面对插座,右极接相线;左极接零线;单相三孔、三相四孔插座的接地(接零)线接在正上方;插座的接地(接零)线单独敷设,不得与工作零线混同;开关、插座内外清洁,版面端正,成排的高度一致,排列整齐。

(3) 防雷、接地。避雷针(网)安装符合要求,位置正确,固定牢靠,防腐良好;针体垂直,避雷网规格尺寸和弯曲半径正确,避雷网支持件间距均匀;避雷针及支持件的制作质量符合要求,设有标志灯的避雷针,灯具完整,显示清晰;接地(接零)线敷设平直、牢固,固定点间距均匀,跨越建筑物变形缝有补偿装置,穿墙有保护管,油漆防腐完整无污染建筑物;防雷接地引下线的保护管固定牢靠,断线卡设置便于检测,接触面镀锌或镀锡完整,螺栓等紧固件齐全牢靠。

4.2.3 通风与空调分部(子分部)工程

1. 施工质量控制资料检(核)查记录

(1) 图纸会审、设计变更及商洽文件应完整,签章齐全。

(2) 施工组织设计或施工技术方案应经总监理工程师审批。应确定检验批的划分及抽检数量、抽检方法,抽检部位应在验收时随机抽取,并确定安全及功能检测的数量、方法等。施工质量控制措施应有针对性。工程施工质量控制资料应及时、准确、齐全、完整。

(3) 主要原材料、成品、半成品、配件、器具和设备出厂合格证及进场检(试)验报告应为原件,合格证为复印件时,应加盖供应部门章,并注明原件存放处。

(4) 施工记录应包括:施工工艺标准;操作者自我检查记录;上下道工序交接检查记录;专业质量检查员检验记录。

(5) 电气设备调试记录应及时、准确、齐全、完整。

(6) 隐蔽工程检查记录必须真实、及时。

(7) 有关安全及功能的检验和抽样检测结果均应符合相应标准规定或设计要求。

(8) 设备试运转记录必须真实、及时。

(9) 分项工程质量验收记录应齐全。

2. 安全和功能检验资料核查及主要功能抽查

① 通风与空调工程安全和功能检测应在分项或检验批验收时进行。

② 核查(抽查)项目:通风、空调系统试运行记录;风量、温度测试记录;洁净室洁净记录;制冷机组试运行调试记录。

3. 施工观感质量检查

(1) 风管、支架

① 风管的质量检查。

(a) 金属风管。风管的规格、尺寸符合要求,咬缝紧密、宽度均匀,无孔洞、半咬口和胀裂缺陷,直管纵向咬缝错开;焊缝严禁烧穿、漏焊和裂缝等缺陷,纵向焊缝必须错开。风管折角平直,圆弧均匀,两端面平行,无明显翘角;风管与法兰连接牢固,翻边平整,宽度均匀,紧贴法兰;有凝结水、湿空气的底部接缝风管要有坡度和密封处理。法兰的孔距符合要求,焊接牢固,焊缝处不设置螺孔,螺孔具有互换性;风管加固应牢固可靠、整齐、间距适宜、均匀对称。不锈钢板和铝板风管表面无明显刻痕、划痕、凹穴等缺陷,复合钢板风管表面无破损,铝管的法兰连接螺栓镀锌,并在两侧加镀锌垫圈。

(b) 硬聚氯乙烯风管。风管规格符合要求,焊缝的坡口形式和焊接质量符合规定,焊缝无裂纹、焦黄、断裂等缺陷,纵向焊缝错开。风管表面基本平整,圆弧均匀,拼缝处无明显凹凸,两端面平行,无明显扭曲和翘角,焊缝饱满,风管加固牢固可靠。焊条排列整齐;加固整齐美观,风管与法兰连接处的三角支撑间距适宜,均匀对称。

(c) 洁净系统的风管。风管、配件、部件和静压箱的所有接缝必须严密不漏。风管内表面必须平整光滑,严禁有横向拼接缝和管内设加固或采用凸棱加固的方法;阀门的活动、固定件、拉杆等零件用碳素钢加工时必须做镀锌处理,轴与阀体连接处的缝隙必须密封。风管连接严密不漏,法兰、柔性短管的垫料及接头方法符合要求。管内壁清洁,无浮尘、油污、锈蚀及杂物。风管、配件、部件和静压箱整齐美观,使用方便灵活。

② 支架。支、吊、托架的形式、规格、埋设位置、间距符合要求,埋设牢固、平整、砂浆饱满;支架严禁设在风口、阀门及检视门处;支架与管道间的衬垫合理;吊杆垂直,横杆水平,固定处与墙齐平。不锈钢板、铝板风管用碳素钢支架时,需进行防腐及隔绝处理。油漆颜色符合要求,色泽一致,无漏涂,整齐美观,不污染管道、设备及支撑面。

(2) 风口、风阀

① 风口。风口尺寸、规格符合设计要求,格、孔、片、扩散圈间距一致,边框、叶片平直整齐;安装位置正确,同一房间内标高一致,排列整齐;外露部分平整,外形光滑、美观。

② 风阀。风阀规格尺寸符合设计要求;防火阀必须关闭严密,转动部分采用耐腐蚀材料,外壳、阀板的材料厚度符合要求;组合件尺寸正确,叶片与外壳无碰擦;有启闭标记;多叶阀叶片贴合、搭接一致,轴距偏差符合要求。安装牢固,位置、标高和方向正确,操作方便。防火阀检查孔位置便于操作。斜插板阀垂直安装时,阀板必须向上拉启,水平安装时阀板顺气流方向插入。

③ 风罩。规格、尺寸符合设计要求;安装位置正确,连接牢固,活动件灵活可靠;罩口尺寸偏差符合要求,油漆品种、遍数、标记符合设计要求。

(3) 风机、空调设备

① 风机。风机叶轮严禁与壳体碰撞,散装风机进风斗必须均匀并符合技术要求。地脚

螺栓必须拧紧，并有防松装置；垫铁放置位置必须正确、接触紧密；试运转时叶轮旋转方向必须正确；试运转轴承温升符合要求，风机安装的允许偏差符合要求。

② 空调设备(包括消声器、除尘器、通风机、空气压缩机及制冷管道等的安装情况)的检查。

(a) 消声器。型号、尺寸、安装气流方向符合设计要求，框架牢固，共振腔的隔板尺寸正确，隔板与壁板结合处紧贴，外壳严密不渗漏；消声片单体安装固定牢固，片距均匀；单独设置支、吊架。消声材料敷设，片状材料粘贴牢固、平整，散状材料充填均匀，无明显下沉；消声材覆面，覆面材顺气流方向拼接，无损坏，穿孔板无毛刺。

(b) 除尘器。规格、尺寸符合设计要求，双级蜗旋除尘器的叶片方向正确，旁路分离室的泄灰口光滑无毛刺；旋筒式水膜除尘器的外筒内壁严禁有突出的横向接缝；湿式除尘器的水管连接处和存水部位不漏，排水部位畅通。除尘器内表面平整。活动或转动部件灵活可靠，松紧适度。

(c) 通风机。型号、规格应符合实际要求，出口方向应正确；叶轮旋转应平稳；地脚螺栓应拧紧，并有防松动措施；通风机外露部分应设置防护罩(网)或采取其他安全措施。离心风机的叶轮与机壳的组装位置应正确，安装允许偏差符合要求。现场组装的轴流风机叶片安装角度一致，叶轮与筒体之间的间隔均匀。风机隔振器的安装，各组隔振器承受荷载的压缩量均匀；隔振钢支、吊架，其结构形式和外形尺寸符合要求，焊接牢固，焊缝饱满、均匀。

(d) 制冷管道。管道、管件、支架与阀门的型号、规格、材质及工作压力，以及管道系统的工艺流向、坡度、标高符合设计要求。管道内壁清洁、干燥，阀门进行清洁。焊缝与热影响区严禁有裂纹，焊缝表面无夹渣、气孔等缺陷。压缩机的吸、排气管道单独设支架，无强制对口连接。管道系统吹污、气密性试验、真空度试验符合要求。穿过墙、楼板设金属套管，固定牢靠，长度适宜，套管内无管道焊缝、法兰及螺纹接口，套管与管道周围空隙，用隔热不燃材料填塞。

(4) 阀门、支架

支、吊、托架及阀门安装符合设计及规范要求。

(5) 绝热

① 风管和管道的绝热，应采用不燃或难燃材料，其材质、密度、规格与厚度应符合设计要求。

② 输送介质温度低于周围空气露点温度的管道，当采用非闭孔性绝热材料时，隔气层(防潮层)必须完整，且封闭良好。

③ 绝热材料应密实，无裂缝、空隙等缺陷。表面应平整，卷材或板材的允许偏差为5 mm；涂抹或其他方式时，允许偏差为10 mm。

4.2.4 电梯分部(子分部)工程

1. 施工质量控制资料检(核)查

(1) 土建布置图纸会审、设计变更、洽商记录和竣工图应完整，签章齐全。

(2) 材料、设备出厂合格证及进场检(试)验报告应为原件，合格证为复印件时，应加盖供应部门章，并注明原件存放处。

(3) 隐蔽工程记录必须真实、及时。

(4) 施工记录应包括:施工工艺标准;操作者自我检查记录;上下道工序交接检查记录;专业质量检查员检验记录。

(5) 接地、绝缘电阻测试记录必须真实、可靠、及时。

(6) 负荷试验、安全装置检查记录必须真实、可靠、及时。

(7) 分项工程质量验收记录应齐全。

2. 安全和功能检验资料核查及主要功能抽查记录

核查(抽查)项目:电梯运行记录、电梯安全装置检测报告。

3. 施工观感质量检查

(1) 运行目标

① 电梯启动、运行和停止,轿厢内无较大的震动和冲击,制动器可靠。

② 运行控制功能达到设计要求,指令、召唤、定向、程序转换、开车停车、平层等准确无误,声光信号显示清晰、正确。

③ 减速器油的温升不超过60℃,且最高温度不超过85℃。

④ 超载试验电梯能安全起动、运行、停止;曳引机工作正常。

⑤ 安全钳试验,空箱以检修速度下降能安全钳动作,电梯能可靠地停止,动作后能正常恢复。

(2) 开关门

门扇平整,启闭时无摆动、撞击和阻滞现象,启闭轻快平稳;中分式门关闭时上下部同时合拢,门缝一致。

(3) 平层

电梯准确平层。乘客电梯不应大于6 mm,载货电梯不应大于8 mm。

(4) 层门、信号系统

层门指示灯盒,召唤盒安装位置正确,排列整齐,使用方便,面板与墙面贴实,横竖端正。

(5) 机房

电梯电源单独敷设,电气设备、配线的绝缘阻值大于0.5 MΩ;保护接地、接零系统良好;电线管、槽、箱、盒连接牢固,接触良好,绝缘可靠,标志清楚,无遗漏,随行电缆绑扎牢固,排列整齐,无扭曲,在极限状态不受力,不拖地。配电柜、控制屏等布置合理,横竖端正。

复习与思考

1. 分部(子分部)工程质量验收合格规定有哪些?
2. 简述分部(子分部)工程施工质量验收方法。
3. 对照分部(子分部)工程质量验收表格简述表格的填写。
4. 对照分部(子分部)工程安全和功能检验资料核查及主要功能抽查记录简述表格的填写。
5. 对照分部(子分部)工程施工观感质量检查评价记录简述表格的填写。
6. 对照工程施工质量控制资料核查记录简述表格的填写。

第5章 单位(子单位)工程竣工验收

单位(子单位)工程质量验收,是工程建设最终的质量验收,也称竣工验收,是全面检验工程建设是否符合设计要求和施工技术标准的终验。

5.1 单位(子单位)工程质量竣工验收

5.1.1 单位(子单位)工程验收程序与组织

1. 竣工预验收的程序

当单位工程达到竣工验收条件后,施工单位应在自查、自评工作完成后,填写工程竣工报验单,并将全部竣工资料报送项目监理机构,申请竣工验收。总监理工程师应组织各专业监理工程师对竣工资料及各专业工程的质量情况进行全面检查,对检查出的质量问题,应督促施工单位及时整改。对需要进行功能试验的项目(包括单机试车和无负荷试车),监理工程师应督促施工单位及时进行功能试验,并对重要项目进行监督、检查,必要时请建设单位和设计单位参加;监理工程师应认真审查试验报告并督促施工单位搞好成品保护和现场清理。

经项目监理机构对竣工资料及实物全面检查、验收合格后,由总监理工程师签署工程竣工报验单,并向建设单位提出质量评估报告。

2. 正式验收

建设单位收到工程验收报告后,应由建设单位(项目)负责人组织施工(含分包单位)、设计、监理等单位(项目)负责人进行单位(子单位)工程验收。单位工程由分包单位施工时,分包单位对所承包的工程项目应按规定的程序检查评定,总包单位应派人参加。分包工程完成后,应将工程有关资料交总包单位。建设工程经验收合格后,方可交付使用。

建设工程竣工验收应当具备下列条件:完成建设工程设计和合同约定的各项内容;有完整的技术档案和施工管理资料;有工程使用的主要原材料、建筑构配件和设备的进场试验报告;有勘察、设计、施工、工程监理等单位分别签署的质量合格文件;有施工单位签署的工程保修书。

在一个单位工程中,对满足生产要求或具备使用条件,施工单位已预检,监理工程师已初验通过的子单位工程,建设单位可组织进行验收。有几个施工单位负责施工的单位工程,当其中的施工单位所负责的子单位工程已按设计完成,并经自行检验,也可组织正式验收,办理交工手续。在整个单位工程进行全部验收时,已验收的子单位工程验收资料应作为单位工程验收的条件。

在竣工验收时,对某些剩余工程和缺陷工程,在不影响交付的前提下,经建设单位、设计单位、施工单位和监理单位协商,施工单位应在竣工验收的限定时间内完成。

参加验收各方对工程质量验收意见不一致时，可请当地建设行政主管部门或工程质量监督机构协调处理。

5.1.2　单位(子单位)工程质量验收合格规定

单位（子单位）工程质量验收合格应符合下列规定：单位（子单位）工程所含分部（子分部）工程的质量均应验收合格；质量控制资料应完整；单位（子单位）工程所含分部（子分部）工程有关安全和功能的检测资料应完整；主要功能项目的抽查结果应符合设计要求及相关专业质量验收规范的规定；观感质量验收应符合要求。

5.2　竣工验收记录与备案

5.2.1　单位(子单位)工程验收填表说明及表格

1. 单位(子单位)工程施工质量控制资料核查记录

(1) 单位（子单位）工程施工质量控制资料核查记录

① 质量控制资料核查，应按项目分别进行。施工单位应先将资料分项目整理成册，项目顺序按本表顺序。每个项目按层次核查，并判断其能否满足规定要求。

② 份数(栏)，由施工单位填写。

③ 核查意见(栏)，由总监理工程师组织专业监理工程师进行核查。填写“符合要求”或“不符合要求”。

④ 核查人(栏)，由总监理工程师签认。

⑤ 结论(栏)，由总监理工程师（建设单位项目负责人）按项目核查情况填写：共核查×××项（等于表的序号数），其中符合要求××项，不符合要求××项，结论写“符合要求”或“不符合要求”。

⑥ 由施工（总包）单位项目经理和总监理工程师签字，并加盖岗位资格章。

(2) 验收记录

单位（子单位）工程施工质量控制资料核查记录，见表 5-1。

表 5-1　单位(子单位)工程施工质量控制资料核查记录

工程名称		×××光华小区 3 号住宅楼	施工单位	×××建筑公司	
序号	项目	资料名称	份数	核查意见	核查人
1	给排水与采暖	图纸会审、设计变更、商洽记录			
2		材料、配件、设备出厂合格证及进场检(试)验报告			
3		管道、设备强度试验、严密性试验报告			
4		隐蔽工程验收记录			
5		系统清洗、灌水、通水、通球实验记录			
6		施工记录			
7		分项、分部(子分部)工程质量验收记录			
8					
9					

续表

工程名称	×××光华小区3号住宅楼	施工单位	×××建筑公司

结论：共核查××项，符合要求×项，不符合要求×项。

符合要求 施工单位项目经理：　　年　　月　　日	总监理工程师： （建设单位项目负责人）　　年　　月　　日

1	建筑电气	图纸会审、设计变更、商洽记录			
2		材料、配件、设备出厂合格证及进场检（试）验报告			
3		电气设备调试记录			
4		接地、绝缘电阻测试记录			
5		隐蔽工程验收记录			
6		施工记录			
7		分项、分部（子分部）工程质量验收记录			
8					
1	通风与空调	图纸会审、设计变更、商洽记录			
2		材料、配件、设备出厂合格证及进场检（试）验报告			
3		制冷、空调、水管道强度试验、严密性实验记录			
4		隐蔽工程验收记录			
5		制冷设备运行调试记录			
6		通风、空调系统运行调试记录			
7		施工记录			
8		分项、分部（子分部）工程质量验收记录			
9					
1	电梯	土建布置图纸会审、设计变更、商洽记录			
2		材料、设备出厂合格证及进场检（试）验报告			
3		隐蔽工程验收记录			
4		施工记录			
5		接地、绝缘电阻测试记录			
6		负荷试验、安全装置检查记录			
7		分项、分部工程质量验收记录			
8					
1	建筑智能化	图纸会审、设计变更、商洽记录、竣工图及设计说明			
2		材料、设备出厂合格证及技术文件和进场检（试）验报告			
3		隐蔽工程验收记录			
4		系统功能测定及设备调试记录			
5		系统技术、操作和维护手册			
6		系统管理、操作人员培训手册			
7		系统检测报告			
8		分项、分部（子分部）工程质量验收记录			
9					

结论：共核查××项，符合要求×项，不符合要求×项。

符合要求 施工单位项目经理：　　年　　月　　日	总监理工程师： （建设单位项目负责人）　　年　　月　　日

2. 单位(子单位)工程安全和功能检验资料核查及主要功能抽查记录

(1) 单位(子单位)工程安全和功能检验资料核查及主要功能抽查记录

① 由施工单位检验合格,交监理验收,由总监理工程师(建设单位项目负责人)组织专业监理工程师(建设单位项目技术负责人)核查、抽查,施工单位项目经理、项目技术(质量)负责人、技术(质量)部门负责人等参加。

② 份数(栏),由施工单位填写。

③ 核查意见(栏)和抽查意见(栏),按项目分别进行核查和抽查,抽查项目由验收组协商确定。对在分部、子分部已进行安全和功能检测的项目,核查其结论是否符合设计要求;对在单位(子单位)工程进行的安全和功能抽测的项目,应抽查其结论是否符合设计要求。按项目逐项核查及抽查后均填写:"符合要求"或"不符合要求"。

④ 核查(抽查)人(栏),由总监理工程师(建设单位项目负责人)签认。

⑤ 结论(栏)由总监理工程师(建设单位项目负责人)按项目核查及抽查情况,填写:共核查、抽查×××项(核查项数和抽查项数),其中符合要求××项,不符合要求××项,结论填写"符合要求"或"不符合要求"。

⑥ 由施工(总包)单位项目经理和总监理工程师(建设单位项目负责人)签字,并加盖岗位资格章。

(2) 验收记录

举例:单位(子单位)工程安全和功能检验资料核查及主要功能抽查记录,见表5-2。

表5-2　单位(子单位)工程安全和功能检验资料核查及主要功能抽查记录

工程名称		×××光华小区3号住宅楼	施工单位	×××建筑公司		
序号	项目	安全和功能检验项目	份数	核查意见	抽查意见	核查(抽查)人
1	给排水与采暖	给水管道通水、清洗试验记录				×××
2		暖气管道、散热器压力试验记录				
3		卫生器具满水试验记录				
4		消防管道压力试验记录				
5		排水干管通球试验记录				
6						
1	建筑电气	照明全负荷试验记录				×××
2		大型灯具牢固性试验记录				
3		避雷接地电阻测试记录				
4		线路、插座、开关接地检验记录				
5						

续表

工程名称		×××光华小区3号住宅楼	施工单位	×××建筑公司		
1	通风与空调	通风、空调系统试运行记录				×××
2		风量、温度测试记录				
3		洁净室洁净度测试记录				
4		制冷机组试运行调试记录				
5						
1	电梯	电梯运行记录				×××
2		电梯安全装置检测报告				
3						
1	建筑智能	系统检测及试运行记录				×××
2		电源系统、防雷及接地系统检测报告				
3						
1	建筑燃气	燃气管道压力试验记录				×××
2		燃气泄露报警装置测试记录				
3						
结论：共核查、抽查××项，符合要求×项，不符合要求×项。						
符合要求 施工单位项目经理：　　年　月　日			总监理工程师： （建设单位项目负责人）　　年　月　日			

注：抽查项目由验收组协商确定。

3. 单位(子单位)工程施工观感质量核查评价记录

(1) 单位(子单位)工程施工观感质量核查评价记录

① 参加人员(栏)，总监理工程师(建设单位项目负责人)、专业监理工程师(建设单位项目负责人)、项目经理、施工单位技术及质量部门负责人等评价人员不少于7人。

② 单位工程观感质量检查评价，实际是复查一下各分部(子分部)工程验收后，到单位工程竣工的质量变化，以及分部(子分部)工程验收时，还没有形成部分的观感质量，由施工单位检验合格，交监理验收。

③ 由总监理工程师组织专业监理工程师，会同参加验收人员共同进行，通过现场全面检查，在听取有关人员意见后，由总监理工程师为主与专业监理工程师共同确定质量评价。评价“好”、“一般”、“差”。

④ 综合评价(栏)，在各空白格填写："好××项"、"一般××项"、"差××项"。

⑤ 结论(栏)由总监理工程师(建设单位项目负责人)填写："好××项"、"一般××项"、"差××项"，按"好"的项数占总项数的百分比，且无"差"项确定为"好"、"一般"或"差"。

(a) "好"的项数占总项数50%及以上，且无"差"项，可共同确认为"好"。

(b) "好"的项数占总项数低于50%，且无"差"项，可共同确认为"一般"。

(c) 检查评价有"差"项，可共同确认为"差"。

当有影响安全、使用功能和严重影响观感的"差"项，必须返修处理，否则不予验收。

⑥ 由施工(总包)单位项目经理和总监理工程师(建设单位项目负责人)签字，并加盖岗位资格章。

(2) 验收记录

举例：单位(子单位)工程施工观感质量检查评价记录，见表5-3。

表5-3　单位(子单位)工程施工观感质量检查评价记录

工程名称									施工单位							
参加人员																
序号	项目		抽查质量状况										质量评价			综合评价
			1	2	3	4	5	6	7	8	9	10	好	一般	差	
1	给排水及暖	管道接口、坡度、支架、弯管														
2		卫生器具、支架、阀门														
3		检查口、扫除口、地漏														
4		散热器、支架														
5		消火栓														
	建筑电气	配电箱、盘、板、接线盒														
		设备器具、开关、插座														
		防雷、接地														
	通风与空调	风管、支架														
		风口、风阀														
		风机、空调设备														
		阀门、支架														
		绝热														
	电梯	运行、平层、开关门														
		层门、信号系统														
		机房														

续表

工程名称								施工单位									
	智能建筑	机房设备安装及布局															
		现场设备安装															
	建筑燃气	阀门、支架															
		燃气管道、器具															

结论： 好×项，一般×项，共同确定为好。 施工单位项目经理：××× 年 月 日	总监理工程师：××× （建设单位项目负责人） 年 月 日

4. 单位(子单位)工程施工质量竣工验收记录

(1) 单位(子单位)工程施工质量竣工验收记录

① 单位(子单位)工程由建设单位(项目)负责人组织施工(含分包单位)、设计、监理单位(项目)负责人进行验收。

② 单位(子单位)工程的名称填写全称，即批准项目的名称，并注明是单位工程或子单位工程。

③ 验收记录(栏)由施工单位填写。验收结论(栏)由监理(建设)单位填写，综合验收结论由参加验收各方共同商定，建设单位填写，应对工程质量是否符合设计要求和规范要求总体质量水平作出评价。

(a) 分部工程(栏)。由项目经理组织有关人员对所含分部(子分部)工程检查合格后，由项目经理交监理验收。经验收组成员验收后，施工单位填写验收记录(栏)，并注明验收几个分部，经验收符合标准及设计要求的几个分部。

总监理工程师(建设单位项目负责人)在验收结论(栏)填写："符合要求"或"不符合要求"。

(b) 质量控制资料(栏)。由施工单位检查验收合格，提交监理单位验收。将每个分部、子分部工程质量控制资料逐项统计，由施工单位填写验收记录(栏)。

总监理工程师(建设单位项目负责人)在验收结论(栏)填写："符合要求"或"不符合要求"。

(c) 安全和功能检验资料核查及主要功能抽查(栏)包括两个方面，一个是在分部、子分部工程抽查过的项目，检查检测报告的结论，另一方面是单位工程抽查的项目，要检查其全部检查方法、程序和结论。

由施工单位检验合格，将统计核查的项数和抽查的项数，分别填入验收记录(栏)相应的空格内。

总监理工程师(建设单位项目负责人)在验收结论(栏)填写："符合要求"或"不符合要求"。

(d) 施工观感质量检查评价(栏)。由施工单位检验合格，提交监理验收，施工单位按检验的项目数及符合要求的项目数填写在验收记录(栏)。

由总监理工程师或建设单位项目负责人组织审查，按项目核查及抽查情况，填写“经现场检查评价共同确认为好或一般或差”。

(e) 综合结论(栏)。综合验收是在前五项内容均符合要求后进行的验收。由建设单位组织设计、监理、施工单位相关人员分别核查验收有关项目，并由总监理工程师组织进行现场观感质量检查。经各项目审查符合要求，由建设单位项目负责人在综合验收(栏)内填写：“综合验收合格”。

④ 参加验收单位(栏)勘察、设计、施工、监理、建设单位都同意验收时，其各单位的单位项目负责人、总监理工程师、施工单位负责人要亲自签字，以示对工程质量负责，并加盖单位公章，注明签字验收的年、月、日。

(2) 验收记录

举例：单位(子单位)工程施工质量竣工验收记录，见表5-4。

表5-4　单位(子单位)工程施工质量竣工验收记录

<table>
<tr><td>工程名称</td><td colspan="3">×××小区3号住宅楼</td><td>结构类型</td><td>砖混</td><td>层数/建筑面积</td><td>6层/5 000 m^2</td></tr>
<tr><td>施工单位</td><td colspan="3">×××市建筑工程公司</td><td>技术负责人</td><td>×××</td><td>质量负责人</td><td>×××</td></tr>
<tr><td>项目经理</td><td>×××</td><td>项目技术负责人</td><td>×××</td><td>开工日期</td><td>×年×月</td><td>竣工日期</td><td>×年×月</td></tr>
<tr><td>序号</td><td colspan="2">项　目</td><td colspan="3">验　收　记　录</td><td colspan="2">验收结论</td></tr>
<tr><td>1</td><td colspan="2">分部工程</td><td colspan="3">共　个分部，经查　个分部
符合标准及设计要求　个分部</td><td colspan="2">验收合格</td></tr>
<tr><td>2</td><td colspan="2">质量控制资料核查</td><td colspan="3">共　项，经审查符合要求　项，
经核定符合规范要求　项</td><td colspan="2">符合要求</td></tr>
<tr><td>3</td><td colspan="2">安全和功能检验资料核查及主要功能抽查</td><td colspan="3">共核查　项，符合要求　项
共抽查　项，符合要求　项
经返工处理符合要求　项</td><td colspan="2">符合要求</td></tr>
<tr><td>4</td><td colspan="2">施工观感质量检查评价</td><td colspan="3">共抽查　项，符合要求　项
不符合要求　项</td><td colspan="2">经现场检查评价，共同确认为好</td></tr>
<tr><td>5</td><td colspan="2">综合验收结论</td><td colspan="5">综合验收合格</td></tr>
<tr><td rowspan="2">参加验收单位</td><td colspan="2">设计单位</td><td colspan="2">施工单位</td><td colspan="2">监理单位</td><td>建设单位</td></tr>
<tr><td colspan="2">(公章)
单位(项目)
负责人：×××
×年×月×日</td><td colspan="2">(公章)
单位
负责人：×××
×年×月×日</td><td colspan="2">(公章)
总监理
工程师：×××
×年×月×日</td><td>(公章)
单位(项目)
负责人：×××
×年×月×日</td></tr>
</table>

5.2.2 单位工程竣工验收备案

工程质量验收合格后,建设单位应在规定时间内将工程竣工验收报告和有关文件,报建设行政管理部门备案。

(1) 凡在中华人民共和国境内新建、扩建、改建各类房屋建筑工程和市政基础设施工程的竣工验收,均应按有关规定进行备案。

(2) 国务院建设行政主管部门和有关专业部门负责全国工程竣工验收的监督管理工作。县级以上地方人民政府建设行政主管部门负责本行政区域内工程的竣工验收备案管理工作。

复习与思考

1. 单位(子单位)工程竣工预验收的程序是什么?
2. 建设工程竣工验收应当具备的条件是什么?
3. 单位(子单位)工程质量验收合格规定是什么?
4. 对照单位(子单位)工程施工质量竣工验收记录简述表格的填写。
5. 工程竣工验收备案的规定是什么?

【实训一】 建筑工程质量验收方法及相关术语认知

一、实训目的

1. 了解建筑工程施工质量验收相关术语,了解工程项目施工及验收中单位工程、分部(子分部)、分项、检验批的划分;

2. 理解掌握建筑工程质量验收的方法。

二、实训过程

1. 引入典型工程案例,在教师的指导下,学生可以分组(也可以独立)完成案例项目施工及验收中单位工程、分部(子分部)、分项、检验批的划分;

2. 学生完成后集体进行交流,然后教师进行讲评。

三、实训方法

推荐采用案例法、参与法等方法。

四、相关术语

1. 建筑工程(building engineering)

为新建、改建或扩建房屋建筑物和附属构筑物设施所进行的规划、勘察、设计和施工、竣工等各项技术工作和完成的工程实体。

2. 建筑工程质量(quality of building engineering)

建筑工程质量是指反映建筑工程满足相关标准规定或合同约定的要求,包括其在安全、使用功能及耐久性能、环境保护等方面所有明显和隐含能力的特性总和。

3. 验收(acceptance)

建筑工程在施工单位自行质量检查评定的基础上,参与建设活动的有关单位共同对检验批、分项、分部、单位工程的质量进行抽样复验,根据相关标准以书面形式对工程质量达到合格与否做出确认。

4. 进场验收(site acceptance)

进场验收是对进入施工现场的材料、构配件、设备等按相关标准规定要求进行检验，对产品达到合格与否做出确认。

5．检验批(inspection lot)

检验批是按同一的生产条件或按规定的方式汇总起来供检验用的，由一定数量样本组成的检验体。

6．检验(inspection)

检验是对检验项目中的性能进行量测、检查、试验等，并将结果与标准规定要求进行比较，以确定每项性能是否合格所进行的活动。

7．见证取样检测(evidential testing)

在监理单位或建设单位监督下，由施工单位有关人员现场取样、并送至具备相应资质的检测单位所进行的检测。

8．交接检验(handing over inspection)

由施工的承接方与完成方经双方检查并对可否继续施工做出确认的活动。

9．主控项目(dominant item)

建筑工程中的对安全、卫生、环境保护和公众利益起决定性作用的检验项目。

10．一般项目(general item)

除主控项目以外的检验项目。

11．抽样检验(sampling inspection)

按照规定的抽样方案，随机地从进场的材料、构配件、设备或建筑工程检验项目中，按检验批抽取一定数量的样本所进行的检验。

12．抽样方案(sampling scheme)

根据检验项目的特性所确定的抽样数量和方法。

13．计数检验(counting inspection)

在抽样的样本中，记录每一个体有某种属性或计算每一个体中的缺陷数目的检查方法。

14．计量检验(quantitative inspection)

在抽样检验的样本中，对每一个体测量其某个定量特性的检查方法。

15．观感质量(quality of appearance)

通过观察和必要的量测所反映的工程外在质量。

16．返修(repair)

对工程不符合标准规定的部位采取整修等措施。

17．返工(rework)

对不合格的工程部位采取的重新制作、重新施工等措施。

下篇　安装工程检验技术

第6章

建筑给水、排水及采暖工程

建筑给水、排水及采暖工程是房屋建筑工程不可缺少的分部工程。建筑给水、排水及采暖工程直接涉及建筑物的使用功能，关系到人民群众的正常生活，因此，国家制订了《建筑给水、排水及采暖工程施工质量验收规范》，规范编号为 GB 50242—2002。

6.1 建筑给水安装工程

建筑给水系统应能满足人们的生活、生产用水对水质、水压、水量的要求。建筑给水安装工程包括室内给水管网安装工程、室内热水管网安装工程、室外给水管网安装工程三个子项目。

6.1.1 室内给水管网安装工程施工质量验收

室内给水管网安装工程按给水管道安装及管道配件安装、室内消火栓系统安装、给水设备安装和卫生器具给水配件安装等项目划分分项工程。

1. 室内给水管道及配件安装分项工程质量验收项目及方法

(1) 主控项目

① 给水管道的水压试验：室内给水管道的水压试验必须符合设计要求。当设计未注明时，各种材质的给水管道系统试验压力均为工作压力的 1.5 倍，且不得小于 0.6 MPa。

检验方法：金属及复合管给水管道系统在试验压力下观测 10 min，压力降不应大于 0.02 MPa，然后降到工作压力进行检查，应不渗不漏；塑料管给水系统应在试验压力下稳压 1 h，压力降不得超过 0.05 MPa，然后在工作压力的 1.15 倍状态下稳压 2 h，压力降不得超过 0.03 MPa，同时检查各连接处不得渗漏。

② 给水系统的通水试验：给水系统交付使用前必须进行通水试验并做好记录。

检验方法：观察和开启阀门、水嘴等放水，整个给水系统畅通，无堵塞和振动现象，系统流量满足设计要求。

③ 生活给水系统管道冲洗和消毒：生活给水系统管道在交付使用前必须冲洗和消毒，并经有关部门取样检验，符合国家《生活饮用水标准》方可使用。

检验方法：按照《生活饮用水标准》的消毒要求进行通水冲洗和消毒后，向有关部门提出检测申请，并检测合格，同时提供检测报告。

④ 直埋金属给水管道的防腐：室内直埋给水管道（塑料管道和复合管道除外），应做防腐处理。埋地管道防腐层材质和结构应符合设计要求。如设计未注明要求时，应按照规范

要求施工。

检验方法：管道防腐施工时，做好观察和隐蔽工程验收记录。工程验收时，现场检查或检查隐蔽工程验收记录。

(2) 一般项目

① 给排水管铺设的水平、垂直净距：给水引入管与排水排出管的水平净距不得小于1 m。室内给水与排水管平行敷设时，两管间的最小水平净距不得小于 0.5 m；交叉铺设时，垂直净距不得小于 0.15 m。给水管应铺在排水管上面，若给水管必须铺在排水管的下面时，给水管应加套管，其长度不得小于排水管管径的 3 倍。

检验方法：尺量检查。

② 给水管道及管件焊接的焊缝表面质量应符合下列要求。

(a) 焊缝外形尺寸应符合图纸和工艺文件的规定，焊缝高度不得低于母材表面，焊缝与母材应圆滑过渡。

(b) 焊缝及热影响区表面应无裂纹、未熔合、未焊透、夹渣、弧坑和气孔等缺陷。

检验方法：表面观察检查，重点工程或重点部位焊缝，应进行渗漏试验。如设计要求时还应进行无损探伤试验。

③ 给水水平管道的坡度坡向：给水水平管道应有 2‰～5‰的坡度坡向及泄水装置。

检验方法：水平尺和尺量检查。

④ 管道支、吊架安装应平整牢固，其间距应符合表 6-1、表 6-2、表 6-3 的规定。

检验方法：观察、尺量及手动检查。

表 6-1　钢管管道支架的最大间距

公称直径/mm		15	20	25	32	40	50	70	80	100	125	150	200	250	300
支架的最大间距/m	保温管	2	2.5	2.5	2.5	3	3	4	4	4.5	6	7	7	8	8.5
	不保温管	2.5	3	3.5	4	4.5	5	6	6	6.5	7	8	9.5	11	12

表 6-2　塑料管及复合管管道支架的最大间距

管径/mm			12	14	16	18	20	25	32	40	50	63	75	90	110
最大间距/mm	立管		0.5	0.6	0.7	0.8	0.9	1.0	1.1	1.3	1.6	1.8	2.0	2.2	2.4
	水平管	冷水管	0.4	0.4	0.5	0.5	0.6	0.7	0.8	0.9	1.0	1.1	1.2	1.35	1.55
		热水管	0.2	0.2	0.25	0.3	0.3	0.35	0.4	0.5	0.6	0.7	0.8		

表 6-3　铜管管道支架的最大间距

公称直径/mm		15	20	25	32	40	50	65	80	100	125	150	200
支架的最大间距/m	垂直管	1.8	2.4	2.4	3.0	3.0	3.0	3.5	3.5	3.5	3.5	4.0	4.0
	水平管	1.2	1.8	1.8	2.4	2.4	2.4	3.0	3.0	3.0	3.0	3.5	3.5

⑤ 水表安装：给水水表应安装在便于检修、不受暴晒、污染和冻结的地方。安装螺翼式水表时，表前与阀门应有不小于 8 倍水表接口直径的直线管段。表外壳距墙表面净距为10～30 mm；水表进水口中心标高按设计要求，允许偏差为±10 mm。

检验方法：观察和尺量检查。

⑥ 给水管道和阀门安装：给水管道和阀门安装允许偏差应符合表6-4的规定。

检验方法：用水平尺、直尺、拉线、吊线和尺量检查。

室内给水管道及配件安装工程检验批质量验收记录表见2-2。

表6-4　阀门安装和管道允许偏差

项目			允许偏差/mm
水平管道纵横方向弯曲	钢管	每米	1
		全长25米以上	≤25
	塑料管、复合管	每米	1.5
		全长25米以上	≤25
	铸铁管	每米	2
		全长25米以上	≤25
立管垂直度	钢管	每米	3
		5米以上	≤8
	塑料管、复合管	每米	2
		5米以上	≤8
	铸铁管	每米	3
		5米以上	≤10
成排管段和成排阀门		在同一平面上间距	3

2. 室内消火栓系统安装分项工程质量验收项目及方法

(1) 主控项目

室内消火栓试射试验：室内消火栓系统安装完成后，应分别对顶层(或水箱间内)和首层(各取两处)消火栓做试射试验，达到设计要求为合格。

检验方法：实地试射检查。

(2) 一般项目

① 室内消火栓水龙带安装，水龙带与水枪和快速接头绑扎好后，应根据箱内构造将水龙带挂放在箱内的挂钉、托盘或支架上。

检验方法：观察检查。

② 箱式消火栓的安装应符合下列规定：栓口应朝外，其位置不应安装在门轴侧；栓口中心距地面1.1 m，允许偏差±20 mm；阀门中心距箱侧面为140 mm，距箱内后表面为100 mm，允许偏差±5 mm；消火栓箱体安装的垂直度允许偏差为3 mm。

检验方法：观察和尺量检查。

3. 给水设备安装分项工程质量验收项目及方法

(1) 主控项目

① 水泵基础。水泵就位前的基础混凝土强度、坐标、标高、尺寸和螺栓孔位置必须符合设计要求。

检验方法：对照图纸用仪器和尺量检查。

② 水泵试运转的轴承温升必须符合设备说明书的规定。

检验方法：温度计实测检查。

③ 敞口水箱的满水试验和密闭水箱(罐)的水压试验必须符合设计要求与 GB 50242—2002 的规定。

检验方法:满水试验,水箱加满水,静置 24 h 观察,不渗不漏;水压试验,在试验压力下保持 10 min 压力不降,不渗不漏。

(2) 一般项目

① 水箱支架或底座安装:其尺寸位置应符合设计要求,埋设平整牢固。

检验方法:对照图纸,尺量检查。

② 水箱溢流管和泻流管应设置在排水地点附近但不得与排水管直接连接。

检验方法:观察检查。

③ 立式水泵的减振装置不应采用弹簧减振器。

检验方法:观察检查。

④ 室内给水设备安装的允许偏差应符合表 6-5 的规定。

表 6-5 室内给水设备安装的允许偏差和检验方法

项目			允许偏差/mm	检验方法
静置设备	坐标		15	用经纬仪或拉线、尺量检查
	标高		±5	用水准仪、拉线和尺量检查
	垂直度(每米)		5	吊线和尺量检查
离心式水泵	立式泵体垂直度(每米)		0.1	水平尺和塞尺检查
	卧式水泵水平度(每米)		0.1	水平尺和塞尺检查
	联轴器同心度	轴向倾斜(每米)	0.8	在联轴器互相垂直的四个位置上用水准仪、百分表或测微螺钉和塞尺检查
		径向位移	0.1	

⑤ 管道及设备保温层的厚度和平整度的允许偏差应符合表 6-6 的规定。

表 6-6 管道及设备保温的允许偏差和检验方法

项　目		允许偏差/mm	检验方法
厚　度		+0.1,−0.05	用钢针刺入
表面平整度	卷 材	5	用 2 m 靠尺和楔形塞尺检查
	涂 抹	10	

4. 卫生器具给水配件安装工程检验批质量验收项目及方法

(1) 主控项目

卫生器具给水配件应完好无损伤,接口严密,启闭部分灵活。

检验方法:观察及手动检查。

(2) 一般项目

① 卫生器具给水配件安装标高的允许偏差应符合表 6-7 的规定。

② 浴盆软管淋浴器挂钩的高度,如设计无要求,应距地面 1.8 m。

检验方法:尺量检查。

表6-7　卫生器具给水配件安装标高的允许偏差和检验方法

项　　目	允许偏差/mm	检验方法
大便器高、低水箱角阀及截止阀	±10	尺量检查
水嘴	±10	
淋浴器喷头下沿	±15	
浴盆软管淋浴器挂钩	±20	

6.1.2　室内热水管网安装工程施工质量验收

室内热水管网安装工程按室内热水管道及配件安装、热水供应系统辅助设备等项目划分分项工程。

1. 室内热水管道及配件安装分项工程质量验收项目及方法

(1) 主控项目

① 热水供应管道压力试验：热水供应管道安装完毕，管道保温之前应进行水压试验。试验压力应符合设计要求。当设计未注明时，热水供应系统水压试验压力应大于系统顶点工作压力0.1 MPa，同时应满足系统顶点的试验压力不小于0.3 MPa。

检验方法：对于钢管或复合管道，在系统试验压力下10 min内压力降不大于0.02 MPa，然后降至工作压力检查，压力应不降，且不渗不漏；对于塑料管道，在系统试验压力下稳压1 h，压力降不得超过0.05 MPa，然后在工作压力的1.15倍状态下稳压2 h，压力降不得超过0.03 MPa，连接处不得渗漏。

② 热水供应管道热膨胀补偿：热水供应管道应尽量利用自然弯补偿热伸缩，直线段过长则应设置补偿器。补偿器型式、规格、位置应符合设计要求，并按有关规定进行预拉伸。

检验方法：对照设计图纸检查。

③ 热水供应系统竣工后必须进行冲洗。

检验方法：现场观察，检查冲洗记录。

(2) 一般项目

① 管道安装坡度应符合设计要求。

检验方法：水平尺、拉线尺量检查。

② 温度控制器及阀门应安装在便于观察和维护的位置。

检验方法：观察检查。

③ 热水供应管道和阀门安装的允许偏差应符合表6-4的规定。

检验方法：用水平尺、直尺、拉线、吊线和尺量检查。

④ 热水供应系统管道应保温(浴室内明装管道除外)，保温材料、厚度、保护壳等应符合设计规定。保温层厚度和平整度的允许偏差应符合表6-6的规定。

2. 热水供应系统辅助设备安装分项工程质量验收项目及方法

(1) 主控项目

① 在安装太阳能集热器玻璃前，应对集热排管和上、下集水管作水压试验，试验压力为工作压力的1.5倍。

检验方法：试验压力下10 min内压力不降，不渗不漏。

② 热交换器应以工作压力的 1.5 倍作水压试验。蒸汽部分应不低于蒸汽供汽压力加 0.3 MPa；热水部分应不低于 0.4 MPa。

检验方法：试验压力下 10 min 内压力不降，不渗不漏。

③ 水泵就位前的基础混凝土强度、坐标、标高、尺寸和螺栓孔位置必须符合设计和安装要求。

检验方法：对照图纸，仪器和尺量检查。

④ 水泵试运转的轴承温升必须符合设备说明书的规定。

检验方法：温度计实测检查。

⑤ 敞口水箱的满水试验和密闭水箱（罐）的水压试验必须符合设计要求，如设计未给出明确要求，则应符合 GB 50242—2002 的规定。

检验方法：敞口水箱满水试验静置 24 h 观察，不渗不漏；密闭水箱（罐）水压试验在试验压力下 10 min 压力不降，不渗不漏。

（2）一般项目

① 安装固定式太阳能热水器，朝向应正南。如受条件限制时，其偏移角不得大于 15°。集热器的倾角，对于春、夏、秋三个季节使用的，应采用当地纬度为倾角；若以夏季为主，可比当地纬度减少 10°。

检验方法：观察和分度仪检查。

② 由集热器上、下集管接往热水箱的循环管道，应有不小于 5‰的坡度。

检验方法：尺量检查。

③ 自然循环的热水箱底部与集热器上集管之间的距离为 0.3～1.0 m。

检验方法：尺量检查。

④ 制作吸热钢板凹槽时，其圆度应准确，间距应一致。安装集热排管时，应用卡箍和钢丝将集热排管紧固在钢板凹槽内。

检验方法：手板和尺量检查。

⑤ 太阳能热水器的最低处应安装泄水装置。

检验方法：观察检查。

⑥ 热水箱及上、下集管等循环管道均应保温。

检验方法：观察检查。

⑦ 凡以水作介质的太阳能热水器，在 0°以下地区使用，应采取防冻措施。

检验方法：观察检查。

⑧ 热水供应辅助设备安装的允许偏差应应符合表 6-5 的规定。

⑨ 太阳能热水器安装的允许偏差应符合表 6-8 的规定。

表 6-8 太阳能热水器安装的允许偏差和检验方法

项目			允许偏差	检验方法
板式直管太阳能热水器	标 高	中心线距地面/mm	±20	尺量
	固定安装朝向	最大偏移角	不大于 15°	分度仪检查

6.1.3 室外给水管网安装工程施工质量验收

室外给水管网安装工程按室外给水管道安装工程、消防水泵结合器及消火栓安装和管沟及井室等项目划分分项工程。

1. 室外给水管道安装分项工程施工质量验收项目及方法

(1) 主控项目

① 给水管道在埋地敷设时，应在当地的冰冻线以下，如受条件限制必须在冰冻线以上铺设时，应该有可靠的保温防潮措施。如在无冰冻地区埋地敷设时，管道的埋深不得小于500 mm。穿越道路部位的埋深不得小于700 mm。

检验方法：现场尺量，观察检查。

② 给水管道不得直接穿越污水井、化粪池、公共厕所等污染源。

检验方法：观察检查。

③ 管道接口法兰、卡扣、卡箍等应安装在检查井或地沟内，不应埋在土壤中。

检验方法：检查安装记录或现场观察。

④ 给水系统各种井室内的管道安装，如设计无要求，井壁距法兰或承口的距离：管径小于或等于450 mm时，不得小于250 mm；管径大于450 mm时，不得小于350 mm。

检验方法：尺量检查。

⑤ 管网必须进行水压试验，试验压力为工作压力的1.5倍，但不得小于0.6 MPa。

检验方法：管材为钢管、铸铁管时，在试验压力下10 min内压力降不应大于0.05 MPa，然后降至工作压力进行检查，压力应保持不变，不渗不漏；管材为塑料管时，在试验压力下，稳压1 h压力降不大于0.05 MPa，然后降至工作压力进行检查，压力应保持不变，不渗不漏。

⑥ 镀锌钢管、钢管的埋地防腐必须符合设计要求，如设计无规定时，可按表6-9的规定执行。卷材与管材间应粘贴牢固，无空鼓、滑移、接口不严等。

检验方法：观察和切开防腐层检查。

表6-9 管道防腐层种类

防腐层层次 (从金属表面起)	正常防腐层	加强防腐层	特加强防腐层
1	冷底子油	冷底子油	冷底子油
2	沥青涂层	沥青涂层	沥青涂层
3	外包保护层	加强包扎层	加强保护层
		(封闭层)	(封闭层)
4		沥青涂层	沥青涂层
5		外包保护层	加强包扎层
			(封闭层)
6			沥青涂层
7			外包保护层
防腐层厚度不小于/mm	3	6	9

⑦ 给水管道在竣工后，必须对管道进行冲洗，饮用水管道还要在冲洗后进行消毒，满足应用水卫生要求。

检验方法：观察冲洗水的浊度，查看有关部门提供的检验报告。

(2) 一般项目

① 管道的坐标、标高、坡度应符合设计要求，管道安装的允许偏差要求及检验方法应符合表 6-10 的规定。

② 管道和金属支架的涂漆应附着良好，无脱皮、起泡、流淌和漏涂等缺陷。

检验方法：现场观察检查。

③ 管道连接应符合工艺要求，阀门、水表等安装位置应正确。塑料给水管道上的水表、阀门等设施，其重量或启闭装置的扭矩不得作用与管道上，钢管直径≥50 mm 时必须设独立的支撑装置。

检验方法：现场观察检验。

④ 给水管道与污水管道在不同标高平行敷设时，其垂直间距在 500 mm 以内时，给水管管径小于或等于 200 mm 的，管壁水平面间距不得小于 1.5 m；管径大于 200 mm 的，管壁水平面间距不得小于 3 m。

检验方法：观察和尺量检查。

表 6-10　室外给水管道安装的允许偏差和检验方法

<table>
<tr><th colspan="3">项　目</th><th>允许偏差 /mm</th><th>检验方法</th></tr>
<tr><td rowspan="4">坐标</td><td rowspan="2">铸铁管</td><td>埋地</td><td>100</td><td rowspan="4">拉线和尺量检查</td></tr>
<tr><td>敷设在沟槽内</td><td>50</td></tr>
<tr><td rowspan="2">钢管、塑料管、复合管</td><td>埋地</td><td>100</td></tr>
<tr><td>敷设在沟槽内或架空</td><td>40</td></tr>
<tr><td rowspan="4">标高</td><td rowspan="2">铸铁管</td><td>埋地</td><td>±50</td><td rowspan="4">拉线和尺量检查</td></tr>
<tr><td>敷设在地沟内</td><td>±30</td></tr>
<tr><td rowspan="2">钢管、塑料管、复合管</td><td>埋地</td><td>±50</td></tr>
<tr><td>敷设在地沟内或架空</td><td>±30</td></tr>
<tr><td rowspan="2">水平管纵横向弯曲</td><td>铸铁管</td><td>直段(25 m 以上)
起点～终点</td><td>40</td><td rowspan="2">拉线和尺量检查</td></tr>
<tr><td>钢管、塑料管、复合管</td><td>直段(25 m 以上)
起点～终点</td><td>30</td></tr>
</table>

⑤ 铸铁管承插捻口连接的对口间隙应不小于 3 mm，最大间隙不得大于表 6-11 的规定检验方法：尺量检查。

表 6-11　铸铁管承插捻口的对口最大间隙

管径/mm	沿直线敷设/mm	沿曲线敷设/mm
75	4	5
100～250	5	7～13
300～500	6	14～22

⑥ 铸铁管沿直线敷设，承插捻口连接的环形间隙应符合表 6-12 的规定；沿曲线敷设，每个接口允许有 2°转角。

检验方法：尺量检查。

表 6-12　铸铁管承插捻口的环形间隙

管径/mm	标准环形间隙/mm	允许偏差/mm
75～200	10	+3　－2
250～450	11	+4　－2
500	12	+4　－2

⑦ 捻口用的油麻填料必须清洁，填塞后应捻实，其深度应占整个环形间隙深度的 1/3。

检验方法：观察和尺量检查。

⑧ 捻口用水泥强度应不低于 32.5 MPa，接口水泥应密实饱满，其接口水泥面凹入承口边缘的深度不得大于 2 mm。

检验方法：观察和尺量检查。

⑨ 采用水泥捻口的给水铸铁管，在安装地点有浸蚀性的地下水时，应在接口处涂抹沥青防腐层。

检验方法：观察检查。

⑩ 采用橡胶圈接口的埋地给水管道，在土壤或地下对橡胶圈有腐蚀的地段，回填土前应用沥青胶泥、沥青麻丝或沥青锯末等材料封闭橡胶圈接口。橡胶圈接口的管道，每个接口的最大偏转角不得超过表 6-13 的规定。

检验方法：观察和尺量检查。

表 6-13　橡胶圈接口最大允许偏转角

公称直径/mm	100	125	150	200	250	300	350	400
允许偏转角度	5°	5°	5°	5°	4°	4°	4°	4°

2. 消防水泵结合器及消火栓安装分项工程施工质量验收项目及方法

(1) 主控项目

① 系统必须进行水压试验，试验压力为工作压力的 1.5 倍，但不得小于 0.6 MPa。

检验方法：试验压力下 10 min 内压力降不大于 0.05 MPa，然后降至工作压力进行检查，压力保持不变，不渗不漏。

② 消防管道在竣工前，必须对管道进行冲洗。

检验方法：观察冲洗出水的浊度。

③ 消防水泵接合器和消火栓的位置标志应明显，栓口的位置应方便操作。消防水泵接合器和室外消火栓当采用墙壁式时，如设计未要求，进、出水栓口的中心距地面应为 1.10 m，其上方应设有防坠落物打击的措施。

检验方法：观察和尺量检查。

(2) 一般项目

① 室外消火栓和消防水泵接合器的各项安装尺寸应符合设计要求，栓口安装高度允许偏差为±20 mm。

检验方法：尺量检查。

② 地下式消防水泵接合器顶部进水口或地下式消火栓的顶部出水口与消防井盖底面的距离不得大于400 mm,井内应有足够的操作空间,并设爬梯。

检验方法:观察和尺量检查。

③ 消防水泵接合器的安全阀及止回阀安装位置和方向应正确,阀门启闭应灵活。

检验方法:现场观察和手动检查。

3. 管沟及井室分项工程施工质量验收项目及方法

(1) 主控项目

① 管沟的基层处理和井室的地基必须符合设计要求。

检验方法:现场观察检查。

② 各类井盖应符合设计要求,标识应清楚,使用正确。

检验方法:现场观察检查。

③ 通车路面上各类井盖安装应符合设计要求。

检验方法:对照图纸检查。

④ 重型铸铁或混凝土井圈,不得直接放在井室的砖墙上,砖墙上应做不少于80 mm厚的细石混凝土垫层。

检验方法:观察和尺量检查。

(2) 一般项目

① 管沟:管沟的坐标、位置、沟底标高应符合设计要求。

检验方法:观察和尺量检查。

② 管沟的沟底:管沟的沟底层应是原土层,或是夯实的回填土,沟底应平整,坡度应顺畅,不得有坚硬的物体、块石等。

检验方法:观察检验。

③ 管沟的沟基:管沟的沟基为岩石、不易清除的块石或砾石层时,沟底应下挖100～200 mm,填铺细砂或粒径不大于5 mm的细土,夯实到沟底标高后,方可进行管道敷设。

检验方法:观察和尺量检查。

④ 管沟回填土:管顶上部200 mm以内应用砂子或无块石及冻土块的土,并不得用机械回填;管顶上部500 mm以内不得回填直径大于100 mm的块石和冻土块;500 mm以上部分回填土中的块石或冻土块不得集中。上部用机械回填时,机械不得在管沟上行走。

检验方法:观察和尺量检查。

⑤ 井室:井室的砌筑应按设计或给定的标准图施工。

检验方法:观察和尺量检查。

⑥ 管道穿过井壁处,应用水泥砂浆分二次填塞严密、抹平、不得渗漏。

检验方法:现场观察检查。

6.2 建筑排水安装工程

建筑排水安装工程是建筑设备安装工程的一项主要内容,建筑排水工程的主要目的就是要将建筑物内的生活污水、工业废水和屋面的雨水通过排水管道排出室外。建筑排水安装工程包括室内排水安装工程和室外排水管网安装工程两个子工程项目。

6.2.1 室内排水安装工程

室内排水安装工程按室内排水管道及配件安装、雨水管道及配件安装、卫生器具安装和卫生器具排水管道安装等项目划分分项工程。

1. 室内排水管道及配件安装分项工程施工质量验收项目及方法

(1) 主控项目

① 隐蔽或埋地的排水管道在隐蔽前必须做灌水试验，其灌水高度应不低于底层卫生器具的上边缘或底层地面高度。

检验方法：满水 15 min 水面下降后，再灌满观察 5 min，液面不降，管道及接口无渗漏为合格。

② 生活污水铸铁管道的坡度必须符合设计要求或符合表 6-14 的规定。

检验方法：水平尺、拉线尺量检查。

表 6-14 生活污水铸铁管道的坡度

序号	管 径/mm	标准坡度(‰)	最小坡度(‰)
1	50	35	25
2	75	25	15
3	100	20	12
4	125	15	10
5	150	10	7
6	200	8	5

③ 生活污水塑料管道的坡度必须符合设计要求或符合表 6-15 的规定。

检验方法：水平尺、拉线尺量检查。

表 6-15 生活污水塑料管道的坡度

序号	管 径/mm	标准坡度(‰)	最小坡度(‰)
1	50	25	12
2	75	15	8
3	110	12	6
4	125	10	5
5	160	7	4

④ 排水塑料管必须按设计要求及位置装设伸缩节。如设计无要求时，伸缩节间距不得大于 4 m。

检验方法：观察检查。

⑤ 排水主立管及水平干管管道均应做通球试验，通球球径不小于排水管道管径的 2/3，通球率必须达到 100%。

检验方法：通球检查。

(2) 一般项目

① 在生活污水管道上设置的检查口或清扫口，应符合设计要求。当设计无要求时应符合下列规定。

(a) 在立管上应每隔一层设置一个检查口，但在最底层和有卫生器具的最高层必须设置。如为两层建筑时，可仅在底层设置立管检查口；如有乙子弯管时，则在该层乙子弯管的上部设置检查口。检查口中心高度距操作地面一般为 1 m，允许偏差±20 mm；检查口的朝向应便于检修。暗装立管，在检查口处应安装检修门。

(b) 在连接 2 个及 2 个以上大便器或 3 个及 3 个以上卫生器具的污水横管上应设置清扫口。当污水管在楼板下悬吊敷设时，可将清扫口设在上一层楼地面上，污水管起点的清扫口与管道相垂直的墙面距离不小于 200 mm；若污水管起点设置堵头代替清扫口时，与墙面距离不得小于 400 mm。

(c) 在转角小于 135°的污水管上，应设置检查口或清扫口。

(d) 污水横管的直线管段，应按设计要求的距离设置检查口或清扫口。

检验方法：观察和尺量检查。

② 埋在地下或地板下的排水管道的检查口，应设置在检查井内。井底表面标高与检查口的法兰相平，井底表面应有 5%的坡度。

检验方法：尺量检查。

③ 金属排水管道上的吊钩或卡箍应固定在承重结构上。固定件间距：横管不大于 2 m；立管不大于 3 m。楼层高度小于或等于 4 m，立管可安装 1 个固定件。立管底部的弯管处应设置支墩或采取固定措施。

检验方法：观察和尺量检查。

④ 排水塑料管道支、吊架间距应符合表 6-16 的规定。

检验方法：尺量检查。

表 6-16　排水塑料管道支、吊架最大间距

管径/mm	50	75	110	125	160
立管/m	1.2	1.5	2.0	2.0	2.0
横管/m	0.5	0.75	1.10	1.30	1.60

⑤ 排水通气管不得与风道或烟道连接，且应符合下列规定。

(a) 通气管应高出屋面 300 mm，但必须大于最大积雪厚度。

(b) 在通气管出口 4 m 以内有门、窗时，通气管应高出门、窗顶 600 mm 或引向无门、窗一侧。

(c) 在经常有人停留的平屋顶上，通气管应高出屋面 2 m，并应根据防雷要求设置防雷装置。

(d) 屋顶有隔热层，通气管道的高度应从隔热板面算起。

检验方法：观察和尺量检查。

⑥ 安装未经消毒处理的医院含菌污水管道，不得与其他排水管道直接连接。

检验方法：观察检查。

⑦ 饮食业工艺设备引出的排水管及饮用水水箱的溢流管，不得与污水管道直接连接，并应留出不小于 100 mm 的隔断空间。

检验方法:观察和尺量检查。

⑧ 通向室外的排水管,穿过墙壁或基础必须下返时,应采用 45°三通和 45°弯头连接,并应在垂直管段顶部设置清扫口。

检验方法:观察和尺量检查。

⑨ 由室内通向室外排水检查井的排水管,井内引入管应高于排出管或两管顶相平,并有不小于 90°的水流转角,如跌落差大于 300 mm 可不受角度限制。

检验方法:观察和尺量检查。

⑩ 用于室内排水的水平管道与水平管道连接、水平管道与立管的连接,应采用 45°三通或 45°四通和 90°斜三通或 90°斜四通连接。立管与排出管端部的连接,应采用两个 45°弯头或曲率半径不小于 4 倍管径的 90°弯头。

检验方法:观察和尺量检查。

⑪ 室内排水管道安装的允许偏差应符合表 6-17 的规定。

表 6-17　室内排水和雨水管道安装的允许偏差和检验方法

序号	项目				允许偏差/mm	检验方法
1	坐标				15	用水准仪(水平尺)、直尺、拉线和尺量检查
2	标高				±15	
3	横管纵横方向弯曲	铸铁管	每 1 m		≤1	
			全长(25 m 以上)		≤25	
		钢管	每 1 m	管径小于或等于 100 mm	1	
				管径大于 100 mm	1.5	
			全长(25 m 以上)	管径小于或等于 100 mm	≤25	
				管径大于 100 mm	≤38	
		塑料管	每 1 m		1.5	
			全长(25 m 以上)		≤38	
		钢筋混凝土管和混凝土管	每 1 m		3	
			全长(25 m 以上)		≤75	
4	立管垂直度	铸铁管	每 1 m		3	吊线和尺量检查
			全长(25 m 以上)		≤15	
		钢管	每 1 m		3	
			全长(25 m 以上)		≤10	
		塑料管	每 1 m		3	
			全长(25 m 以上)		≤15	

2. 雨水管道及配件安装分项工程施工质量验收项目及方法

(1) 主控项目

① 安装在室内的雨水管道安装后应做灌水试验,灌水高度必须到每根立管上部的雨水斗。

检验方法:灌水试验持续 1 h,不渗不漏。

② 塑料管的雨水管，其伸缩节安装应符合设计要求。

检验方法：对照图纸检查。

③ 悬吊式雨水管道的敷设坡度不得小于 5‰；地埋式雨水管道的最小坡度见表 6-18。

检验方法：水平尺、拉线尺量检查。

表 6-18　地埋式雨水管道的最小坡度

管径/mm	最小坡度(‰)	管径/mm	最小坡度(‰)
50	20	125	6
75	15	150	5
100	8	200～400	4

(2) 一般项目

① 雨水管道不得与生活污水管道相连接。

检验方法：观察检查。

② 雨水斗管的连接应固定在屋面承重结构上。雨水斗边缘与屋面相连处应严密不漏。连接管管径当设计无要求时，不得小于 100 mm。

检验方法：观察和尺量检查。

③ 悬吊式雨水管道的检查口或带法兰堵口的三通的间距不得大于表 6-19 的规定。

检验方法：拉线、尺量检查。

表 6-19　悬吊管检查口间距

悬吊管直径/mm	检查口间距/m
≤150	≤15
≥200	≤20

④ 雨水管道安装的允许偏差应符合表 6-17 的规定。

⑤ 雨水钢管管道焊接的焊口允许偏差应符合表 6-20 的规定。

表 6-20　雨水钢管管道焊口允许偏差和检验方法

<table>
<tr><th>型号</th><th colspan="3">项　目</th><th>允许偏差</th><th>检验方法</th></tr>
<tr><td>1</td><td>焊口平直度</td><td colspan="2">管壁厚 10 mm 以内</td><td>管壁厚 1/4</td><td rowspan="3">焊接检验尺和游标卡尺检查</td></tr>
<tr><td rowspan="2">2</td><td rowspan="2">焊缝加强面</td><td colspan="2">高度</td><td rowspan="2">+1 mm</td></tr>
<tr><td colspan="2">宽度</td></tr>
<tr><td rowspan="3">3</td><td rowspan="3">咬　边</td><td colspan="2">深度</td><td>小于 0.5 mm</td><td rowspan="3">直尺检查</td></tr>
<tr><td rowspan="2">长度</td><td>连续长度</td><td>25 mm</td></tr>
<tr><td>总长度(两侧)</td><td>小于焊缝长度的 10%</td></tr>
</table>

3. 卫生器具安装分项工程施工质量验收项目及方法

(1) 主控项目

① 排水栓和地漏的安装应平正、牢固，低于排水表面，周边无渗漏。地漏水封高度不得小于 50 mm。

检验方法：试水观察检查。

② 卫生器具交工前应做满水和通水试验。

检验方法：满水后各连接件不渗不漏；通水试验给、排水畅通。

（2）一般项目

① 卫生器具安装的允许偏差应符合表6-21的规定。

表6-21　卫生器具安装的允许偏差和检验方法

序号	项目		允许偏差/mm	检验方法
1	坐标	单独器具	10	拉线、吊线和尺量检查
		成排器具	5	
2	标高	单独器具	±15	
		成排器具	±10	
3	器具水平度		2	用水平尺和尺量检查
4	器具垂直度		3	吊线和尺量检查

② 有饰面的浴盆，应留有通向浴盆排水口的检修门。

检验方法：观察检查。

③ 小便槽冲洗管，应采用镀锌钢管或硬质塑料管。冲洗孔应斜向下方安装，冲洗水流同墙面成45°角。镀锌钢管钻孔后应进行二次镀锌。

检验方法：观察检查。

④ 卫生器具的支、托架必须防腐良好，安装平整、牢固，与器具接触紧密、平稳。

检验方法：观察和手板检查。

4．卫生器具排水管道安装分项工程施工质量验收项目及方法

（1）主控项目

① 与排水横管连接的各卫生器具的受水口和立管均应采取妥善可靠的固定措施；管道与楼板的结合部位应采取牢固可靠的防渗、防漏措施。

检验方法：观察和手板检查。

② 连接卫生器具的排水管道接口应紧密不漏，其固定支架、管卡等支撑位置应正确、牢固，与管道的接触应平整。

检验方法：观察和通水接触。

（2）一般项目

① 卫生器具排水管道安装的允许偏差应符合表6-22的规定。

检验方法：水平尺、尺量检查。

表6-22　卫生器具排水管道安装的允许偏差

序号	检查项目		允许偏差/mm	检验方法
1	横管弯曲度	每1 m长	2	用水平尺量检查
		横管长度≤10 m，全长	<8	
		横管长度>10 m，全长	10	
2	卫生器具的排水管口及横支管的纵横坐标	单独器具	10	尺量检查
		成排器具	5	
3	卫生器具的接口标高	单独器具	±10	水平尺、尺量检查
		成排器具	±5	

② 连接卫生器具的排水管管径和最小坡度，如设计无要求时应符合表6-23的规定。

检验方法：用水平尺和尺量检查。

表6-23　连接卫生器具的排水管管径和最小坡度

序号	卫生器具名称	排水管管径/mm	管道的最小坡度(‰)
1	污水盆(池)	50	25
2	单、双格洗涤盆(池)	50	25
3	洗手盆、洗脸盆	32～50	20
4	浴盆	50	20
5	淋浴器	50	20
6	高、低水箱	100	12
	自闭式冲洗阀	100	12
	拉管式冲洗阀	100	12
7	手动、自闭式冲洗阀	40～50	20
	自动冲洗水箱	40～50	20
8	化验盆(无塞)	40～50	25
9	净身器	40～50	20
10	饮水器	20～50	10～20
11	家用洗衣机	50(软管为30)	

6.2.2　室外排水管网安装工程

室外排水管网安装工程按室外排水管道安装、室外排水管沟及井池等项目划分分项工程。

1. 室外排水管道安装分项工程施工质量验收项目及方法

(1) 主控项目

① 排水管道的坡度必须符合设计要求，严禁无坡或倒坡。

检验方法：水准仪、拉线和尺量检查。

② 管道埋没前必须做灌水试验和通水试验，排水应畅通，无堵塞，管接口无渗漏。

检验方法：按排水检查井分段试验，试验水头应以试验段上游管顶加1 m，灌满水后，观察时间不少于30 min，水面不降。逐段试验。

(2) 一般项目

① 管道的坐标和标高应符合设计要求，安装的允许偏差应符合表6-24的规定。

检验方法：水平尺、拉线和尺量检查。

表6-24　室外排水管道安装的允许偏差和检验方法

序号	项目		允许偏差/mm	检验方法
1	坐标	埋地	100	拉线 尺量
		敷设在沟槽内	50	
2	标高	埋地	±20	用水平仪、 拉线和尺量
		敷设在沟槽内	±20	
3	水平管道 纵横向弯曲	每5 m长	10	拉线 尺量
		全长(两井间)	30	

② 排水铸铁管采用水泥捻口时，油麻填塞应密实，接口水泥应密实饱满，其接口面凹入承口边缘且深度不得大于 2 mm。

检验方法：沟槽和尺量检查。

③ 排水铸铁管外壁在安装前应除锈，涂二遍石油沥青漆。

检验方法：观察检查。

④ 承插接口的排水管道安装时，管道和管件的承口应与水流方向相反。

检验方法：观察检查。

⑤ 混凝土管或钢筋混凝土管采用抹带接口时，应符合下列规定。

(a) 抹带前应将管口的外壁凿毛，扫净，当管径小于或等于 500 mm 时，抹带可一次完成；当管径大于 500 mm 时，应分二次抹成，抹带不得有裂纹。

(b) 钢丝网应在管道就位前放入下方，抹压砂浆时应将钢丝网抹压牢固，钢丝网不得外露。

(c) 抹带厚度不得小于管壁的厚度，宽度宜为 80～100 mm。

检验方法：观察和尺量检查。

2. 室外排水管沟及井池分项工程施工质量验收项目及方法

(1) 主控项目

① 沟基的处理和井池的底板强度必须符合设计要求。

检验方法：现场观察和尺量检查，检查混凝土强度报告。

② 排水检查井、化粪池的底板及进、出水管的标高，必须符合设计要求。其允许偏差为 ±13 mm。

检验方法：水准仪及尺量检查。

(2) 一般项目

① 井、池的规格、尺寸和位置应正确，砌筑和抹灰符合要求。

检验方法：观察及尺量检查。

② 井盖选用应正确，标志应明显，标高应符合设计要求。

检验方法：观察、尺量检查。

6.3 建筑中水安装工程

中水是指各种排水经处理后，达到规定的质量标准，可在生活、市政、环境等范围内使用的非饮用水，其水质比生活用水水质差，比污（废）水水质好。中水系统是由中水原水的收集、储存、处理和中水供给等工程设施组成的有机结合体。建筑中水是指在建筑屋内设置的水箱、水池等储水装置及辅助的管道系统。例如工业生产经常使用的循环冷却系统，室内游泳池等项目。建筑中水安装工程按建筑中水系统管道及辅助设备安装和游泳池水系统安装等项目划分分项工程。

6.3.1 建筑中水系统管道及辅助设备安装分项工程施工质量验收项目及方法

1. 主控项目

(1) 中水高位水箱应与生活高位水箱分设在不同的房间内，如条件不允许只能设在同一房间时，与生活高位水箱的净距离应大于2 m。

检验方法：观察和尺量检查。

(2) 中水给水管道不得装设取水水嘴。便器冲洗宜采用密闭型设备和器具。绿化、浇洒、汽车冲洗宜采用壁式或地下式的给水栓。

检验方法：观察检查。

(3) 中水供水管道严禁与生活饮用水给水管道连接，并应采取下列措施。

① 中水管道外壁应涂浅绿色标志。

② 中水池(箱)、阀门、水表及给水栓均应有“中水”标志。

检验方法：观察检查。

(4) 中水管道不宜暗装于墙体和楼板内。如必须暗装于墙槽内时，必须在管道上有明显不会脱落的标志。

检验方法：观察检查。

2. 一般项目

(1) 中水给水管道管材及配件应采用耐腐蚀的给水管管材及附件。

检验方法：观察检查。

(2) 中水管道与生活饮用水管道、排水管道平行埋设时，其水平净距离不得小于0.5 m；交叉埋设时，中水管道应位于生活饮用水管道下面，排水管道的上面，其净距离不应小于0.15 m。

检验方法：观察和尺量检查。

6.3.2 游泳池水系统安装分项工程施工质量验收项目及方法

1. 主控项目

(1) 游泳池的给水口、回水口、泄水口应采用耐腐蚀的铜、不锈钢、塑料等材料配件。溢流槽、格栅应为耐腐蚀材料配件，且为组装型。安装时其外表面应与池壁或池底面平齐。

检验方法：观察检查。

(2) 游泳池的毛发聚集器应采用铜或不锈钢等耐腐蚀材料配件，过滤筒(网)的孔径应不大于3 mm，其面积应为连接管截面积的1.5～2倍。

检验方法：观察和尺量计算方法。

(3) 游泳池地面，应采取有效措施防止冲洗排水流入池内。

检验方法：观察检查。

2. 一般项目

(1) 游泳池循环水系统加药(混凝剂)的药品溶解池、溶液池及定量投加设备应采用耐腐蚀材料制作。输送溶液的管道应采用塑料管、胶管或铜管。

检验方法：观察检查。

(2) 游泳池的浸脚、浸腰消毒池的给水管、投药管和泄空管应采用耐腐蚀材料制作。

检验方法：观察检查。

6.4 建筑采暖安装工程

寒冷的冬季，室内气温远低于人体的舒适性要求温度，采暖工程就是为维持一定的室内温度，不断向室内提供一定数量的热量，以弥补散失的热量的重要手段。建筑采暖安装工程包括室内采暖系统安装工程、室外供热管网安装工程和供热锅炉及辅助设备安装工程等子项工程。

6.4.1 室内采暖系统安装工程

室内采暖系统安装工程按室内采暖管道及配件安装、辅助设备及散热器安装、金属辐射板、低温热水地板辐射采暖系统安装和室内采暖系统水压试验及调试等项目划分分项工程。

1. 室内采暖管道及配件安装分项工程施工质量验收项目及方法

(1) 主控项目

① 管道安装坡度：当设计未注明时，应符合下列规定。

(a) 气、水同向流动的热水采暖管道和汽、水同向流动的蒸汽管道及凝结水管道，坡度应为3‰，不得小于2‰；

(b) 气、水逆向流动的热水采暖管道和汽、水逆向流动的蒸汽管道，坡度应不小于5‰；

(c) 散热器支管的坡度应为1%，坡向应利于排水和泄水。

检验方法：观察、水平尺、拉线、尺量检查。

② 补偿器型号、安装位置及预拉伸和固定支架的构造及安装位置应符合设计要求。

检验方法：对照图纸，现场查看并检查预拉伸记录。

③ 平衡阀及调节阀型号、规格、公称压力及安装位置应符合设计要求。

检验方法：对照图纸检查产品合格证，并现场查看。

④ 蒸汽减压阀和管道及设备上安全阀的型号、规格、公称压力及安装位置应符合设计要求。安装完毕后应根据系统工作压力进行调试，并作出标志。

检验方法：对照图纸检查产品合格证及调试结果证明书。

⑤ 方形补偿器制作时，应用整根钢管煨制，如需要接口应设在垂直臂的中间位置，且接口必须焊接。

检验方法：观察检查。

⑥ 方形补偿器应水平安装，并与管道的坡度一致；如其臂长方向垂直安装必须设排气及泄水装置。

检验方法：观察检查。

(2) 一般项目

① 热量表、疏水器、除污器、过滤器及阀门的型号、规格、公称压力及安装位置应符合设计要求。

检验方法：对照图纸查验产品合格证，并现场查看。

② 钢管道焊口尺寸的允许偏差应符合表6-20的规定。

③ 采暖系统入口装置及分户计量系统入户装置，应符合设计要求。安装位置便于检修、维护和观察。

检验方法：现场观察。

④ 散热器支管长度超过 1.5 m 时应在支管上安装管卡。

检验方法：尺量和观察检查。

⑤ 上供下回式系统的热水干管变径应顶平偏心连接，蒸汽干管变径应底平偏心连接。

检验方法：观察检查。

⑥ 在管道干管上焊接垂直或水平分支管道时，干管开孔所产生的钢渣及管壁等废弃物不得残留管内，且分支管道在焊接时不得插入干管内。

检验方法：检查焊接记录，观察检查。

⑦ 膨胀水箱的膨胀管及循环管上不得安装阀门。

检验方法：观察检查。

⑧ 当采暖热媒为 110～130℃ 的高温水时，管道可拆卸件应使用法兰，不得使用长丝和活接头。法兰垫料应使用耐热橡胶板。

检验方法：观察和查验进料单。

⑨ 焊接钢管管径大于 32 mm 的管道转弯，在作为自然补偿时应使用煨弯。塑料管和复合管除必须使用直角弯头的场合外应使用管道直接弯曲转弯。

检验方法：观察检查。

⑩ 管道、金属支架和设备的防腐和涂漆应附着良好，无脱皮、起泡、流淌和漏涂缺陷。

检验方法：现场观察检查。

⑪ 管道和设备保温的允许偏差应符合表 6-6 的要求。

⑫ 采暖管道安装的允许偏差应符合表 6-25 的要求。

表 6-25　采暖管道安装的允许偏差和检验方法

序号	项目			允许偏差	检验方法
1	横管道纵、横方向弯曲/mm	每 1 m	管径≤100 mm	L	用水平尺、直尺、拉线和尺量检查
			管径＞100 mm	1.5	
		全长（25 m 以上）	管径≤100 mm	≤13	
			管径＞100 mm	≤25	
2	立管垂直度/mm	每 1 m		2	吊线和尺量检查
		全长（5 m 以上）		≤10	
3	弯管	椭圆率 $\frac{D_{max}-D_{min}}{D_{max}}$	管径≤100 mm	10%	用外卡钳和尺量检查
			管径＞100 mm	8%	
		折皱不平度/mm	管径≤100 mm	4	
			管径＞100 mm	5	

2. 辅助设备及散热器安装分项工程施工质量验收项目及方法

(1) 主控项目

① 散热器组对后，以及整组出厂的散热器在安装前应作水压试验。试验压力如设计无要求时应为工作压力的 1.5 倍，但不小于 0.6 MPa。

检验方法：在试验压力下，保持 2～3 min，压力不降，不渗不漏。

② 水泵、水箱、热交换器等辅助设备安装的质量检验与验收应按照给水设备和换热站安装的相关规定执行。

(2) 一般项目

① 散热器组对应平直紧密,组对后的平直度应符合表 6-26 的规定。

表 6-26　组对后的散热器平直度允许偏差

序号	散热器类型	片　数	允许偏差
1	长翼型	2～4	4
		5～7	6
2	铸铁片式 钢制片式	3～15	4
		16～25	6

检验方法:拉线和尺量检查。

② 组对散热器的垫片应符合下列规定。

(a) 组对散热器垫片应使用成品,组对后垫片外露不应大于 1 mm。

(b) 散热器垫片材质当设计无要求时,应采用耐热橡胶。

检验方法:观察和尺量检查。

③ 散热器支架、托架安装,位置应准确,埋设牢固。散热器支架、托架数量,应符合设计或产品说明书要求。如设计未明确要求时,应符合表 6-27 的规定。

检验方法:现场清点检查。

表 6-27　散热器支架、托架数量

序号	散热器型式	安装方式	每组片数	上部托钩或卡架数	下部托钩或卡架数	合计
1	长翼型	挂墙	2～4	1	2	3
			5	2	2	4
			6	2	3	5
			7	2	4	6
2	柱型 柱翼型	挂墙	3～8	1	2	3
			9～12	1	3	4
			13～16	2	4	6
			17～20	2	5	7
			21～25	2	6	8
3	柱型 柱翼型	带足落地	3～8	1	—	1
			8～12	1	—	1
			13～16	2	—	2
			17～20	2	—	2
			21～25	2	—	2

④ 散热器背面与装饰后的墙内表面安装距离,应符合设计或产品说明书要求。如设计未明确要求时,应为 30 mm。

检验方法:尺量检查。

⑤ 散热器安装允许偏差应符合表 6-28 的规定。

表 6-28 散热器安装允许偏差和检验方法

序号	项　　目	允许偏差/mm	检验方法
1	散热器背面与墙内表面距离	3	尺量
2	与窗中心线或设计定位尺寸	20	
3	散热器垂直度	3	吊线和尺量

⑥ 铸铁或钢制散热器表面的防腐及面漆应附着良好，色泽均匀，无脱落、起泡、流淌和漏涂缺陷。

检验方法：现场观察。

3. 金属辐射板安装分项工程施工质量验收项目及方法

主控项目

(1) 辐射板在安装前应作水压试验，如设计无要求时试验压力应为工作压力的 1.5 倍，但不得小于 0.6 MPa。

检验方法：试验压力下 2～3 min 压力不降且不渗不漏。

(2) 水平安装的辐射板应有不小于 5‰的坡度坡向回水管。

检验方法：水平尺、拉线和尺量检查。

(3) 辐射板管道及带状辐射板之间的连接，应使用法兰连接。

检验方法：观察检查。

4. 低温热水地板辐射采暖系统安装分项工程施工质量验收项目及方法

(1) 主控项目

① 地面下敷设的盘管埋地部分不应有接头。

检验方法：隐蔽前现场查看。

② 盘管隐蔽前必须进行水压试验，试验压力为工作压力的 1.5 倍，但不小于 0.6 MPa。

检验方法：试验压力下稳压 1 h，压力降不大于 0.05 MPa 且不渗不漏。

③ 加热盘管弯曲部分不得出现硬折弯曲现象，曲率半径应符合下列规定。

(a) 塑料管：不应小于管道外径的 8 倍。

(b) 复合管：不应小于管道外径的 5 倍。

检验方法：尺量检查。

(2) 一般项目

① 分、集水器型号、规格、公称压力及安装位置、高度等应符合设计要求。

检验方法：对照图纸及产品说明书，尺量检查。

② 加热盘管管径、间距和长度应符合设计要求。间距偏差不大于±10 mm。

检验方法：拉线和尺量检查。

③ 防潮层、防水层、隔热层及伸缩缝应符合设计要求。

检验方法：观察检查。

④ 填充层强度标号应符合设计要求。

检验方法：作试块抗压试验。

5. 室内采暖系统水压试验及调试分项工程施工质量验收项目及方法

主控项目

(1) 采暖系统安装完毕，管道保温之前应进行水压试验。试验压力应符合设计要求。

当设计未注明时，应符合下列规定。

① 蒸汽、热水采暖系统，应以系统顶点工作压力加 0.1 MPa 作水压试验，同时在系统顶点的试验压力不小于 0.3 MPa。

② 高温热水采暖系统，试验压力应为系统顶点工作压力加 0.4 MPa。

③ 使用塑料管及复合管的热水采暖系统，应以系统顶点工作压力加 0.2 MPa 作水压试验，同时在系统顶点的试验压力不小于 0.4 MPa。

检验方法：使用钢管及复合管的采暖系统应在试验压力下 10 min 内压力降不大于 0.02 MPa，降至工作压力后检查，不渗不漏；使用塑料管的采暖系统应在试验压力下稳压 1 h，压力降不大于 0.05 MPa，然后降至工作压力的 1.15 倍，稳压 2 h，压力降不大于 0.03 MPa，同时各连接处不渗不漏。

(2) 系统试压合格后，应对系统进行冲洗并清扫过滤器及除污器。

检验方法：现场观察。

(3) 系统冲洗完毕应充水、加热，进行试运行和调试。

检验方法：观察、测量室温应满足设计要求。

6.4.2 室外供热管网安装工程

室外供热管网安装工程按室外供热管道及配件安装和室外供热管网系统水压试验及调试划分分项工程。

1. 室外供热管道及配件安装分项工程施工质量验收项目及方法

(1) 主控项目

① 平衡阀及调节阀型号、规格及公称压力应符合设计要求。安装后应根据系统要求进行调试，并作出标志。

检验方法：对照设计图纸及产品合格证，并现场观察调试结果。

② 直埋无补偿供热管道预热伸长及三通加固应符合设计要求。回填前应注意检查保温层外壳的完好性。回填应按设计要求进行。

检验方法：回填前现场验核和观察。

③ 补偿器的位置必须符合设计要求，并应按设计要求或产品说明书进行预拉伸。管道固定支架的位置和构造必须符合设计要求。

检验方法：对照图纸，并查验预拉伸记录。

④ 检查井室、用户入口处管道布置应便于操作及维修，支、吊、托架稳固，并满足设计要求。

检验方法：对照图纸，观察及手动检查。

⑤ 直埋管道的保温应符合设计要求，接口在现场发泡时，接头处厚度应与管道保温层厚度一致，接头处保护层必须与管道保护层成一体，符合防潮防水要求。

检验方法：对照图纸，观察检查。

(2) 一般项目

① 管道水平敷设其坡度应符合设计要求。

检验方法：对照图纸，用水准仪(水平尺)、拉线和尺量检查。

② 除污器构造应符合设计要求，安装位置和方向应正确。管网冲洗后应清除内部污物。

检验方法：打开清扫口检查。

③ 室外供热管道安装的允许偏差符合表 6-29 的规定。

表 6-29　室外供热管道安装的允许偏差和检验方法

序号	项目			允许偏差	检验方法
1	坐标/mm		敷设在沟槽内及架空	20	用水准仪（水平尺）、直尺、拉线
			埋地	50	
2	标高/mm		敷设在沟槽内及架空	±10	尺量检查
			埋地	±15	
3	水平管道纵、横方向弯曲/mm	每 1 m	管径≤100 mm	1	用水准仪（水平尺）、直尺、拉线和尺量检查
			管径>100 mm	1.5	
		全长（25 m 以上）	管径≤100 mm	≤13	
			管径>100 mm	≤25	
4	弯管	椭圆率	管径≤100 mm	89%	用外卡钳和尺量检查
			管径>100 mm	5%	
		折皱不平度/mm	管径≤100 mm	4	
			管径 125～200 mm	5	
			管径 250～400 mm	7	

④ 管道焊口的允许偏差应符合表 6-20 的规定。

⑤ 管道及管件焊接的焊缝表面质量应符合下列规定。

(a) 焊缝外形尺寸应符合图纸和工艺文件的规定，焊缝高度不得低于母材表面，焊缝与母材应圆滑过渡。

(b) 焊缝及热影响区表面应无裂纹、未熔合、未焊透、夹渣、弧坑和气孔等缺陷。

检验方法：观察检查。

⑥ 供热管道的供水管或蒸汽管，如设计无规定时，应敷设在载热介质前进方向的右侧或上方。

检验方法：对照图纸，观察检查。

⑦ 地沟内的管道安装位置，其净距（保温层外表面）应符合下列规定。

与沟壁	100～150 mm
与沟底	100～200 mm
与沟顶（不通行地沟）	50～100 mm
（半通行和通行地沟）	200～300 mm

检验方法：尺量检查。

⑧ 架空敷设的供热管道安装高度，如设计无规定时，应符合下列规定（以保温层外表面计算）：人行地区，不小于 2.5 m；通行车辆地区，不小于 4.5 m；跨越铁路，距轨顶不小于 6 m。

检验方法：尺量检查。

⑨ 防锈漆的厚度应均匀，不得有脱皮、起泡、流淌和漏涂等缺陷。

检验方法：保温前观察检查。

⑩ 管道保温层的厚度和平整度的允许偏差应符合表 6-6 的规定。

2. 室外供热管网系统水压试验及调试分项工程施工质量验收项目及方法

主控项目

（1）供热管道的水压试验压力应为工作压力的 1.5 倍，但不得小于 0.6 MPa。

检验方法：在试验压力下稳压 10 min，压力降不大于 0.05 MPa，然后降至工作压力下检查，不渗不漏。

（2）管道试压合格后，应进行冲洗。

检验方法：现场观察，以水色不浑浊为合格。

（3）管道冲洗完毕应通水、加热，进行试运行和调试（当不具备加热条件时，应延期进行）。

检验方法：测量各建筑物热力入口处供回水温度及压力。

（4）供热管道作水压试验时，试验管道上的阀门应开启，试验管道与非试验管道应隔断。

检验方法：开启和关闭阀门检查。

6.4.3　供热锅炉及辅助设备安装工程

供热锅炉及辅助设备安装工程按整体锅炉安装、锅炉辅助设备及管道安装、锅炉安全附件安装、锅炉烘炉、煮炉及试运行和换热站安装等项目划分分项工程。

1. 整体锅炉安装分项工程施工质量验收项目及方法

（1）主控项目

① 锅炉设备基础的混凝土强度必须达到设计要求，基础的坐标、标高、几何尺寸和螺栓孔位置应符合表 6-30 的规定。

检验方法：查验混凝土强度试验记录，尺量检查。

表 6-30　锅炉及辅助设备基础的允许偏差和检验方法

序号	项目		允许偏差/mm	检验方法
1	基础坐标位置		20	经纬仪、拉线和尺量
2	基础各不同平面的标高		0，−20	水准仪、拉线和尺量
3	基础平面外形尺寸		20	尺量检查
4	凸台上平面尺寸		0，−20	
5	凹穴尺寸		+20.0	
6	基础上平面水平度	每米	5	水平仪（水平尺）和楔形塞尺检查
		全长	10	
7	竖向偏差	每米	5	经纬仪或吊线和尺量
		全高	10	
8	预埋地脚螺栓	标高（顶端）	+20.0	水准仪、拉线和尺量
		中心距（根部）	2	
9	预留地脚螺栓孔	中心位置	10	尺量
		深度	−20.0	
		孔壁垂直度	10	吊线和尺量
10	预埋活动地脚螺栓锚板	中心位置	5	拉线和尺量
		标高	+20.0	
		水平度（带槽锚板）	5	水平尺和楔形塞尺检查
		水平度（带螺纹孔锚板）	2	

② 非承压锅炉，应严格按设计或产品说明书的要求施工。锅炉顶部必须敞口或装设大气连通管，连通管上不得安装阀门。

检验方法：对照设计图纸或产品说明书检查。

③ 以天然其为燃料的锅炉的天然气释放管或大气排放管不得直接通向大气，应通向储存或处理装置。

检验方法：对照设计图纸检查。

④ 两台或两台以上燃油锅炉共用一个烟囱时，每一台锅炉的烟道上均应配备风阀或挡板装置。并应具有操作调节和闭锁功能。

检验方法：观察和手板检查。

⑤ 锅炉的锅筒和水冷壁的下集箱及后集箱的最低处排污阀及排污管道不得采用螺纹连接。

检验方法：观察检查。

⑥ 锅炉的汽、水系统安装完毕后，必须进行水压试验。水压试验的压力应符合表6-31的规定。

检验方法：

(a) 在试验压力下稳压 10 min，压力降不超过 0.02 MPa；然后降至工作压力进行检查，压力不降，不渗、不漏；

(b) 观察检查，不得有残余变形，受压元件金属壁和焊缝上不得有水珠和水雾。

表 6-31　水压试验压力规定

序号	设备名称	工作压力 p/MPa	试验压力/MPa
1	锅炉本体	$p<0.59$	$1.5p$ 但不小于 0.2
		$0.59\leqslant p\leqslant 1.18$	$p+0.3$
		$p>1.18$	$1.25p$
2	可分式省煤器	p	$1.25p+0.5$
3	非承压锅炉	大气压力	0.2

注：① 工作压力 p 对蒸汽锅炉指锅筒工作压力，对热水锅炉指锅炉额定出水压力；

② 铸铁锅炉水压试验同热水锅炉；

③ 非承压锅炉水压试验压力为 0.2 MPa，试验期间压力应保持不变。

⑦ 机械炉排安装完毕后应做冷态运转试验，连续运转时间不应少于 8 h。

检验方法：观察运转，查验试验全过程记录。

⑧ 锅炉本体管道及管件焊接的焊缝质量应符合下列规定：焊缝表面质量应符合相关规范的规定；管道焊口尺寸的允许偏差应符合相关规范的规定；无损探伤的检测结果应符合锅炉本体设计的相关要求。

检验方法：观察和检验无损探伤检测报告。

(2) 一般项目

① 锅炉安装的坐标、标高、中心线和垂直度的允许偏差应符合表 6-32 的规定。

表 6-32 锅炉安装的允许偏差和检验方法

序号	项目		允许偏差/mm	检验方法
1	坐标		10	经纬仪、拉线和尺量
2	标高		±5	水准仪、拉线和尺量
3	中心线垂直度	卧式锅炉炉体全高	3	吊线和尺量
		立式锅炉炉体全高	4	吊线和尺量

② 组装链条炉排安装的允许偏差应符合表 6-33 的规定。

表 6-33 组装链条炉排安装的允许偏差和检验方法

序号	项目		允许偏差/mm	检验方法
1	炉排中心位置		2	经纬仪、拉线和尺量
2	墙板的标高		±5	水准仪、吊线和尺量
3	墙板的垂直度，全高		3	吊线和尺量
4	墙板间两对角线的长度之差		5	钢丝线和尺量
5	墙板框的纵向位置		5	经纬仪、拉线和尺量
6	墙板顶面的纵向水平度		长度 1/1 000，且≤5	拉线、水平尺和尺量
7	墙板间的距离	跨距≤2 m	0，+3	钢丝线和尺量
		跨距>2 m	0，+5	
8	两墙板的顶面在同一水平面上相对高差		5	水准仪、吊线和尺量
9	前轴、后轴的水平度		长度 1/1 000	拉线、水平尺和尺量
10	前轴和后轴和轴心线相对标高差		5	水准仪、吊线和尺量
11	各轨道在同一水平面上的相对高差		5	水准仪、吊线和尺量
12	相邻两轨道间的距离		±2	钢丝线和尺量

③ 往复炉排安装的允许偏差应符合表 6-34 的规定。

表 6-34 往复炉排安装的允许偏差和检验方法

序号	项目		允许偏差/mm	检验方法
1	两侧板的相对标高		3	水准仪、吊线和尺量
2	两侧板间距离	跨距≤2 m	0，+3	钢丝线和尺量
		跨距>2 m	0，+4	
3	两侧板的垂直度，全高		3	吊线和尺量
4	两侧板间对角线的长度之差		5	钢丝线和尺量
5	炉排片的纵向间隙		1	钢板尺量
6	炉排两侧的间隙		2	

④ 铸铁省煤器破损的肋片数不应大于总肋片数的 5%，有破损肋片的根数不应大于总根数的 10%。铸铁省煤器支承架安装的允许偏差应符合表 6-35 的规定。

表 6-35 铸铁省煤器支承架安装的允许偏差和检验方法

序号	项目	允许偏差/mm	检验方法
1	支承架的位置	3	经纬仪、拉线和尺量
2	支承架的标高	-5,0	水准仪、吊线和尺量
3	支承架的纵、横向水平度(每米)	L	水平尺和塞尺检查

⑤ 锅炉本体安装应按设计或产品说明书要求布置坡度并坡向排污阀。

检验方法:用水平尺或水准仪检查。

⑥ 锅炉由炉底送风的风室及锅炉底座与基础之间必须封、堵严密。

检验方法:观察检查。

⑦ 省煤器的出口处(或入口处)应按设计或锅炉图纸要求安装阀门和管道。

检验方法:对照设计图纸检查。

⑧ 电动调节阀门的调节机构与电动执行机构的转臂应在同一平面内动作,传动部分应灵活、无空行程及卡阻现象,其行程及伺服时间应满足使用要求。

检验方法:操作时观察检查。

2. 锅炉辅助设备及管道安装分项工程施工质量验收项目及方法

(1) 主控项目

① 辅助设备基础的混凝土强度必须达到设计要求,基础的坐标、标高、几何尺寸和螺栓孔位置必须符合表 6-30 的规定。

检验方法:查验混凝土强度试验记录,尺量检查。

② 风机试运转,轴承温升应符合下列规定:滑动轴承温度最高不得超过 60℃;滚动轴承温度最高不得超过 80℃。

检验方法:用温度计检查。

③ 轴承径向单振幅应符合下列规定:风机转速小于 1 000 r/min 时,不应超过 0.10 mm;风机转速为 1 000～1 450 r/min 时,不应超过 0.08 mm。

检验方法:用测振仪表检查。

④ 分汽缸(分水器、集水器)安装前应进行水压试验,试验压力为工作压力的 1.5 倍,但不得小于 0.6 MPa。

检验方法:试验压力下稳压 10 min ,无压降、无渗漏。

⑤ 敞口箱、罐安装前应做满水试验;密闭箱、罐应以工作压力的 1.5 倍作水压试验,但不得小于 0.4 MPa。

检验方法:满水试验满水后静置 24 h 不渗不漏;水压试验在试验压力下稳压 10 min,无压降,不渗不漏。

⑥ 地下直埋油罐在埋地前应做气密性试验,试验压力降不应小于 0.03 MPa。

检验方法:试验压力下观察 30 min 不渗、不漏,无压降。

⑦ 连接锅炉及辅助设备的工艺管道安装完毕后,必须进行系统的水压试验,试验压力为系统中最大工作压力的 1.5 倍。

检验方法:在试验压力稳压 10 min ,压力降不超过 0.05 MPa,然后降至工作压力进行检查,不渗不漏。

⑧ 各种设备的主要操作通道的净距如设计不明确时不应小于 1.5 m,辅助的操作通道净距不应小于 0.8 m。

检验方法:尺量检查。

⑨ 管道连接的法兰、焊缝和连接管件以及管道上的仪表、阀门的安装位置应便于检修,并不得紧贴墙壁、楼板或管架。

检验方法:观察检查。

⑩ 管道焊接质量应符合相关的规定。

(2) 一般项目

① 锅炉辅助设备安装的允许偏差应符合表 6-36 的规定。

表 6-36 锅炉辅助设备安装的允许偏差和检验方法

序号	项目			允许偏差/mm	检验方法
1	送、引风机	坐标		10	经纬仪、拉线和尺量
		标高		±5	水准仪、拉线和尺量
2	各种静置设备(各种容器、箱、罐等)	坐标		15	经纬仪、拉线和尺量
		标高		±5	水准仪、拉线和尺量
		垂直度(1 m)		2	吊线和尺量
3	离心式水泵	泵体水平度(1 m)		0.1	水平尺和塞尺检查
		联轴器同心度	轴向倾斜(1 m)	0.8	水准仪、百分表(测微螺钉)和塞尺检查
			径向位移	0.1	

② 连接锅炉及辅助设备的工艺管道安装的允许偏差应符合表 6-37 的规定。

表 6-37 工艺管道安装的允许偏差和检验方法

序号	项目		允许偏差/mm	检验方法
1	坐标	架空	15	水准仪、拉线和尺量
		地沟	10	
2	标高	架空	±15	水准仪、拉线和尺量
		地沟	±10	
3	水平管道纵、横方向弯曲	DN≤100 mm	2‰,最大 50	直尺和拉线检查吊线和尺量
		DN>100 mm	3‰,最大 70	
4	立管垂直		2‰,最大 15	吊线和尺量
5	成排管道间距		3	直尺尺量
6	交叉管的外壁或绝热层间距		10	

③ 单斗式提升机安装应符合下列规定。

(a) 导轨的间距偏差不大于 2 mm。

(b) 垂直式导轨的垂直度偏差不大于1‰;倾斜式导轨的倾斜度偏差不大于2‰。

(c) 料斗的吊点与料斗垂心在同一垂线上,重合度偏差不大于10 mm。

(d) 行程开关位置应准确,料斗运行平稳,翻转灵活。

检验方法:吊线坠、拉线及尺量检查。

④ 安装锅炉送、引风机,转动应灵活无卡碰等现象;送、引风机的传动部位,应设置安全防护装置。

检验方法;观察和启动检查。

⑤ 水泵安装的外观质量检查:泵壳不应有裂纹、砂眼及凹凸不平等缺陷;多级泵的平衡管路应无损伤或折陷现象;蒸汽往复泵的主要部件、活塞及活动轴必须灵活。

检验方法:观察和启动检查。

⑥ 手摇泵应垂直安装。安装高度如设计无要求时,泵中心距地面为800 mm。

检验方法:吊线和尺量检查。

⑦ 水泵试运转,叶轮与泵壳不应相碰,进、出口部位的阀门应灵活。轴承温升应符合产品说明书的要求。

检验方法:通电、操作和测温检查。

⑧ 注水器安装高度,如设计无要求时,中心距地面为1.0～1.2 m。

检验方法:尺量检查。

⑨ 除尘器安装应平稳牢固,位置和进、出口方向应正确。烟管与引风机连接时应采用软接头,不得将烟管重量压在风机上。

检验方法:观察检查。

⑩ 热力除氧器和真空除氧器的排汽管应通向室外,直接排入大气。

检验方法;观察检查。

⑪ 软化水设备罐体的视镜应布置在便于观察的方向。树脂装填的高度应按设备说明书要求进行。

检验方法:对照说明书,观察检查。

⑫ 管道及设备保温层的厚度和平整度的允许偏差应符合表6-6的规定。

⑬ 在涂刷油漆前,必须清除管道及设备表面的灰尘、污垢、锈斑、焊渣等物。涂漆的厚度应均匀,不得有脱皮、起泡、流淌和漏涂等缺陷。

检验方法:现场观察检查。

3. 锅炉安全附件安装分项工程施工质量验收项目及方法

(1) 主控项目

① 锅炉和省煤器安全阀的定压和调整应符合表6-38的规定。锅炉上装有两个安全阀时,其中的一个按表中较高值定压,另一个按较低值定压。装有一个安全阀时,应按较低值定压。

检验方法:检查定压合格证书。

表 6-38 安全阀定压规定

序号	工作设备	安全阀开启压力/MPa
1	蒸汽锅炉	工作压力+0.02
		工作压力+0.04
2	热水锅炉	1.12 倍工作压力,但不少于工作压力+0.07
		1.14 倍工作压力,但不少于工作压力+0.10
3	省煤器	1.1 倍工作压力

② 压力表的刻度极限值,应大于或等于工作压力的 1.5 倍,表盘直径不得小于 100 mm。

检验方法:现场观察和尺量检查。

③ 安装水位表应符合下列规定。

(a) 水位表应有指示最高、最低安全水位的明显标志,玻璃板(管)的最低可见边缘应比最低安全水位低 25 mm;最高可见边缘应比最高安全水位高 25 mm。

(b) 玻璃管式水位表应有防护装置。

(c) 电接点式水位表的零点应与锅筒正常水位重合。

(d) 采用双色水位表时,每台锅炉只能装设一个,另一个装设普通水位表。

(e) 水位表应有放水旋塞(或阀门)和接到安全地点的放水管。

检验方法:现场观察和尺量检查。

④ 锅炉的高低水位报警器和超温、超压报警器及联锁保护装置必须按设计要求安装齐全和有效。

检验方法;启动、联动试验并作好试验记录。

⑤ 蒸汽锅炉安全阀应安装通向室外的排汽管。热水锅炉安全阀泄水管应接到安全地点。在排汽管和泄水管上不得装设阀门。

检验方法:观察检查。

(2) 一般项目

① 安装压力表必须符合下列规定。

(a) 压力表必须安装在便于观察和吹洗的位置,并防止受高温、冰冻和振动的影响,同时要有足够的照明。

(b) 压力表必须设有存水弯管。存水弯管采用钢管煨制时,内径不应小于 10 mm;采用铜管煨制时,内径不应小于 6 mm。

(c) 压力表与存水弯管之间应安装三通旋塞。

检验方法:观察和尺量检查。

② 测压仪表取源部件在水平工艺管道上安装时,取压口的方位应符合下列规定。

(a) 测量液体压力,在工艺管道的下半部与管道的水平中心线成 0°~45°夹角范围内。

(b) 测量蒸汽压力,在工艺管道的上半部或下半部与管道水平中心线成 0°~45°夹角范围内。

(c) 测量气体压力,在工艺管道的上半部。

检验方法:观察和尺量检查。

③ 安装温度计应符合下列规定。

(a) 安装在管道和设备上的套管温度计，底部应插入流动介质内，不得装在引出的管段上或死角处。

(b) 压力式温度计的毛细管应固定好并有保护措施，其转弯处的弯曲半径不应小于 50 mm，温包必须全部浸入介质内。

(c) 热电偶温度计的保护套管应保证规定的插入深度。

检验方法：观察和尺量检查。

④ 温度计与压力表在同一管道上安装时，按介质流动方向温度计应在压力表下游处安装，如温度计需在压力表的上游安装时，其间距不应小于 300 mm。

检验方法：观察和尺量检查。

4. 锅炉烘炉、煮炉检验批施工质量验收项目及方法

(1) 主控项目

① 锅炉火焰烘炉应符合下列规定。

(a) 火焰应在炉膛中央燃烧，不应直接烧烤炉墙及炉拱。

(b) 烘炉时间一般不少于 4 d，升温应缓慢，后期烟温不应高于 160℃，且持续时间不应少于 24 h。

(c) 链条炉排在烘炉过程中应定期转动。

(d) 烘炉的中、后期应根据锅炉水水质情况排污。

检验方法：计时测温、操作观察检查。

② 烘炉结束后应符合下列规定。

(a) 炉墙经烘烤后没有变形、裂纹及塌落现象。

(b) 炉墙砌筑砂浆含水率达到 7%以下。

检验方法：测试及观察检查。

③ 锅炉在烘炉、煮炉合格后，应进行 48 h 的带负荷连续试运行，同时应进行安全阀的热状态定压检验和调整。

检验方法：检查烘炉、煮炉及试运行全过程。

(2) 一般项目

煮炉时间一般应为 2～3 d，如蒸汽压力较低，可适当延长煮炉时间。非砌筑或浇注保温材料保温的锅炉，安装后可直接进行煮炉。煮炉结束后，锅筒和集箱内壁应无油垢，擦去附着物后金属表面应无锈斑。

检验方法：打开锅筒和集箱检查孔检查。

5. 换热站安装检验批施工质量验收项目及方法

(1) 主控项目

① 热交换器应以最大工作压力的 1.5 倍作水压试验，蒸汽部分应不低于蒸汽供汽压力加 0.3 MPa；热水部分应不低于 0.4 MPa。

检验方法：在试验压力下，保持 10 min，压力不降。

② 高温水系统中，循环水泵和热交换器的相对安装位置应按设计文件施工。

检验方法：对照设计图纸检查。

③ 壳管式热交换器的安装，如设计无要求时，其封头与墙壁或屋顶的距离不得小于换

热管的长度。

检验方法：观察和尺量检查。

(2) 一般项目

① 换热站内设备安装的允许偏差应符合表 6-36 的规定。

② 换热站内的循环泵、调节阀、减压器、疏水器、除污器、流量计等安装应符合本规范的相关规定。

③ 换热站内管道安装的允许偏差应符合表 6-37 的规定。

④ 管道及设备保温层的厚度和平整度的允许偏差应符合表 6-6 的规定。

【实训二】 建筑采暖工程质量验收

一、实训目的

1. 理解掌握建筑给水、排水及采暖工程质量验收的主要内容及要求；

2. 熟悉建筑给水、排水及采暖工程施工质量验收的组织、程序及检验资料的填写方法；

3. 能进行建筑给水、排水及采暖工程质量分阶段验收。

二、实训过程

1. 引入典型工程案例，在教师的指导下，学生可以分组(也可以独立)完成案例项目中的采暖分部(子分部)、分项、检验批工程的验收及资料填写；

2. 学生完成后集体进行交流，然后教师进行讲评。

三、实训方法

采用案例法。

第7章

建筑电气安装工程

建筑电气是以电能、电气设备和电气技术为手段，创造、维持和改善室内外空间的电、光、声等环境，从而达到提高人们的生活、工作、学习环境和学习质量的一门学科，是建筑设备工程的重要组成部分。建筑电气安装工程包括配电及电气设备安装工程、建筑电气照明安装工程和防雷与接地安装工程三大子项目。

7.1 配电及电气设备安装工程

配电及电气设备安装工程按架空线路及杆上电气设备安装；变压器、箱式变电所安装；成套配电柜、控制柜(屏、台)、照明配电箱(盘)安装；低压电动机、电加热器及电动执行机构检查接线；柴油发电机组安装；不间断电源安装；低压电气动力设备试验和试运行；裸母线及封闭母线、插接式母线安装；电缆桥架安装和桥架内电缆敷设；电缆沟内和电缆竖井内电缆敷设等项目划分分项工程。

7.1.1 架空线路及杆上电气设备安装分项工程施工质量检验项目及方法

架空线及杆上电气设备安装及建筑物进户线以前的高低压线路设备及安装，此类工程一般由专业专业施工单位(供电部门专业施工队)承担。

1. 主控项目

(1) 电杆坑、拉线坑的深度允许偏差，应不深于设计坑深 100 mm、不浅于设计坑深 50 mm。

检验方法：尺量检查。

(2) 架空导线的弧垂值，允许偏差为设计弧垂值的±5%，水平排列的同档导线间弧垂值偏差为±50 mm。

检验方法：检查施工记录，尺量检查。

(3) 变压器中性点应与接地装置引出干线直接连接，接地装置的接地电阻值必须符合设计要求。

检验方法：观察检查，检查检测记录。

(4) 杆上变压器和高压绝缘子、高压隔离开关、跌落式熔断器、避雷器等交接试验合格。

检验方法：查验采购材料合格证、说明书、检查检测记录。

(5) 杆上低压配电箱的电气装置和馈电线路交接试验应符合下列规定。

① 每路配电开关及保护装置的规格、型号,应符合设计要求。

② 相间和相对地间的绝缘电阻值应大于 0.5 MΩ。

③ 电气装置的交流工频耐压试验电压为 1 kV,当绝缘电阻值大于 10 MΩ 时,可采用 2 500 V兆欧表摇测替代,试验持续时间 1 min,无击穿闪络现象。

检验方法:查验采购材料合格证、说明书、检查检测记录。

2. 一般项目

(1) 拉线的绝缘子及金具应齐全,位置正确,承力拉线应与线路中心线方向一致,转角拉线应与线路分角线方向一致。拉线应收紧,收紧程度与杆上导线数量规格及弧垂值相适配。

检验方法:观察检查,检查施工记录。

(2) 电杆竖立应正直,直线杆横向位移不应大于 50 mm,杆梢偏移不应大于梢径的1/2,转角杆紧线后不向内角倾斜,向外角倾斜不应大于 1 个梢径。

检验方法:观察检查,检查施工记录。

(3) 直线杆单横担应装于受电侧,终端杆、转角杆的单横担应装于拉线侧。横担的上下歪斜和左右扭斜,从横担端部测量不应大于 20 mm。横担等镀锌制品应热浸镀锌。

检验方法:查验施工记录,现场测量检验。

(4) 导线无断股、扭绞和死弯,与绝缘子固定可靠,金具规格应与导线规格适配。

检验方法:观察检验。

(5) 线路的跳线、过引线、接户线的线间和线对地间的安全距离为:电压等级为 6~10 kV的,应大于 300 mm;电压等级为 1 kV 及以下的,应大于 150 mm。用绝缘导线架设的线路,绝缘破口处应修补完整。

检验方法:尺量和观察检查。

(6) 杆上电气设备安装应符合下列规定。

① 固定电气设备的支架、紧固件为热浸镀锌制品,紧固件及防松零件齐全。

② 变压器油位正常、附件齐全、无渗油现象、外壳涂层完整。

③ 跌落式熔断器安装的相间距离不小于 500 mm;熔管试操动能自然打开旋下。

④ 杆上隔离开关分、合操动灵活,操动机构机械锁定可靠,分合时三相同期性好,分闸后,刀片与静触头间空气间隙距离不小于 200 mm;地面操作杆的接地(PE)可靠,且有标识。

⑤ 杆上避雷器排列整齐,相间距离不小于 350 mm,电源侧引线铜线截面积不小于 16 mm^2、铝线截面积不小于 25 mm^2,接地侧引线铜线截面积不小于 25 mm ,铝线截面积不小于 35 mm^2。与接地装置引出线连接可靠。

检验方法:检查施工记录,尺量和观察检查。

7.1.2 变压器、箱式变电所安装分项工程施工质量检验项目及方法

1. 主控项目

(1) 变压器安装应位置正确,附件齐全,油浸变压器油位正常,无渗油现象。

检验方法:观察检查。

(2) 接地装置引出的接地干线与变压器的低压侧中性点直接连接;接地干线与箱式变

电所的 N 母线和 PE 母线直接连接；变压器箱体、干式变压器的支架或外壳应接地(PE)。所有连接应可靠，紧固件及防松零件齐全。

检验方法：手板，观察检查。

(3) 变压器必须按《电气装置安装工程电气设备交接试验标准》(GB 50150—2006)的规定交接试验合格。

检验方法：检查交接试验记录。

(4) 箱式变电所及落地式配电箱的基础应高于室外地坪，周围排水通畅。用地脚螺栓固定的螺帽齐全，拧紧牢固；自由安放的应垫平放正。金属箱式变电所及落地式配电箱，箱体应接地(PE)或接零(PEN)可靠，且有标识。

检验方法：手板，观察检查。

(5) 箱式变电所的交接试验，必须符合下列规定。

① 由高压成套开关柜、低压成套开关柜和变压器三个独立单元组合成的箱式变电所高压电气设备部分，按《电气装置安装工程电气设备交接试验标准》(GB 50150—2006)的规定交接试验合格。

② 高压开关、熔断器等与变压器组合在同一个密闭油箱内的箱式变电所，交接试验按产品提供的技术文件要求执行。

③ 低压成套配电柜交接试验应符合下列规定。

(a) 每路配电开关及保护装置的规格、型号，应符合设计要求。

(b) 相间和相对地间的绝缘电阻值应大于 0.5 MΩ。

(c) 电气装置的交流工频耐压试验电压为 1 kV，当绝缘电阻值大于 10 MΩ 时，可采用 2 500 V兆欧表摇测替代，试验持续时间 1 min，无击穿闪络现象。

检验方法：检查交接试验记录。

2. 一般项目

(1) 有载调压开关的传动部分润滑应良好，动作灵活，点动给定位置与开关实际位置一致，自动调节符合产品的技术文件要求。

检验方法：观察检查。

(2) 绝缘件应无裂纹、缺损和瓷件瓷釉损坏等缺陷，外表清洁，测温仪表指示准确。

检验方法：观察检查。

(3) 装有滚轮的变压器就位后，应将滚轮用能拆卸的制动部件固定。

检验方法：观察检查。

(4) 变压器应按产品技术文件要求进行检查器身，当满足下列条件之一时，可不检查器身。

① 制造厂规定不检查器身者。

② 就地生产仅做短途运输的变压器，且在运输过程中有效监督，无紧急制动、剧烈振动、冲撞或严重颠簸等异常情况者。

检验方法：观察检查。

(5) 箱式变电所内外涂层完整、无损伤，有通风口的风口防护网完好。

检验方法：观察检查。

(6) 箱式变电所的高低压柜内部接线完整、低压每个输出回路标记清晰，回路名称准确。

检验方法：观察检查。

(7) 装有气体继电器的变压器顶盖，沿气体继电器的气流方向有1.0%～1.5%的升高坡度。

检验方法：观察检查。

7.1.3 成套配电柜、控制柜(屏、台)、照明配电箱(盘)安装分项工程施工质量控制项目及检验方法

1. 主控项目

(1) 柜、屏、台、箱、盘的金属框架及基础型钢必须接地(PE)或接零(PEN)可靠；装有电器的可开启门，门和框架的接地端子间应用裸编织铜线连接，且有标识。

检验方法：观察检查。

(2) 低压成套配电柜、控制柜(屏、台)和动力、照明配电箱(盘)应有可靠的电击保护。柜(屏、台、箱、盘)内保护导体应有裸露的连接外部保护导体的端子，当设计无要求时，柜(屏、台、箱、盘)内保护导体最小截面积 S_P 不应小于表7-1的规定。

表7-1　保护导体的截面积

相线的截面积 S/mm^2	相应保护导体的最小截面积 S_P/mm^2
$S \leqslant 16$	S
$16 < S \leqslant 35$	16
$35 < S \leqslant 400$	$S/2$
$400 < S \leqslant 800$	200
$S > 800$	$S/4$

注：S 指柜(屏、台、箱、盘)电源进线相线截面积，且两者(S、S_P)材质相同

(3) 手车、抽出式成套配电柜推拉应灵活，无卡阻碰撞现象。动触头与静触头的中心线应一致，且触头接触紧密，投入时，接地触头先于主触头接触；退出时，接地触头后于主触头脱开。

检验方法：观察检查。

(4) 高压成套配电柜的交接试验，必须符合现行国家标准《电气装置安装工程电气设备交接试验标准》(GB 50150—2006)，且应符合下列规定。

① 继电保护元器件、逻辑元件、变送器和控制用计算机等单体校验合格，整组试验动作正确，整定参数符合设计要求。

② 凡经法定程序批准，进入市场投入使用的新高压电气设备和继电保护装置，按产品技术文件要求交接试验。

检验方法：检查交接试验记录。

(5) 低压成套配电柜交接试验，应符合下列规定。

① 每路配电开关及保护装置的规格、型号，应符合设计要求。

② 相间和相对地间的绝缘电阻值应大于0.5 MΩ。

③ 电气装置的交流工频耐压试验电压为1 kV，当绝缘电阻值大于10 MΩ时，可采用2 500 V兆欧表摇测替代，试验持续时间1 min，无击穿闪络现象。

检验方法：观察检查，实测或检查交接试验记录。

(6) 柜、屏、台、箱、盘间线路的线间和线对地间绝缘电阻值，馈电线路必须大于 0.5 MΩ；二次回路必须大于 1 MΩ。

检验方法：实测或检查试验记录。

(7) 柜、屏、台、箱、盘间二次回路交流工频耐压试验，当绝缘电阻值大于 10 MΩ 时，用 2 500 V兆欧表摇测 1 min，应无闪络击穿现象；当绝缘电阻值在 1～10 MΩ 时，做 1 000 V 交流工频耐压试验，时间 1 min，应无闪络击穿现象。

检验方法：实测或检查试验记录。

(8) 直流屏试验，应将屏内电子器件从线路上退出，检测主回路线间和线对地间绝缘电阻值应大于 0.5 MΩ，直流屏所附蓄电池组的充、放电应符合产品技术文件要求；整流器的控制调整和输出特性试验应符合产品技术文件要求。

检验方法：实测或检查试验记录。

(9) 照明配电箱(盘)安装应符合下列规定。

① 箱(盘)内配线整齐，无绞接现象。导线连接紧密，不伤芯线，不断股。垫圈下螺丝两侧压的导线截面积相同，同一端子上导线连接不多于 2 根，防松垫圈等零件齐全。

② 箱(盘)内开关动作灵活可靠，带有漏电保护的回路，漏电保护装置动作电流不大于 30 mA，动作时间不大于 0.1 s。

③ 照明箱(盘)内，分别设置零线(N)和保护地线(PE)汇流排，零线和保护地线经汇流排配出。

检验方法：观察检查，实测或检查交接试验记录。

2. 一般项目

(1) 基础型钢安装应符合表 7-2 的规定。

检验方法：观察检查，实测或检查交接试验记录。

表 7-2 基础型钢安装允许偏差

项目	允许偏差	
	mm/m	mm/全长
不直度	1	5
水平度	1	5
不平行度	/	5

(2) 柜、屏、台、箱、盘相互间或与基础型钢应用镀锌螺栓连接，且防松零件齐全。

检验方法：观察检查。

(3) 柜、屏、台、箱、盘安装垂直度允许偏差为 1.5‰，相互间接缝不应大于 2 mm，成列盘面偏差不应大于 5 mm。

检验方法：观察检查，实测或检查交接试验记录。

(4) 柜、屏、台、箱、盘内检查试验应符合下列规定。

① 控制开关及保护装置的规格、型号符合设计要求。

② 闭锁装置动作准确、可靠。

③ 主开关的辅助开关切换动作与主开关动作一致。

④ 柜、屏、台、箱、盘上的标识器件标明被控设备编号及名称，或操作位置，接线端子有编号，且清晰、工整、不易脱色。

⑤ 回路中的电子元件不应参加交流工频耐压试验；48 V 及以下回路可不做交流工频耐压试验。

检验方法：观察检查，实测或检查交接试验记录。

(5) 低压电器组合应符合下列规定。

① 发热元件安装在散热良好的位置。

② 熔断器的熔体规格、自动开关的整定值符合设计要求。

③ 切换压板接触良好，相邻压板间有安全距离，切换时，不触及相邻的压板。

④ 信号回路的信号灯、按钮、光字牌、电铃、电笛、事故电钟等动作和信号显示准确。

⑤ 外壳需接地(PE)或接零(PEN)的，连接可靠。

⑥ 端子排安装牢固，端子有序号，强电、弱电端子隔离布置，端子规格与芯线截面积大小适配。

检验方法：观察检查，实测或检查交接试验记录。

(6) 柜、屏、台、箱、盘间配线：电流回路应采用额定电压不低于 750 V、芯线截面积不小于 2.5 mm^2 的铜芯绝缘电线或电缆；除电子元件回路或类似回路外，其他回路的电线应采用额定电压不低于 750 V、芯线截面不小于 1.5 mm^2 的铜芯绝缘电线或电缆。

二次回路连线应成束绑扎，不同电压等级、交流、直流线路及计算机控制线路应分别绑扎，且有标识；固定后不应妨碍手车开关或抽出式部件的拉出或推入。

检验方法：观察检查，实测或检查交接试验记录。

(7) 连接柜、屏、台、箱、盘面板上的电器及控制台、板等可动部位的电线应符合下列规定。

① 采用多股铜芯软电线，敷设长度留有适当余量。

② 线束有外套塑料管等加强绝缘保护层。

③ 与电器连接时，端部绞紧，且有不开口的终端端子或搪锡，不松散、断股。

④ 可转动部位的两端用卡子固定。

检验方法：观察检查。

(8) 照明配电箱(盘)安装应符合下列规定。

① 位置正确，部件齐全，箱体开孔与导管管径适配，暗装配电箱箱盖紧贴墙面，箱(盘)涂层完整。

② 箱(盘)内接线整齐，回路编号齐全，标识正确。

③ 箱(盘)不采用可燃材料制作。

④ 箱(盘)安装牢固，垂直度允许偏差为 1.5‰；底边距地面为 1.5 m，照明配电板底边距地面不小于 1.8 m。

检验方法：观察检查，实测或检查交接试验记录。

7.1.4　低压电动机、电加热器及电动执行机构检查接线分项工程施工质量控制项目及检验方法

1. 主控项目

(1) 电动机、电加热器及电动执行机构的可接近裸露导体必须接地(PE)或接零(PEN)。

检验方法：观察检查。

(2) 电动机、电加热器及电动执行机构绝缘电阻值应大于 0.5 MΩ。

检验方法：实测或检查试验记录。

(3) 100 kW 以上的电动机，应测量各相直流电阻值，相互差不应大于最小值的 2%；无中性点引出的电动机，测量线间直流电阻值，相互差不应大于最小值的 1%。

检验方法：实测或检查试验记录。

2. 一般项目

(1) 电气设备安装应牢固，螺栓及防松零件齐全，不松动。防水防潮电气设备的接线入口及接线盒盖等应做密封处理。

检验方法：观察检查。

(2) 除电动机随带技术文件说明不允许在施工现场抽芯检查外，有下列情况之一的电动机，应抽芯检查。

① 出厂时间已超过制造厂保证期限，无保证期限的已超过出厂时间一年以上。

② 外观检查、电气试验、手动盘转和试运转，有异常情况。

检验方法：观察检查。

(3) 电动机抽芯检查应符合下列规定。

① 线圈绝缘层完好、无伤痕，端部绑线不松动，槽楔固定、无断裂，引线焊接饱满，内部清洁，通风孔道无堵塞。

② 轴承无锈斑，加注油(脂)的型号、规格和数量正确，转子平衡块紧固，平衡螺丝锁紧，风扇叶片无裂纹。

③ 连接用紧固件的防松零件齐全完整。

④ 其他指标符合产品技术文件的特定要求。

检验方法：观察检查。

(4) 在设备接线盒内裸露的不同相导线间和导线对地间最小距离应大于 8 mm，否则应采取绝缘防护措施。

检验方法：观察检查。

7.1.5 柴油发电机组安装分项工程施工质量控制项目及检验方法

1. 主控项目

(1) 发电机的试验必须符合《建筑电气工程施工质量验收规范》(GB 50303—2002)的相关规定。

检验方法：对照规范检查交接试验记录。

(2) 发电机组至低压配电柜馈电线路的相间、相对地间的绝缘电阻值应大于 0.5 MΩ；塑料绝缘电缆馈电线路直流耐压试验电压应为 2.4 kV，试验时间 15 min，泄漏电流稳定，无击穿现象。

检验方法：实测或检查试验记录。

(3) 柴油发电机馈电线路连接后，两端的相序必须与原供电系统的相序一致。

检验方法：观察检查。

(4) 发电机中性线(工作零线)应与接地干线直接连接，螺栓防松零件齐全，且有标识。

检验方法：观察检查。

2. 一般项目

(1) 发电机组随带的控制柜接线应正确，紧固件紧固状态良好，无遗漏脱落。开关、保护装置的型号、规格正确，验证出厂试验的锁定标记应无位移，有位移应重新按制造厂要求试验标定。

检验方法：观察检查。

(2) 发电机本体和机械部分的可接近裸露导体应接地(PE)或接零(PEN)可靠，且有标识。

检验方法：观察检查。

(3) 受电侧低压配电柜的开关设备、自动或手动切换装置和保护装置等试验合格，应按设计的自备电源使用分配预案进行负荷试验，机组连续试运行 12 h 无故障。

检验方法：检查试运行记录。

7.1.6　不间断电源安装分项工程施工质量控制项目及检验方法

1. 主控项目

(1) 不间断电源的整流装置、逆变装置和静态开关装置的规格、型号必须符合设计要求。内部接线连接正确，紧固件齐全，可靠不松动，焊接连接无脱落现象。

检验方法：对照设计文件观察检查。

(2) 不间断电源的输入、输出各级保护系统和输出的电压稳定性、波形畸变系数、频率、相位、静态开关的动作等各项技术性能指标试验调整必须符合产品技术文件要求，且符合设计文件要求。

检验方法：对照设计文件观察检查。

(3) 不间断电源装置间连线的线间、线对地间绝缘电阻值应大于 0.5 MΩ。

检验方法：实测或检查试验记录。

(4) 间断电源输出端的中性线(N 极)，必须与由接地装置直接引来的接地干线相连接，做重复接地。

检验方法：观察检查。

2. 一般项目

(1) 安放不间断电源的机架组装应横平竖直，水平度、垂直度允许偏差不应大于 1.5‰，紧固件齐全。

检验方法：观察检查。

(2) 引入或引出不间断电源装置的主回路电线、电缆和控制电线、电缆应分别穿保护管敷设，在电缆支架上平行敷设应保持 150 mm 的距离；电线、电缆的屏蔽护套接地连接可靠，与接地干线就近连接，紧固件齐全。

检验方法：尺量、观察检查。

(3) 不间断电源装置的可接近裸露导体应接地(PE)或接零(PEN)可靠，且有标识。

检验方法：观察检查。

(4) 不间断电源正常运行时产生的 A 声级噪声，不应大于 45 dB；输出额定电流为 5 A 及以下的小型不间断电源噪声，不应大于 30 dB。

检验方法：实测或检查试验记录。

7.1.7 低压电气动力设备试验和试运行分项工程施工质量控制项目及检验方法

1. 主控项目

(1) 运行前，相关电气设备和线路应按《建筑电气工程施工质量验收规范》(GB50303—2002)的规定试验合格。

检验方法：对照规范检查试验记录。

(2) 单独安装的低压电器交接试验项目应符合表 7-3 的规定。

表 7-3 低压电器交接试验

序号	试验内容	试验标准或条件
1	绝缘电阻	用 500 V 兆欧表摇测，绝缘电阻值≥1 MΩ；潮湿场所，绝缘电阻值≥0.5 MΩ
2	低压电器动作情况	除产品另有规定外，电压、液压或气压在额定值的 85%～110%范围内能可靠动作
3	脱扣器的整定值	整定值误差不得超过产品技术条件的规定
4	电阻器和变阻器的直流电阻差值	符合产品技术条件规定

2. 一般项目

(1) 配套电(控制)柜、台、箱、盘的运行电压、电流应正常，各种仪表指示正常。

检验方法：观察检查。

(2) 电动机应试通电，检查转向和机械转动有无异常情况；可空载试运行的电动机，运行时间一般为 2 h，记录空载电流，且检查机身和轴承的温升。

检验方法：观察检查，检查空载试验记录。

(3) 交流电动机在空载状态下(不投料)可启动次数及间隔时间应符合产品技术条件的要求；无要求时，连续启动 2 次的时间间隔不应小于 5 min，再次启动应在电动机冷却至常温下。空载状态(不投料)运行，应记录电流、电压、温度、运行时间等有关数据，且应符合建筑设备或工艺装置的空载状态运行(不投料)要求。

检验方法：检查调试记录。

(4) 大容量(630 A 及以上)导线或母线连接处，在设计计算负荷运行情况下应做温度抽测记录，温升值稳定且不大于设计值。

检验方法：实测或检查试验记录。

(5) 电动执行机构的动作方向及指示，应与工艺装置的设计要求保持一致。

检验方法：观察检查。

7.1.8 裸母线及封闭母线、插接式母线安装分项工程施工质量控制项目

1. 主控项目

(1) 绝缘子的底座、套管的法兰、保护网(罩)及母线支架等可接近裸露导体应接地(PE)或接零(PEN)可靠。且不得作为接地(PE)或接零(PEN)的接续导体。

检验方法：观察检查。

(2) 母线与母线或母线与电器接线端子，当采用螺栓搭接连接时，应符合下列规定。

① 母线的各类搭接连接的钻孔直径和搭接长度应符合表 7-4 的规定，用力矩扳手拧紧钢制连接螺栓的力矩值符合表 7-5 的规定。

② 母线连接接触面保持清洁，螺栓孔周边无毛刺，接合面处涂电力复合脂。

③ 连接螺栓紧靠母线两侧用平垫圈，相邻垫圈间有大于 3 mm 的间隙，螺母侧装有弹簧垫圈或锁紧螺母。

④ 螺栓受力均匀，不使电器的接线端子受额外应力。

检验方法：观察、尺量检查。

表 7-4　母线螺栓搭接尺寸

搭接形式	类别	序号	连接尺寸/mm			钻孔要求		螺栓规格
			b_1	b_2	a	ϕ/mm	个数	
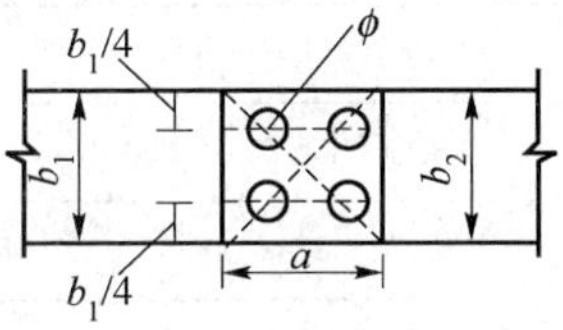	直线连接	1	125	125	b_1 或 b_2	21	4	M20
		2	100	100	b_1 或 b_2	17	4	M16
		3	80	80	b_1 或 b_2	13	4	M12
		4	63	63	b_1 或 b_2	11	4	M10
		5	50	50	b_1 或 b_2	9	4	M8
		6	45	45	b_1 或 b_2	9	4	M8
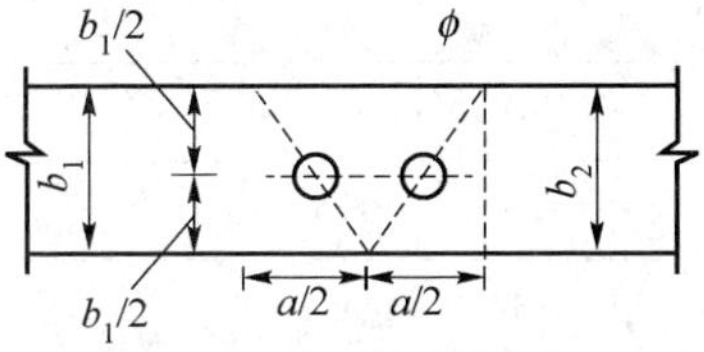	直线连接	7	40	40	80	13	2	M12
		8	31.5	31.5	63	11	2	M10
		9	25	25	50	9	2	M8
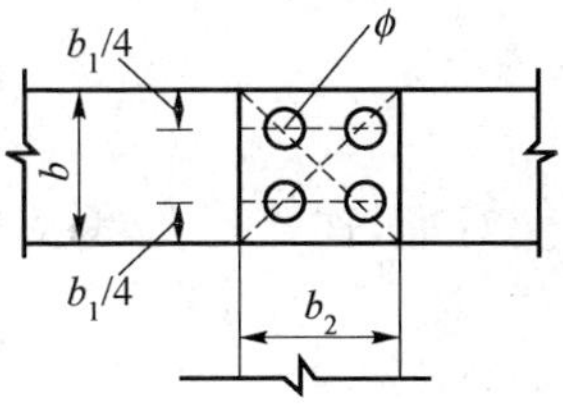	垂直连接	10	125	125	—	21	4	M20
		11	125	100～80	—	17	4	M16
		12	125	63	—	13	4	M12
		13	100	100～80	—	17	4	M16
		14	80	80～63	—	13	4	M12
		15	63	63～50	—	11	4	M10
		16	50	50	—	9	4	M8
		17	45	45	—	9	4	M8
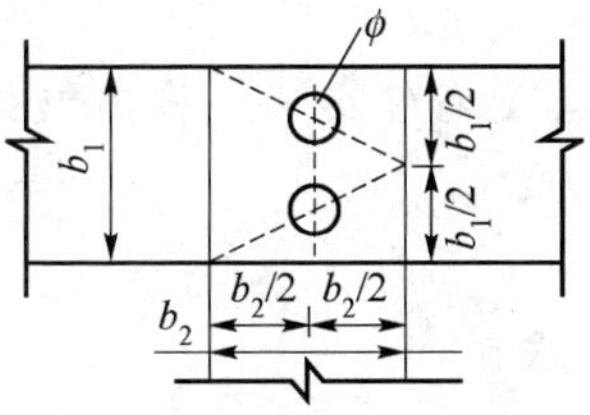	垂直连接	18	125	50～40	—	17	2	M16
		19	100	63～40	—	17	2	M16
		20	80	63～40	—	15	2	M14
		21	63	50～40	—	13	2	M12
		22	50	45～40	—	11	2	M10
		23	63	31.5～25	—	11	2	M10
		24	50	31.5～25	—	9	2	M8

续表

搭接形式	类别	序号	连接尺寸/mm			钻孔要求		螺栓规格
			b_1	b_2	a	ϕ/mm	个数	
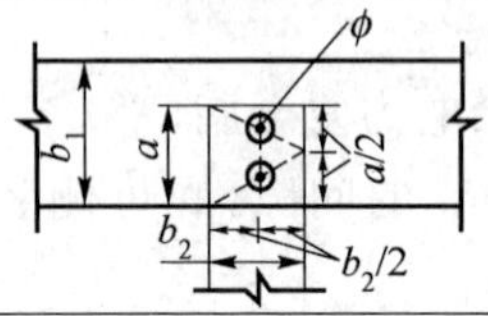	垂直连接	25	125	31.5～25	60	11	2	M10
		26	100	31.5～25	50	9	2	M8
		27	80	31.5～25	50	9	2	M8
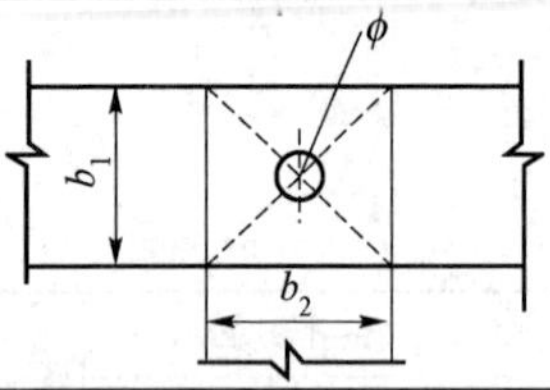	垂直连接	28	40	40～31.5	—	13	1	M12
		29	40	25	—	11	1	M10
		30	31.5	31.5～25	—	11	1	M10
		31	25	22	—	9	1	M8

表 7-5　母线搭接螺栓的拧紧力矩

序号	螺栓规格	力矩值/N·m
1	M8	8.8～10.8
2	M10	17.7～22.6
3	M12	31.4～39.2
4	M14	51.0～60.8
5	M16	78.5～98.1
6	M18	98.0～127.4
7	M20	156.9～196.2
8	M24	274.6～343.2

(3) 封闭式、插接式母线安装应符合下列规定。

① 母线与封闭外壳同心，允许偏差为±5 mm。

② 当封闭母线段与封闭母线段连接时，两相邻段母线及外壳对准，连接后母线及外壳不应受额外应力。

③ 母线的连接方法符合产品技术文件要求。

检验方法：观察、尺量检查。

(4) 室内裸母线的最小安全净距应符合表 7-6 的规定。

检验方法：尺量检查。

(5) 高压母线交流工频耐压试验必须符合现行国家标准《电气装置安装工程电气设备交接试验标准》(GB 50150—2006)的规定。

(6) 低压母线交接试验应符合下列规定。

① 各回路配电开关及保护装置的规格、型号，应符合设计要求。

② 相间和相对地间的绝缘电阻值应大于 0.5 MΩ。

③ 电气装置的交流工频耐压试验电压为 1 kV，当绝缘电阻值大于 10 MΩ 时，可采用

2 500 V兆欧表摇测，试验持续时间 1 min，无击穿闪络现象。

检验方法：对照图纸检查，实测或检查交接试验记录。

表 7-6　室内裸母线最小安全净距

符号/mm	适用范围	图号	额定电压/kV			
			0.4	1～3	6	10
A_1	1. 带电部分至接地部分之间 2. 网状和板状遮拦向上延伸线距地 2.3 m 处与遮拦上方带电部分之间	图 7-1	20	75	100	125
A_2	1. 不同相的带电部分之间 2. 断路器和隔离开关的断口两侧带电部分之间	图 7-1	20	75	100	125
B_1	1. 栅状遮拦至带电部分之间 2. 交叉的不同时停电检修的无遮拦带电部分之间	图 7-1 图 7-2	800	825	850	875
B_2	网状遮拦至带电部分之间	图 7-1	100	175	200	225
C	无遮拦裸导体至地(楼)面之间	图 7-1	2 300	2 375	2 400	2 425
D	平行的不同时停电检修的无遮拦裸导体之间	图 7-1	1 875	1 875	1 900	1 925
E	通向室外的出线套管至室外通道的路面	图 7-2	3 650	4 000	4 000	4 000

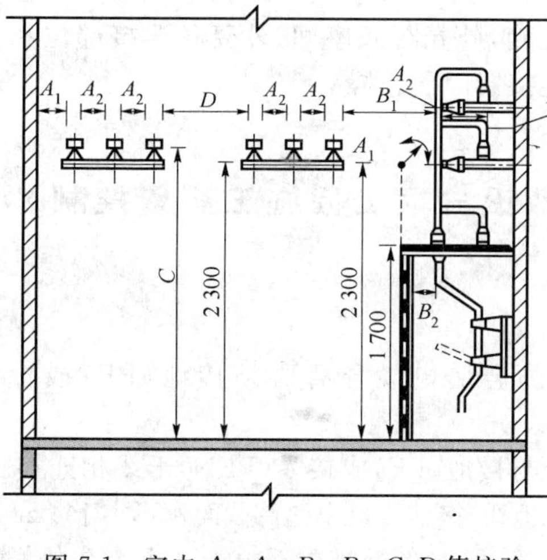

图 7-1　室内 A_1、A_2、B_1、B_2、C、D 值校验

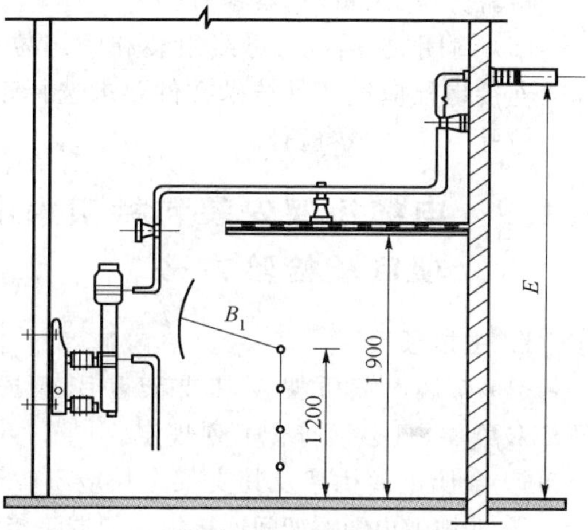

图 7-2　室内 B_1、E 值校验

2. 一般项目

(1) 母线的支架与预埋铁件采用焊接固定时，焊缝应饱满；采用膨胀螺栓固定时，选用的螺栓应适配，连接应牢固。

检验方法：手板，观察检查。

(2) 母线与母线、母线与电器接线端子搭接，搭接面的处理应符合下列规定。

① 铜与铜：室外、高温且潮湿的室内，搭接面搪锡；干燥的室内，不搪锡。

② 铝与铝：搭接面不做涂层处理。

③ 钢与钢：搭接面搪锡或镀锌。

④ 铜与铝：在干燥的室内，铜导体搭接面搪锡；在潮湿场所，铜导体搭接面搪锡，且采用铜铝过渡板与铝导体连接。

⑤ 钢与铜或铝：钢搭接面搪锡。

检验方法：观察检查。

(3) 母线的相序排列及涂色，当设计无要求时应符合下列规定。

① 上、下布置的交流母线，由上至下排列为 A、B、C 相；直流母线正极在上，负极在下。

② 水平布置的交流母线，由盘后向盘前排列为 A、B、C 相；直流母线正极在后，负极在前。

③ 面对引下线的交流母线，由左至右排列为 A、B、C 相；直流母线正极在左，负极在右。

④ 母线的涂色：交流，A 相为黄色、B 相为绿色、C 相为红色；直流，正极为赭色、负极为蓝色；在连接处或支持件边缘两侧 10 mm 以内不涂色。

检验方法：观察检查。

(4) 母线在绝缘子上安装应符合下列规定。

① 金具与绝缘子间的固定平整牢固，母线不得受额外应力。

② 交流母线的固定金具或其他支持金具不形成闭合铁磁回路。

③ 除固定点外，当母线平置时，母线支持夹板的上部压板与母线间有 1～1.5 mm 的间隙；当母线立置时，上部压板与母线间有 1.5～2 mm 的间隙。

④ 母线的固定点，每段设置 1 个，设置于全长或两母线伸缩节的中点。

⑤ 母线采用螺栓搭接时，连接处距绝缘子的支持夹板边缘不小于 50 mm。

检验方法：尺量，观察检查。

(5) 封闭式、插接式母线组装和固定位置应正确，外壳与底座间、外壳各连接部位和母线的连接螺栓应按产品技术文件要求选择正确，连接紧固。

检验方法：观察检查。

7.1.9 电缆桥架安装和桥架内电缆敷设分项工程施工质量控制项目及检验方法

1. 主控项目

(1) 金属电缆桥架及其支架和引入或引出的金属电缆导管必须接地(PE)或接零(PEN)可靠，且必须符合下列规定。

① 金属电缆桥架及其支架全长应不少于 2 处与接地(PE)或接零(PEN)干线相连接。

② 非镀锌电缆桥架间连接板的两端跨接铜芯接地线，接地线最小允许截面积不小于 4 mm^2。

③ 镀锌电缆桥架间连接板的两端不跨接接地线，但连接板两端不少于 2 个有防松螺帽或防松垫圈的连接固定螺栓。

检验方法：尺量，观察检查。

(2) 电缆敷设严禁有绞拧、铠装压扁、护层断裂和表面严重划伤等缺陷。

检验方法：观察检查。

2. 一般项目

(1) 电缆桥架安装应符合下列规定。

① 直线段钢制电缆桥架长度超过 30 m、铝合金或玻璃钢制电缆桥架长度超过 15 m 应

设有伸缩节；电缆桥架跨越建筑物变形缝处应设置补偿装置。

② 电缆桥架转弯处的弯曲半径，不小于桥架内电缆最小允许弯曲半径，电缆最小允许弯曲半径见表 7-7。

表 7-7 电缆最小允许弯曲半径

序号	电缆种类	最小允许弯曲半径
1	无铅包钢铠护套的橡皮绝缘电力电缆	10D
2	有钢铠护套的橡皮绝缘电力电缆	20D
3	聚氯乙烯绝缘电力电缆	10D
4	交联聚氯乙烯绝缘电力电缆	15D
5	多芯控制电缆	10D
注：D 为电缆外径。		

③ 当设计无要求时，电缆桥架水平安装的支架间距为 1.5～3 m；垂直安装的支架间距不大于 2 m。

④ 桥架与支架间螺栓、桥架连接板螺栓固定紧固无遗漏，螺母位于桥架外侧；当铝合金桥架与钢支架固定时，应采取相互间绝缘的防电化腐蚀措施。

⑤ 电缆桥架敷设在易燃易爆气体管道和热力管道的下方，当设计无要求时，与管道的最小净距，符合表 7-8 的规定。

表 7-8 电缆桥架与管道的最小净距

管道类别		平行净距/mm	交叉净距/mm
一般工艺管道		0.4	0.3
易燃易爆气体管道		0.5	0.5
热力管道	有保温层	0.5	0.3
	无保温层	1.0	0.5

⑥ 敷设在竖井内和穿越不同防火区的桥架，按设计要求位置，应有防火隔堵措施。

⑦ 支架与预埋件焊接固定时，焊缝饱满；膨胀螺栓固定时，选用螺栓适配，连接紧固，防松零件齐全。

检验方法：尺量、观察检查。

(2) 桥架内电缆敷设应符合下列规定。

① 电缆应固定敷设在桥架内，且排列整齐，水平敷设于桥架内的电缆，首尾两端、转弯两侧及每隔 5～10 m 处设固定点；大于 45°斜敷设于桥架内的电缆每隔 2 m 处设固定点；垂直敷设于桥架内的电缆固定点间距，不大于表 7-9 的规定。

表 7-9 电缆固定点的间距

电缆种类		固定点的间距/mm
电力电缆	全塑型	1 000
	除全塑型外的电缆	1 500
控制电缆		1 000

② 电缆出入电缆沟、竖井、建筑物、柜(盘)、台处以及管子管口处等，出入口应做密封处理。

检验方法：尺量、观察检查。

(3) 电缆的首端、末端和分支处应设标志牌。

检验方法：观察检查。

7.1.10 电缆沟内和电缆竖井内电缆敷设分项工程施工质量控制项目及检验方法

1. 主控项目

(1) 金属电缆支架、电缆导管必须接地(PE)或接零(PEN)可靠。

检验方法：观察检查。

(2) 电缆敷设严禁有绞拧、铠装压扁、护层断裂和表面严重划伤等缺陷。

检验方法：观察检查。

2. 一般项目

(1) 电缆支架安装应符合下列规定。

① 当设计无要求时，电缆支架最上层至竖井顶部或楼板的距离不小于 150～200 mm；电缆支架最下层至沟底或地面的距离不小于 50～100 mm。

② 当设计无要求时，电缆支架层间最小允许距离符合表 7-10 的规定。

表 7-10 电缆支架层间最小允许距离

电缆种类	支架层间最小距离/mm
控制电缆	120
10 kV 及以下电力电缆	150～200

③ 支架与预埋件焊接固定时，焊缝饱满；用膨胀螺栓固定时，选用螺栓适配，连接紧固，防松零件齐全。

检验方法：尺量、观察检查。

(2) 电缆在支架上敷设，转弯处的最小允许弯曲半径应符合表 7-7 的规定。

(3) 电缆敷设固定应符合下列规定。

① 垂直敷设或大于 45°斜敷设的电缆在每个支架上固定。

② 交流单芯电缆或分相后的每相电缆固定用的夹具和支架，不形成闭合铁磁回路。

③ 电缆排列整齐，尽量少交叉或不交叉；当设计无要求时，电缆支持点间距，不大于表 7-11 的规定。

表 7-11 电缆支持点间距

电缆种类		敷设方式	
		水平/mm	垂直/mm
电力电缆	全塑型	400	1 000
	除全塑型外的电缆	800	1 500
控制电缆		800	1 000

④ 当设计无要求时,电缆与管道的最小净距,符合表7-8的规定,且敷设在易燃易爆气体管道和热力管道的下方。

⑤ 敷设电缆的电缆沟和竖井,按设计要求位置,有防火隔堵措施。

检验方法:尺量、观察检查。

(4) 电缆的首端、末端和分支处应设标志牌。

检验方法:观察检查。

7.2 建筑电气照明安装工程

建筑电气照明安装工程按电线导管、电缆导管和线槽敷设;电线、电缆穿管和线槽敷线;槽板配线;钢索配线;电缆头制作、接线和线路绝缘测试;普通灯具安装;专用灯具安装;建筑物景观照明灯、航空障碍标志灯和庭院灯安装;开关、插座、风扇安装;建筑物照明通电试运行等项目划分分项工程。

7.2.1 电线导管、电缆导管和线槽敷设分项工程施工质量控制项目及检验方法

1. 主控项目

(1) 金属导管和线槽必须接地(PE)或接零(PEN)可靠,并符合下列规定。

① 镀锌钢导管、可挠性导管和金属线槽不得熔焊跨接接地线,以专用接地卡跨接的两卡间连线为铜芯软导线,截面积不小于4 mm^2;

② 当非镀锌钢导管采用螺纹连接时,连接处的两端焊接跨接接地线;当镀锌钢导管采用螺纹连接时,连接处的两端用专用接地卡固定跨接接地线。

③ 金属线槽不得作为设备的接地导体,当设计无要求时,金属线槽全长不少于2处与接地(PE)或接零(PEN)干线连接。

④ 非镀锌金属线槽间连接板的两端跨接铜芯接地线,镀锌线槽间连接板的两端不跨接接地线,但连接板两端应有不少于2个有防松螺帽或防松垫圈的连接固定螺栓。

检验方法:检查安装记录,观察检查。

(2) 金属导管严禁对口熔焊连接;镀锌和壁厚小于等于2 mm的钢导管不得用套管熔焊连接。

检验方法:尺量、现场观察检查。

(3) 防爆导管不应采用倒扣连接;当连接有困难时,应采用防爆活接头,其接合面应严密。

检验方法:现场观察检查。

(4) 当绝缘导管在砌体上剔槽埋设时,应采用强度等级不小于M10的水泥砂浆抹面保护,保护层厚度大于15 mm。

检验方法:现场观察检查。

2. 一般项目

(1) 室外埋地敷设的电缆导管,埋深不应小于0.7 m。壁厚小于等于2 mm的钢电线导管不应埋设于室外土壤内。

检验方法：尺量，现场观察检查。

(2) 室外导管的管口应设置在盒、箱内。在落地式配电箱内的管口，箱底无封板的，管口应高出基础面 50～80 mm。所有管口在穿入电线、电缆后应做密封处理。由箱式变电所或落地式配电箱引向建筑物的导管，建筑物一侧的导管管口应设在建筑物内。

检验方法：尺量，现场观察检查。

(3) 电缆导管的弯曲半径不应小于电缆最小允许弯曲半径，电缆最小允许弯曲半径应符合表 7-6 的规定。

检验方法：尺量检查。

(4) 金属导管内外壁应防腐处理；埋设于混凝土内的导管外壁可不防腐处理。

检验方法：现场观察检查。

(5) 室内进入落地式柜、台、箱、盘内的导管管口，应高出柜、台、箱、盘的基础面 50～80 mm。

检验方法：尺量，现场观察检查。

(6) 暗配的导管，埋设深度与建筑物、构筑物表面的距离不应小于 15 mm；明配的导管应排列整齐，固定点间距均匀，安装牢固；在距终端、弯头中点或柜、台、箱、盘等边缘的距离 150～500 mm 范围内设管卡，中间直线段管卡间的最大距离应符合表 7-12 的规定。

检验方法：尺量、观察检查。

表 7-12　管卡间最大距离

敷设方式	导管种类	导管直径/mm			
		15～20	25～32	32～65	65 以上
		管卡间最大距离/m			
支架或沿墙明敷	壁厚＞2 mm 刚性钢导管	1.5	2.0	2.5	3.5
	壁厚≤2 mm 刚性钢导管	1.0	1.5	—	—
	刚性绝缘导管	1.0	1.5	2.0	2.0

(7) 线槽应安装牢固，无扭曲变形，紧固件的螺母应在线槽外侧。

检验方法：手板，现场观察检查。

(8) 防爆导管敷设应符合下列规定。

① 导管间及与灯具、开关、线盒等的螺纹连接处紧密牢固，除设计有特殊要求外，连接处不跨接接地线，在螺纹上涂以电力复合酯或导电性防锈酯；

② 安装牢固顺直，镀锌层锈蚀或剥落处做防腐处理。

检验方法：现场观察检查。

(9) 绝缘导管敷设应符合下列规定。

① 管口平整光滑；管与管、管与盒(箱)等器件采用插入法连接时，连接处结合面涂专用胶合剂，接口牢固密封。

② 直埋于地下或楼板内的刚性绝缘导管，在穿出地面或楼板时，易受机械损伤的一段，应采取保护措施。

③ 当设计无要求时，埋设在墙内或混凝土内的绝缘导管，采用中型以上的导管。

④ 沿建筑物、构筑物表面和在支架上敷设的刚性绝缘导管，按设计要求装设温度补偿装置。

检验方法：检查施工记录，现场观察检查。

(10) 金属、非金属柔性导管敷设应符合下列规定。

① 刚性导管经柔性导管与电气设备、器具连接，柔性导管的长度在动力工程中不大于0.8 m，在照明工程中不大于1.2 m。

② 可挠金属管或其他柔性导管与刚性导管或电气设备、器具间的连接采用专用接头；复合型可挠金属管或其他柔性导管的连接处密封良好，防液覆盖层完整无损。

③ 可挠性金属导管和金属柔性导管不能做接地(PE)或接零(PEN)的接续导体。

检验方法：尺量、现场观察检查。

(11) 导管和线槽，在建筑物变形缝处，应设补偿装置。

检验方法：现场观察检查。

7.2.2　电线、电缆穿管和线槽敷线分项工程施工质量控制项目及检验方法

1. 主控项目

(1) 三相或单相的交流单芯电缆，不得单独穿于钢导管内。

检验方法：现场观察检查。

(2) 不同回路、不同电压等级和交流与直流的电线，不应穿于同一导管内；同一交流回路的电线应穿于同一金属导管内，且管内电线不得有接头。

检验方法：现场观察检查。

(3) 在爆炸危险环境条件下，使用的照明线路电线和电缆额定电压不得低于750 V，且电线必须穿于钢导管内。

检验方法：查验进货单和产品合格证，观察检查。

2. 一般项目

(1) 电线、电缆穿管前，应清除管内杂物和积水。管口应有保护措施，不进入接线盒(箱)的垂直管口穿入电线、电缆后，管口应密封。

检验方法：现场观察检查。

(2) 当采用多相供电时，同一建筑物、构筑物的电线绝缘层颜色选择应一致，即保护地线(PE线)应是黄绿相间色，零线用淡蓝色；相线用：A相——黄色、B相——绿色、C相——红色。

检验方法：现场观察检查。

(3) 线槽敷线应符合下列规定。

① 电线在线槽内有一定余量，不得有接头。电线按回路编号分段绑扎，绑扎点间距不应大于2 m。

② 同一回路的相线和零线，敷设于同一金属线槽内。

③ 同一电源的不同回路无抗干扰要求的线路可敷设于同一线槽内；敷设于同一线槽内有抗干扰要求的线路用隔板隔离，或采用屏蔽电线且屏蔽护套一端接地。

检验方法：尺量、现场观察检查。

7.2.3 槽板配线分项工程施工质量控制项目及检验方法

1. 主控项目

(1) 槽板内电线无接头,电线连接设在器具处;槽板与各种器具连接时,电线应留有余量,器具底座应压住槽板端部。

检验方法:现场观察检查。

(2) 槽板敷设应紧贴建筑物表面,且横平竖直、固定可靠,严禁用木楔固定;木槽板应经阻燃处理,塑料槽板表面应有阻燃标识。

检验方法:现场观察检查。

2. 一般项目

(1) 木槽板无劈裂,塑料槽板无扭曲变形。槽板底板固定点间距应小于 500 mm;槽板盖板固定点间距应小于 300 mm;底板距终端 50 mm 和盖板距终端 30 mm 处应固定。

检验方法:尺量、现场观察检查。

(2) 槽板的底板接口与盖板接口应错开 20 mm,盖板在直线段和 90°角处应成 45°口对接,T 形分支处应成三角叉接,盖板应无翘角,接口应严密整齐。

检验方法:尺量、现场观察检查。

(3) 槽板穿过梁、墙和楼板处应有保护套管,跨越建筑物变形缝处槽板应设补偿装置,且与槽板结合严密。

检验方法:现场观察检查。

7.2.4 钢索配线分项工程施工质量控制项目及检验方法

1. 主控项目

(1) 应采用镀锌钢索,不得采用含油芯的钢索。钢索的钢丝直径应小于 0.5 mm,钢索不应有扭曲和断股等缺陷。

检验方法:现场观察检查。

(2) 钢索的终端拉环埋件应牢固可靠,钢索与终端拉环套连接处应采用心形环连接,固定钢索的线卡不应少于 2 个,钢索端头应用镀锌铁线绑扎紧密,且应接地(PE)或接零(PEN)可靠。

检验方法:现场观察检查。

(3) 当钢索长度在 50 m 及以下时,应在钢索一端装设花篮螺栓紧固;当钢索长度大于 50 m 时,应在钢索两端装设花篮螺栓紧固。

检验方法:现场观察检查。

2. 一般项目

(1) 钢索中间吊架间距不应大于 12 m,吊架与钢索连接处的吊钩深度不应小于 20 mm,并应有防止钢索跳出的锁定零件。

检验方法:尺量、现场观察检查。

(2) 电线和灯具在钢索上安装后,钢索应承受全部负载,且钢索表面应整洁、无锈蚀。

检验方法:现场观察检查。

(3) 钢索配线的零件间和线间距离应符合表 7-13 的规定。

表 7-13　钢索配线的零件间和线间距离

配线类别	支持件之间最大尺寸/mm	支持件与灯头盒之间最大距离/mm
钢管	1 500	200
刚性绝缘导管	1 000	150
塑料护套线	200	100

7.2.5　电缆头制作、接线和线路绝缘测试分项工程施工质量控制项目及检验方法

1. 主控项目

(1) 高压电力电缆直流耐压试验必须符合现行国家标准《电气装置安装工程电气设备交接试验标准》(GB 50150—2006)的规定。

检验方法：对照标准，查验进货单和产品合格证。

(2) 低压电线和电缆，线间和线对地间的绝缘电阻值必须大于 0.5 MΩ。

检验方法：摇表检验或查验施工检查记录。

(3) 铠装电力电缆头的接地线应采用铜绞线或镀锡铜编织线，截面积不应小于表 7-14 的规定。

检验方法：尺量、观察检查。

表 7-14　电缆芯线和接地线截面积

电缆芯线截面积/mm^2	接地线截面积/mm^2
120 及以下	16
150 及以上	25

注：电缆芯线截面积在 16 mm^2 及以下，接地线截面积与电缆芯线截面积相等。

(4) 电线、电缆接线必须准确，并联运行电线或电缆的型号、规格、长度、相位应一致。

检验方法：现场观察检查。

2. 一般项目

(1) 芯线与电器设备的连接应符合下列规定。

① 截面积在 10 mm^2 及以下的单股铜芯线和单股铝芯线直接与设备、器具的端子连接。

② 截面积在 2.5 mm^2 及以下的多股铜芯线拧紧搪锡或接续端子后与设备、器具的端子连接。

③ 截面积大于 2.5 mm^2 的多股铜芯线，除设备自带插接式端子外，接续端子后与设备或器具的端子连接；多股铜芯线与插接式端子连接前，端部拧紧搪锡。

④ 多股铝芯线应接续端子后与设备、器具的端子连接。

⑤ 每个设备和器具的端子接线不多于 2 根电线。

检验方法：现场观察检查。

(2) 电线、电缆的芯线连接金具（连接管和端子），规格应与芯线的规格适配，且不得采

用开口端子。

检验方法：现场观察检查。

(3) 电线、电缆的回路标记应清晰，编号准确。

检验方法：现场观察检查。

7.2.6 普通灯具安装分项工程施工质量控制项目及检验方法

1. 主控项目

(1) 灯具的固定应符合下列规定。

① 灯具重量大于 3 kg 时，固定在螺栓或预埋吊钩上。

② 软线吊灯，灯具重量在 0.5 kg 及以下时，采用软电线自身吊装；大于 0.5 kg 的灯具采用吊链，且软电线编叉在吊链内，软线线不得受力。

③ 灯具固定牢固可靠，不得使用木楔固定。每个灯具固定用螺钉或螺栓不少于 2 个；当绝缘台直径在 75 mm 及以下时，采用 1 个螺钉或螺栓固定。

检验方法：现场观察检查。

(2) 花灯吊钩圆钢直径不应小于灯具挂销直径，且不应小于 6 mm。大型花灯的固定及悬吊装置，应按灯具重量的 2 倍做过载试验。

检验方法：检查过载试验记录，现场观察检查。

(3) 当钢管做灯杆时，钢管内径不应小于 10 mm，钢管壁厚不应小于 1.5 mm。

检验方法：卡尺检查。

(4) 固定灯具带电部件的绝缘材料以及提供防触电保护的绝缘材料，应耐燃烧和防明火。

检验方法：查验产品说明书。

(5) 当设计无要求时，灯具的安装高度和使用电压等级应符合下列规定。

① 一般敞开式灯具，灯头对地面距离不小于下列数值(采用安全电压时除外)：室外为 2.5 m(室外墙上安装)；厂房为 2.5 m；室内为 2 m；软吊线带升降器的灯具在吊线展开后为 0.8 m。

② 危险性较大及特殊危险场所，当灯具距地面高度小于 2.4 m 时，使用额定电压为 36 V及以下的照明灯具，或有专用保护措施。

检验方法：尺量、现场观察检查。

(6) 当灯具距地面高度小于 2.4 m 时，灯具的可接近裸露导体必须接地(PE)或接零(PEN)可靠，并应有专用接地螺栓，且有标识。

检验方法：现场观察检查。

2. 一般项目

(1) 引向每个灯具的导线线芯最小截面积应符合表 7-15 的规定。

检验方法：对照标准，现场观察检查。

(2) 灯具的外形、灯头及其接线应符合下列规定。

① 灯具及其配件齐全，无机械损伤、变形、涂层剥落和灯罩破裂等缺陷。

② 软线吊灯的软线两端做保护扣，两端芯线搪锡；当装升降器时，套塑料软管，采用安全灯头。

表 7-15　导线线芯最小截面积

灯具安装的场所及用途		线芯最小截面积/mm²		
		铜芯软线	铜线	铝线
灯头线	民用建筑室内	0.5	0.5	2.5
	工业建筑室内	0.5	1.0	2.5
	室外	1.0	1.0	2.5

③ 除敞开式灯具外，其他各类灯具灯泡容量在 100 W 及以上者采用瓷质灯头。

④ 连接灯具的软线盘扣、搪锡压线，当采用螺口灯头时，相线接于螺口灯头中间的端子上。

⑤ 灯头的绝缘外壳不破损和漏电；带有开关的灯头，开关手柄无裸露的金属部分。

检验方法：现场观察检查。

(3) 变电所内，高低压配电设备及裸母线的正上方不应安装灯具。

检验方法：现场观察检查。

(4) 装有白炽灯泡的吸顶灯具，灯泡不应紧贴灯罩；当灯泡与绝缘台间距离小于 5 mm 时，灯泡与绝缘台间应采取隔热措施。

检验方法：现场观察检查。

(5) 安装在重要场所的大型灯具的玻璃罩，应采取防止玻璃罩碎裂后向下溅落的措施。

检验方法：现场观察检查。

(6) 投光灯的底座及支架应固定牢固，枢轴应沿需要的光轴方向拧紧固定。

检验方法：现场观察检查。

(7) 安装在室外的壁灯应有泄水孔，绝缘台与墙面之间应有防水措施。

检验方法：现场观察检查。

1. 主控项目

(1) 36 V 及以下行灯变压器和行灯安装必须符合下列规定。

① 行灯电压不大于 36 V，在特殊潮湿场所或导电良好的地面上以及工作地点狭窄、行动不便的场所行灯电压不大于 12 V。

② 变压器外壳、铁芯和低压侧的任意一端或中性点，接地(PE)或接零(PEN)可靠。

③ 行灯变压器为双圈变压器，其电源侧和负荷侧有熔断器保护，熔丝额定电流分别不应大于变压器一次、二次的额定电流。

④ 行灯灯体及手柄绝缘良好，坚固耐热耐潮湿；灯头与灯体结合紧固，灯头无开关，灯泡外部有金属保护网、反光罩及悬吊挂钩，挂钩固定在灯具的绝缘手柄上。

检验方法：查验变压器电压，现场观察检查。

(2) 游泳池和类似场所灯具(水下灯及防水灯具)的等电位联结应可靠，且有明显标识，其电源的专用漏电保护装置应全部检测合格。自电源引入灯具的导管必须采用绝缘导管，严禁采用金属或有金属护层的导管。

检验方法：漏电测试、现场观察检查。

(3) 手术台无影灯安装应符合下列规定。

① 固定灯座的螺栓数量不少于灯具法兰底座上的固定孔数，且螺栓直径与底座孔径相适配；螺栓采用双螺母锁固。

② 在混凝土结构上螺栓与主筋相焊接或将螺栓末端弯曲与主筋绑扎锚固。

③ 配电箱内装有专用的总开关及分路开关，电源分别接在两条专用的回路上，开关至灯具的电线采用额定电压不低于 750 V 的铜芯多股绝缘电线。

检验方法：现场观察检查。

(4) 应急照明灯具安装应符合下列规定。

① 应急照明灯除正常电源供电外，必须有备用电源供电；或者是独立于正常电源的柴油发电机组供电；或由蓄电池柜供电；或选用自带电源型应急灯具。

② 应急照明在正常电源断电后，电源转换时间为：疏散照明≤15 s；备用照明≤15 s(金融商店交易所≤1.5 s)；安全照明≤0.5 s。

③ 疏散照明由安全出口标志灯和疏散标志灯组成。安全出口标志灯距地高度不低于 2 m，且安装在疏散出口和楼梯口里侧的上方。

④ 疏散标志灯安装在安全出口的顶部，楼梯间、疏散走道及其转角处应安装在 1 m 以下的墙面上。不易安装的部位可安装在上部。疏散通道上的标志灯间距不大于 20 m(人防工程不大于 10 m)。

⑤ 疏散标志灯的设置，不影响正常通行，且不在其周围设置容易混同疏散标志灯的其他标志牌等。

⑥ 应急照明灯具，正常运行光源温度大于 60℃，且靠近可燃物时，应采取隔热、散热等防火措施。当采用白炽灯，卤钨灯等光源时，不得直接安装在可燃装修材料或可燃物件上。

⑦ 应急照明线路在每个防火分区有独立的应急照明回路，穿越不同防火分区的线路有防火隔堵措施；

⑧ 疏散照明线路采用耐火电线、电缆，穿管明敷或在非燃烧体内穿刚性导管暗敷，暗敷保护层厚度不小于 30 mm。电线采用额定电压不低于 750 V 的铜芯绝缘电线。

检验方法：现场实测检查，观察检查。

(5) 防爆灯具安装应符合下列规定。

① 灯具的防爆标志、外壳防护等级和温度组别与爆炸危险环境相适配。当设计无要求时，灯具种类和防爆结构的选型应符合表 7-16 的规定。

表 7-16　灯具种类和防爆结构的选型

爆炸危险区域防爆结构 / 照明设备种类	Ⅰ区		Ⅱ区	
	隔爆型 d	增安型 e	隔爆型 d	增安型 e
固定式灯	○	×	○	○
移动式灯	△	—	○	—
携带式电池灯	○	—	○	—
镇流器	○	△	○	○

注：○为适用；△为慎用；×为不适用。

② 灯具配套齐全，不用非防爆零件替代灯具配件（金属护网、灯罩、接线盒等）。

③ 灯具的安装位置离开释放源，且不在各种管道的泄压口及排放口上下方安装灯具。

④ 灯具及开关安装牢固可靠，灯具吊管及开关与接线盒螺纹啮合扣数不少于5扣，螺纹加工光滑、完整、无锈蚀，并在螺纹上涂以电力复合酯或绝缘防锈酯。

⑤ 开关安装位置便于操作，安装高度1.3 m。

检验方法：检查产品说明书，现场观察检查。

2. 一般项目

（1）36 V及以下行灯变压器和行灯安装应符合下列规定。

① 行灯变压器的固定支架牢固，油漆完整。

② 携带式局部照明灯电线采用橡套软线。

检验方法：现场观察检查。

（2）手术台无影灯安装应符合下列规定。

① 底座紧贴顶板，四周无缝隙。

② 表面保持整洁、无污染，灯具镀、涂层完整无划伤。

检验方法：现场观察检查。

（3）应急照明灯具安装应符合下列规定。

① 疏散照明采用荧光灯或白炽灯；安全照明采用卤钨灯，或采用瞬时可靠点燃的荧光灯。

② 安全出口标志灯和疏散标志灯应装有玻璃或非燃材料的保护罩，面板亮度均匀度为1∶10（最低∶最高），保护罩应完整、无裂纹。

检验方法：现场观察检查。

（4）防爆灯具安装应符合下列规定。

① 灯具及开关的外壳完整，无损伤、无凹陷或沟槽，灯罩无裂纹，金属护网无扭曲变形，防爆标志清晰。

② 灯具及开关的紧固螺栓无松动、锈蚀，密封垫圈完好。

检验方法：现场观察检查。

7.2.8 建筑物景观照明灯、航空障碍标志灯和庭院灯安装分项工程施工质量控制项目及检验方法

1. 主控项目

（1）建筑物彩灯安装应符合下列规定。

① 建筑物顶部彩灯采用有防雨性能的专用灯具，灯罩要拧紧。

② 彩灯配线管路按明配管敷设，且有防雨功能。管路间、管路与灯头盒间螺纹连接，金属导管及彩灯的构架、钢索等可接近裸露导体接地（PE）或接零（PEN）可靠。

③ 垂直彩灯悬挂挑臂不小于$10^{\#}$槽钢。端部吊挂钢索用的吊钩螺栓直径不小于10 mm，螺栓在槽钢上固定，两侧有螺帽，且加平垫及弹簧垫圈紧固。

④ 悬挂钢丝绳直径不小于4.5 mm，底锚圆钢直径不小于16 mm，地锚采用架空外线用拉线盘，埋设深度大于1.5 m。

⑤ 垂直彩灯采用防水吊线灯头，下端灯头距离地面高于3 m。

检验方法：尺量、现场观察检查。

(2) 霓虹灯安装应符合下列规定。

① 霓虹灯管完好，无破裂。

② 灯管采用专用的绝缘支架固定，且牢固可靠。灯管固定后，与建筑物、构筑物表面的距离不小于 20 mm。

③ 霓虹灯专用变压器采用双圈式，所供灯管长度不大于允许负载长度，露天安装霓虹灯要有防雨措施。

④ 霓虹灯专用变压器的二次电线和灯管间的连接线采用额定电压大于 15 kV 的高压绝缘电线。二次电线与建筑物、构筑物表面的距离不小于 20 mm。

检验方法：现场观察检查。

(3) 建筑物景观照明灯具安装应符合下列规定。

① 每套灯具的导电部分对地绝缘电阻值大于 2 MΩ。

② 在人行道等人员来往密集场所安装的落地式灯具，无围栏防护，安装高度距地面 2.5 m以上。

③ 金属构架和灯具的可接近裸露导体及金属软管的接地（PE）或接零（PEN）可靠，且有标识。

检验方法：摇表测试阻值或检查安装记录，现场观察检查。

(4) 航空障碍标志灯安装应符合下列规定。

① 灯具装设在建筑物或构筑物的最高部位。当最高部位平面面积较大或为建筑群时，除在最高端装设外，还在其外侧转角的顶端分别装设灯具。

② 当灯具在烟囱顶上装设时，安装在低于烟囱口 1.5～3 m 的部位且呈正三角形水平排列。

③ 灯具的选型根据安装高度决定；低光强的（距地面 60 m 以下装设时采用）为红色光，其有效光强大于 1 600 cd。高光强的（距地面 150 m 以上装设时采用）为白色光，有效光强随背景亮度而定。

④ 灯具的电源按主体建筑中最高负荷等级要求供电。

⑤ 灯具安装牢固可靠，且设置维修和更换光源的措施。

检验方法：尺量、现场观察检查。

(5) 庭院灯安装应符合下列规定。

① 每套灯具的导电部分对地绝缘电阻值大于 2 MΩ。

② 立柱式路灯、落地式路灯、特种园艺灯等灯具与基础固定可靠，地脚螺栓备帽齐全。灯具的接线盒或熔断器盒，盒盖的防水密封垫完整。

③ 金属立柱及灯具可接近裸露导体接地（PE）或接零（PEN）可靠。接地线单设干线，干线沿庭院灯布置位置形成环网状，且不少于 2 处与接地装置引出线连接。由干线引出支线与金属灯柱及灯具的接地端子连接，且有标识。

检验方法：摇表测试阻值或检查安装记录，现场观察检查。

2．一般项目

(1) 建筑物彩灯安装应符合下列规定。

① 建筑物顶部彩灯灯罩完整，无碎裂。

② 彩灯电线导管防腐完好，敷设平整、顺直。

检验方法：现场观察检查。

(2) 霓虹灯安装应符合下列规定。

① 当霓虹灯变压器明装时，高度不小于3 m；低于3 m采取防护措施。

② 霓虹灯变压器的安装位置方便检修，且隐蔽在不易被非检修人触及的场所，不装在吊平顶内。

③ 当橱窗内装有霓虹灯时，橱窗门与霓虹灯变压器一次侧开关有联锁装置，确保开门不接通霓虹灯变压器的电源。

④ 霓虹灯变压器二次侧的电线采用玻璃制品绝缘支持物固定，支持点距离不大于下列数值：水平线段为0.5 m；垂直线段：0.75 m。

检验方法：尺量、现场观察检查。

(3) 建筑物景观照明灯具构架应固定可靠，地脚螺栓拧紧，备帽齐全；灯具的螺栓紧固、无遗漏。灯具外露的电线或电缆应有柔性金属导管保护。

检验方法：现场观察检查。

(4) 航空障碍标志灯安装应符合下列规定。

① 同一建筑物或建筑群灯具间的水平、垂直距离不大于45 m。

② 灯具的自动通、断电源控制装置动作准确。

检验方法：尺量、现场实际操作检查。

(5) 庭院灯安装应符合下列规定。

① 灯具的自动通、断电源控制装置动作准确，每套灯具熔断器盒内熔丝齐全，规格与灯具适配。

② 架空线路电杆上的路灯，固定可靠，紧固件齐全、拧紧，灯位正确；每套灯具配有熔断器保护。

检验方法：现场观察检查。

7.2.9　开关、插座、风扇安装分项工程施工质量控制项目及检验方法

1. 主控项目

(1) 当交流、直流或不同电压等级的插座安装在同一场所时，应有明显的区别标志，且必须选择不同结构、不同规格和不能互换的插座；配套的插头应按交流、直流或不同电压等级区别使用。

检验方法：现场观察检查。

(2) 插座接线应符合下列规定。

① 单相两孔插座，面对插座的右孔或上孔与相线连接，左孔或下孔与零线连接；单相三孔插座，面对插座的右孔与相线连接，左孔与零线连接。

② 单相三孔、三相四孔及三相五孔插座的接地(PE)或接零(PEN)线接在上孔。插座的接地端子不与零线端子连接。同一场所的三相插座，接线的相序一致。

③ 接地(PE)或接零(PEN)线在插座间不串联连接。

检验方法：现场观察检查。

(3) 特殊情况下插座安装应符合下列规定。

① 当接插有触电危险家用电器的电源时，采用能断开电源的带开关插座，开关断开相线。

② 潮湿场所采用密封型并带保护地线触头的保护型插座，安装高度不低于1.5 m。

检验方法：尺量、现场观察检查。

(4) 照明开关安装应符合下列规定。

① 同一建筑物、构筑物的开关采用同一系列的产品，开关的通断位置一致，操作灵活，接触可靠。

② 相线经开关控制；民用住宅无软线引至床边的床头开关。

检验方法：现场观察检验。

(5) 吊扇安装应符合下列规定。

① 吊扇挂钩安装牢固，吊扇挂钩的直径不小于吊扇挂销直径，且不小于8 mm；有防振橡胶垫；挂销的防松零件齐全、可靠。

② 吊扇扇叶距地高度不小于2.5 m。

③ 吊扇组装不改变扇叶角度，扇叶固定螺栓防松零件齐全。

④ 吊杆间、吊杆与电机间螺纹连接，啮合长度不小于20 mm，且防松零件齐全紧固。

⑤ 吊扇接线正确，当运转时扇叶无明显颤动和异常声响。

检验方法：尺量、现场观察检查。

(6) 壁扇安装应符合下列规定。

① 壁扇底座采用尼龙塞或膨胀螺栓固定；尼龙塞或膨胀螺栓的数量不少于2个，且直径不小于8 mm。固定牢固可靠。

② 壁扇防护罩扣紧，固定可靠，当运转时扇叶和防护罩无明显颤动和异常声响。

检验方法：现场观察检查。

2. 一般项目

(1) 插座安装应符合下列规定。

① 当不采用安全型插座时，托儿所、幼儿园及小学等儿童活动场所安装高度不小于1.8 m。

② 暗装的插座面板紧贴墙面，四周无缝隙，安装牢固，表面光滑整洁、无碎裂、划伤，装饰帽齐全。

③ 车间及试(实)验室的插座安装高度距地面不小于0.3 m；特殊场所暗装的插座不小于0.15 m；同一室内插座安装高度一致。

④ 地插座面板与地面齐平或紧贴地面，盖板固定牢固，密封良好。

检验方法：尺量、现场观察检查。

(2) 照明开关安装应符合下列规定。

① 开关安装位置应便于操作，开关边缘距门框边缘的距离0.15～0.2 m，开关距地面高度1.3 m；拉线开关距地面高度2～3 m，层高小于3 m时，拉线开关距顶板不小于100 mm，拉线出口垂直向下。

② 相同型号并列安装，同一室内开关安装高度一致，且控制有序不错位。并列安装的拉线开关的相邻间距不小于20 mm。

③ 暗装的开关面板应紧贴墙面，四周无缝隙，安装牢固，表面光滑整洁、无碎裂、划伤，装饰帽齐全。

检验方法：尺量、现场观察检查。

7.2.10　建筑物照明通电试运行分项工程施工质量控制项目及检验方法

主控项目

(1) 灯具回路控制应与照明配电箱及回路的标识一致；开关与灯具控制顺序相对应，风扇的转向及调速开关应正常。

检验方法：现场观察检查。

(2) 公用建筑照明系统通电连续试运行时间应为24 h，民用住宅照明系统通电连续试运行时间应为8 h。所有照明灯具均应开启，且每2 h记录运行状态1次，连续试运行时间内无故障。

检验方法：查验试运行记录，现场观察检查。

7.3　防雷与接地安装工程

防雷与接地安装工程一般按照接地装置安装；避雷引下线和变配电室接地干线敷设；接闪器安装；建筑物等电位联结等四个项目划分分项工程。

7.3.1　接地装置安装分项工程施工质量控制项目及检验方法

1. 主控项目

(1) 人工接地装置或利用建筑物基础钢筋的接地装置必须在地面以上按设计要求位置设测试点。

检验方法：现场观察检查。

(2) 测试接地装置的接地电阻值必须符合设计要求。

检验方法：摇表现场实测检查或检查施工记录。

(3) 防雷接地的人工接地装置的接地干线埋设，经人行通道处埋地深度不应小于1 m，且应采取均压措施，或在其上方铺设卵石或沥青地面。

检验方法：尺量、现场观察检查。

(4) 接地模块顶面埋深不应小于0.6 m，接地模块间距不应小于模块长度的3～5倍。接地模块埋设基坑，一般为模块外形尺寸的1.2～1.4倍，且在开挖深度内详细记录地层情况。

检验方法：尺量、现场观察检查或查验施工记录。

(5) 接地模块应垂直或水平就位，不应倾斜设置，保持与原土层接触良好。

检验方法：现场观察检查。

2. 一般项目

(1) 当设计无要求时，接地装置顶面埋设深度不应小于0.6 m。圆钢、角钢及钢管接地极应垂直埋入地下，间距不应小于 5 m。接地装置的焊接应采用搭接焊，搭接长度应符合下列规定。

① 扁钢与扁钢搭接为扁钢宽度的 2 倍，不少于三面施焊。

② 圆钢与圆钢搭接为圆钢直径的 6 倍，双面施焊。

③ 圆钢与扁钢搭接为圆钢直径的 6 倍，双面施焊。

④ 扁钢与钢管，扁钢与角钢焊接，紧贴角钢外侧两面，或紧贴钢管表面，上下两侧施焊。

⑤ 除埋设在混凝土中的焊接接头外，接地极、接材料及搭接焊点处均应有防腐措施。

检验方法：尺量、现场观察检查。

(2) 当设计无要求时，接地装置的材料采用钢材，热浸镀锌处理，最小允许规格、尺寸应符合表 7-17 的规定。

检验方法：尺量、检查进场材料资料，现场观察检查。

(3) 接地模块应集中引线，用干线把接地模块并联焊接成一个环路，干线的材质与接地模块焊接点的材质应相同，钢制的采用热浸镀锌扁钢，引出线不少于 2 处。

检验方法：现场观察检查。

表 7-17　接地装置材料最小允许规格

种类、规格及单位		敷设位置及使用类别			
		地　上		地　下	
		室内	室外	交流电流回路	直流电流回路
圆钢直径/mm		6	8	10	12
扁钢	截面/mm	60	100	100	100
	厚度/mm	3	4	4	6
角钢厚度/mm		2	2.5	4	6
钢管管壁厚度/mm		2.5	2.5	3.5	4.5

7.3.2　避雷引下线和变配电室接地干线敷设分项工程施工质量控制项目及检验方法

1. 主控项目

(1) 暗敷在建筑物抹灰层内的引下线应用卡钉分段固定；明敷的引下线应平直、无急弯，与支架焊接处，油漆防腐，且无遗漏。

检验方法：现场观察检查。

(2) 变压器室、高低压开关室内的接地干线与接地装置引出干线连接应有不少于 2 处。

检验方法：现场观察检查。

(3) 当利用金属构件、金属管道做接地线时，应在构件或管道与接地干线间焊接金属跨接线。

检验方法：现场观察检查。

2. 一般项目

(1) 钢制接地线的焊接应采用搭接焊，搭接长度应符合下列规定。

① 扁钢与扁钢搭接为扁钢宽度的2倍，不少于三面施焊。

② 圆钢与圆钢搭接为圆钢直径的6倍，双面施焊。

③ 圆钢与扁钢搭接为圆钢直径的6倍，双面施焊。

④ 扁钢与钢管，扁钢与角钢焊接，紧贴角钢外侧两面，或紧贴钢管表面，上下两侧施焊。

⑤ 除埋设在混凝土中的焊接接头外，接地极、接材料及搭接焊点处均应有防腐措施。

检验方法：尺量、现场观察检查。

(2) 当设计无要求时，钢制接地线的材料采用钢材，热浸镀锌处理，最小允许规格、尺寸应符合表7-17的规定。

检验方法：尺量、检查进场材料资料，现场观察检查。

(3) 明敷接地引下线及室内接地干线的支持件间距应均匀，水平直线部分0.5～1.5 m；垂直直线部分1.5～3 m；弯曲部分0.3～0.5 m。

检验方法：尺量、现场观察检查。

(4) 接地线在穿越墙壁、楼板和地坪处应加套钢管或其他坚固的保护套管，钢套管应与接地线做电气连通。

检验方法：现场观察检查。

(5) 变配电室内明敷接地干线安装应符合下列规定。

① 便于检查，敷设位置不妨碍设备的拆卸与检修。

② 当沿建筑物墙壁水平敷设时，距地面高度250～300 mm；与建筑物墙壁间的间隙10～15 mm。

③ 当接地线跨越建筑物变形缝时，设补偿装置。

④ 接地线表面沿长度方向，每段为15～100 mm，分别涂以黄色和绿色相间的条纹。

⑤ 变压器室、高压配电室的接地干线上应设置不少于2个供临时接地用的接线柱或接地螺栓。

检验方法：尺量、现场观察检查。

(6) 当电缆穿过零序电流互感器时，电缆头的接地线应通过零序电流互感器后接地；由电缆头至穿过零序电流互感器的一段电缆金属护层和接地线应对地绝缘。

检验方法：摇表测量，现场观察检查。

(7) 配电间隔和静止补偿装置的栅栏门及变配电室金属门铰链处应采用编织铜线接地连接，变配电室的避雷器应用最短的接地线与接地干线连接。

检验方法：现场观察检查。

(8) 设计要求接地的幕墙金属框架和建筑物的金属门窗，应就近与接地干线连接可靠，连接处不同金属间应有防电化腐蚀措施。

检验方法：现场观察检查。

7.3.3 接闪器安装分项工程施工质量控制项目及检验方法

1. 主控项目

(1) 建筑物顶部的避雷针、避雷带等必须与顶部外露的其他金属物体连成一个整体的电气通路,且与避雷引下线连接可靠。

检验方法:现场观察检查。

2. 一般项目

(1) 避雷针、避雷带应位置正确,焊接固定的焊缝饱满无遗漏,螺栓固定的应备帽等防松零件齐全,焊接部分补刷的防腐油漆完整。

(2) 避雷带应平正顺直,固定点支持件间距均匀、固定可靠,每个支持件应能承受大于49 N(5 kg)的垂直拉力。当设计无要求时,支持件间距应均匀,水平直线部分 0.5～1.5 m;垂直直线部分 1.5～3 m;弯曲部分 0.3～0.5 m。

检验方法:手板、尺量、现场观察检查。

7.3.4 建筑物等电位联结分项工程施工质量控制项目及检验方法

1. 主控项目

(1) 建筑物等电位联结干线应与接地干线或从总等电位箱引出线连接,且与接地装置的连接不少于 2 处。等电位联结干线或局部等电位箱间的连接线应形成环形网路,环形网路应就近与接地干线或总等电位箱连接。支线间不应串联连接。

检验方法:现场观察检查。

(2) 等电位联结的线路最小允许截面应符合表 7-18 的规定。

表 7-18 等电位连接线路最小允许截面

材料	截面/mm^2	
	干线	支线
铜	16	6
钢	50	16

验收方法:检查施工记录,现场观察检查。

2. 一般项目

(1) 等电位联结的可接近裸露导体或其他金属部件、构件与支线连接应可靠,熔焊、钎焊或机械紧固应导通正常。

验收方法:导通试验,现场观察检查。

(2) 需等电位联结的高级装修金属部件或零件,应有专用接线螺栓与等电位联结支线连接,且有标识;连接处螺帽紧固、防松零件齐全。

验收方法:现场观察检查。

【实训三】 建筑电气工程质量验收

一、实训目的

1. 理解掌握建筑电气工程质量验收的主要内容及要求;

2. 熟悉建筑电气工程施工质量验收的组织、程序及检验资料的填写方法;

3. 能进行建筑电气工程质量分阶段验收。

二、实训过程

1. 引入典型工程案例,在教师的指导下,学生可以分组(也可以独立)完成案例项目中的电气分部(子分部)、分项、检验批工程的验收及资料填写;

2. 学生完成后集体进行交流,然后教师进行讲评。

三、实训方法

采用案例法。

第 8 章

通风与空调安装工程

通风与空调安装工程项目包括风管与配件制作、风管系统安装、通风与空调系统设备安装、空调水系统安装、管道防腐与绝热工程和系统调试六个子项目。由于通风与空调安装数量较大，在设备安装工程中质量控制点较多，所以，在通风与空调安装工程项目验收过程中，要十分注意检验批的查验数量，当查验数量少于最少保证数量时，必须保证最少查验数量。

8.1 风管与配件制作工程

风管与配件制作工程一般按照金属风管与配件制作，非金属、复合材料风管与配件制作，风管部件与消声器制作等三个项目划分分项工程。

8.1.1 金属风管与配件制作分项工程质量控制项目及验收方法

1. 主控项目

(1) 金属风管的材料品种、规格、性能与厚度等应符合设计和现行国家产品标准的规定。当设计无规定时，钢板或镀锌钢板的厚度不得小于表 8-1 的规定；不锈钢板的厚度不得小于表 8-2 的规定；铝板的厚度不得小于表 8-3 的规定。

检验数量：按材料与风管加工批数量抽查 10%，不得少于 5 件。

检验方法：查验材料质量合格证明文件、性能检测报告，尺量、观察检查。

表 8-1 钢板风管板材厚度

类别 风管直径 D 或边长尺寸 b	圆形风管/mm	矩形风管/mm		除尘系统风管/mm
		中、低高压系统	高压系统	
$D(b)\leqslant 320$	0.5	0.5	0.75	1.5
$320<D(b)\leqslant 450$	0.6	0.6	0.75	1.5
$450<D(b)\leqslant 630$	0.75	0.6	0.75	2.0
$630<D(b)\leqslant 1\,000$	0.75	0.75	1.0	2.0
$1\,000<D(b)\leqslant 1\,250$	1.0	1.0	1.0	2.0
$1\,250<D(b)\leqslant 2\,000$	1.2	1.0	1.0	按设计
$2\,000<D(b)\leqslant 4\,000$	按设计	1.2	按设计	

1. 螺旋风管的钢板厚度可适当减少 10%～15%；
2. 排烟系统风管钢板厚度可按高压系统要求处理；
3. 特殊除尘系统风管钢板厚度应符合设计要求；
4. 本表不适用于地下人防与防火隔墙的预埋管。

表 8-2　高、中、低压系统不锈钢板风管板材厚度

长边尺寸 b	不锈钢板厚度/mm
$b \leqslant 500$	0.5
$500 < b \leqslant 1\ 120$	0.75
$1\ 120 < b \leqslant 2\ 000$	1.0
$2\ 000 < b \leqslant 4\ 000$	1.2

表 8-3　中、低压系统铝板风管板材厚度

风管直径 D 或长边尺寸 b	铝板厚度/mm
$(D)b \leqslant 320$	1.0
$320 < (D)b \leqslant 630$	1.5
$630 < (D)b \leqslant 2\ 000$	2.0
$2\ 000 < (D)b \leqslant 4\ 000$	按设计

(2) 防火风管的本体、框架与固定材料、密封垫料必须为不燃材料，其耐火等级应符合设计的规定。

检验数量：按材料与风管加工批数量抽查10%，不应少于5件。

检验方法：查验材料质量合格证明文件、性能检测报告，观察检查与点燃试验。

(3) 风管必须通过工艺性的检测或验证，其强度和严密性要求应符合设计或下列规定。

① 风管的强度应能满足在1.5倍工作压力下接缝处无开裂。

② 矩形风管的允许漏风量应符合以下规定：低压系统风管 $Q_L \leqslant 0.1\ 056P^{0.65}$；中压系统风管 $Q_M \leqslant 0.035\ 2P^{0.65}$；高压系统风管 $Q_H \leqslant 0.011\ 7P^{0.65}$。其中 Q_L、Q_M、Q_H 为系统风管在相应工作压力下，单位面积风管单位时间内的允许漏风量[$m^3/(h \cdot m^2)$]；P 指风管系统的工作压力(Pa)。

③ 低压、中压圆形金属风管及采用非法兰形式的非金属风管的允许漏风量，应为矩形风管规定值的50%。

④ 砖、混凝土风道的允许漏风量应不大于低压系统矩形风管规定漏风量的1.5倍。

⑤ 排烟、除尘、低温送风系统按中压系统风管的规定参数执行，1～5级净化空调系统按高压系统风管的规定参数执行。

检验数量：按风管系统的类别和材质分别抽查，不得少于3件及15 m^2。

检验方法：检查产品合格证明文件和测试报告，或进行风管强度和漏风量测试。

(4) 金属风管的连接应符合下列规定。

① 风管板材拼接的咬口缝应错开，不得有十字型拼接缝。

② 金属风管法兰材料规格不应小于表8-4或表8-5的规定。中、低压系统风管法兰的螺栓及铆钉孔的孔距不得大于150 mm；高压系统风管不得大于100 mm。矩形风管法兰的四角部位应设有螺孔。

当采用加固方法提高了风管法兰部位的强度时，其法兰材料规格相应的使用条件可适当放宽。

无法兰连接风管的薄钢板法兰高度应参照金属法兰风管的规定执行。

检验数量:按加工批抽查5%,不得少于5件。

检验方法:尺量、观察检查。

表8-4 金属圆形风管法兰及螺栓规格

风管直径 D	法兰材料规格/mm		螺栓规格
	扁钢	角钢	
$D\leqslant 140$	20×4	—	M6
$140<D\leqslant 280$	25×4	—	
$280<D\leqslant 630$	—	25×3	
$630<D\leqslant 1\,250$	—	30×4	M8
$1\,250<D\leqslant 2\,000$	—	40×4	

表8-5 金属矩形风管法兰及螺栓规格

风管长边尺寸 b	法兰材料规格(角钢)/mm	螺栓规格
$b\leqslant 630$	25×3	M6
$630<b\leqslant 1\,500$	30×3	M8
$1\,500<b\leqslant 2\,500$	40×4	
$2\,500<b\leqslant 4\,000$	50×5	M10

(5) 金属风管的加固应符合下列规定。

① 圆形风管(不包括螺旋风管)直径大于等于800 mm,且其管段长度大于1 250 mm或总表面积大于4 m^2 均应采取加固措施。

② 矩形风管边长大于630 mm、保温风管边长大于800 mm,管段长度大于1 250 mm或低压风管单边平面积大于1.2 m^2、中、高压风管大于1.0 m^2,均应采取加固措施。

③ 非规则椭圆风管的加固,应参照矩形风管执行。

检验数量:按加工批抽查5%,不得少于5件。

检验方法:尺量、观察检查。

(6) 矩形风管弯管的制作,应采用曲率半径为一个平面边长的内外同心弧形弯管。当采用其他形式的弯管,平面边长大于500 mm时,必须设置弯管导流片。

检验数量:其他形式的弯管抽查20%,不得少于2件。

检验方法:观察检查。

(7) 净化空调系统风管还应符合下列规定。

① 矩形风管边长小于或等于900 mm时,底面板不应有拼接缝;大于900 mm时,不应有横向拼接缝。

② 风管所用的螺栓、螺母、垫圈和铆钉均应采用与管材性能相匹配、不会产生电化学腐蚀的材料,或采取镀锌或其他防腐措施,且不得采用抽芯铆钉。

③ 不应在风管内设加固框及加固筋,风管无法兰连接不得使用S形插条、直角形插条及立联合角形插条等形式。

④ 空气洁净度等级为1~5级的净化空调系统风管不得采用按扣式咬口。

⑤ 风管的清洗不得用对人体和材质有危害的清洁剂。

⑥ 镀锌钢板风管不得有镀锌层严重损坏的现象，如表层大面积白花、锌层粉化等。

检验数量：按风管数抽查20%，每个系统不得少于5个。

检验方法：查阅材料质量合格证明文件和观察检查，白绸布擦拭。

2. 一般项目

(1) 金属风管的制作应符合下列规定。

① 圆形弯管的曲率半径(以中心线计)和最少分节数量应符合表8-6的规定。圆形弯管的弯曲角度及圆形三通、四通支管与总管夹角的制作偏差不应大于3°。

② 风管与配件的咬口缝应紧密、宽度应一致；折角应平直，圆弧应均匀；两端面平行。风管无明显扭曲与翘角；表面应平整，凹凸不大于10 mm。

③ 风管外径或外边长小于或等于300 mm时，允许偏差为2 mm；当风管外径或外边长大于300 mm时，允许偏差为3 mm。管口平面度的允许偏差为2 mm，矩形风管两条对角线长度之差不应大于3 mm；圆形法兰任意正交两直径之差不应大于2 mm。

④ 焊接风管的焊缝应平整，不应有裂缝、凸瘤、穿透、夹渣、气孔及其他缺陷等，焊接后板材的变形应矫正，并将焊渣及飞溅物清除干净。

检验数量：通风与空调工程按制作数量10%抽查，不得少于5件；净化空调工程按制作数量抽查20%，不得少于5件。

检验方法：查验测试记录，进行装配试验，尺量、观察检查。

表8-6　圆形弯管曲率半径和最少节数

弯管直径 D/mm	曲率半径 R	弯管角度和最少节数							
		90°		60°		45°		30°	
		中节	端节	中节	端节	中节	端节	中节	端节
80～220	$\geqslant 1.5D$	2	2	1	2	1	2	—	2
220～450	$D\sim 1.5D$	3	2	2	2	1	2	—	2
450～800	$D\sim 1.5D$	4	2	2	2	1	2	1	2
800～1 400	D	5	2	3	2	2	2	1	2
1 400～2 000	D	8	2	5	2	3	2	2	2

(2) 金属法兰连接风管的制作还应符合下列规定。

① 风管法兰的焊缝应熔合良好、饱满，无假焊和孔洞；法兰平面度的允许偏差为2 mm，同一批量加工的相同规格法兰的螺孔排列应一致，并具有互换性。

② 风管与法兰采用铆接连接时，铆接应牢固、不应有脱铆和漏铆现象；翻边应平整、紧贴法兰，其宽度应一致，且不应小于6 mm；咬缝与四角处不应有开裂与孔洞。

③ 风管与法兰采用焊接连接时，风管端面不得高于法兰接口平面。除尘系统的风管，宜采用内侧满焊、外侧间断焊形式，风管端面距法兰接口平面不应小于5 mm。当风管与法兰采用点焊固定连接时，焊点应融合良好，间距不应大于100 mm；法兰与风管应紧贴，不应有穿透的缝隙或孔洞。

④ 当不锈钢板或铝板风管的法兰采用碳素钢时，其规格应符合表8-4、表8-5的规定，并应根据设计要求做防腐处理；铆钉应采用与风管材质相同或不产生电化学腐蚀的材料。

检验数量：通风与空调工程按制作数量抽查 10%，不得少于 5 件；净化空调工程按制作数量抽查 20%，不得少于 5 件。

检验方法：查验测试记录，进行装配试验，尺量、观察检查。

(3) 无法兰连接风管的制作还应符合下列规定。

① 无法兰连接风管的接口及连接件，应符合表 8-7、表 8-8 的要求。圆形风管的芯管连接应符合表 8-9 的要求。

② 薄钢板法兰矩形风管的接口及附件，其尺寸应准确，形状应规则，接口处应严密；薄钢板法兰的折边(或法兰条)应平直，弯曲度不应大于 5‰；弹性插条或弹簧夹应与薄钢板法兰相匹配；角件与风管薄钢板法兰四角接口的固定应稳固、紧贴，端面应平整、相连处的连续穿透缝缝隙不大于 2 mm。

③ 采用 C、S 形插条连接的矩形风管，其边长不应大于 630 mm；插条与风管加工插口的宽度应匹配一致，其允许偏差为 2 mm；连接应平整、严密，插条两端压倒长度不应小于 20 mm。

④ 采用立咬口、包边立咬口连接的矩形风管，其立筋的高度应大于或等于同规格风管的角钢法兰宽度。同一规格风管的立咬口、包边立咬口的高度应一致，折角应倾角、直线度允许偏差为 5‰；咬口连接铆钉的间距不应大于 150 mm，间隔应均匀；立咬口四角连接处的铆固，应紧密、无孔洞。

检验数量：按制作数量抽查 10%，不得少于 5 件；净化空调工程抽查 20%，均不得少于 5 件。

检验方法：查验测试记录，进行装配试验，尺量、观察检查。

表 8-7 圆形风管无法兰连接形式

无法兰连接形式		附件板厚/mm	接口要求	使用范围
承插连接		—	插入深度≥30 mm，有密封要求	低压风管直径<700 mm
带加强筋承插	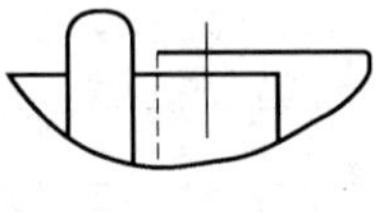	—	插入深度≥20 mm，有密封要求	中、低压风管
角钢加固承插	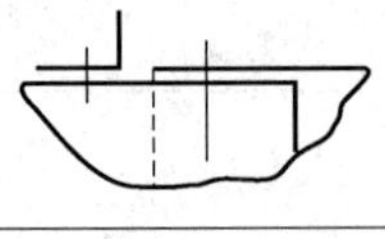	—	插入深度≥20 mm，有密封要求	中、低压风管
芯管连接	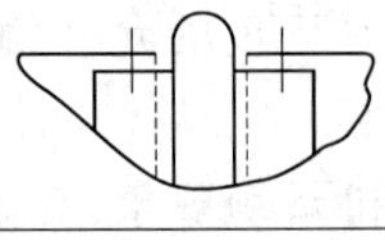	≥管板厚	插入深度≥20 mm，有密封要求	中、低压风管
立筋抱箍连接	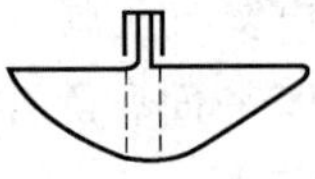	≥管板厚	翻边与楞筋匹配一致，紧固严密	中、低压风管
抱箍连接	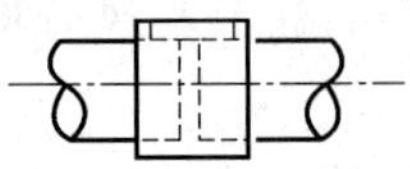	≥管板厚	对口尽量靠近不重叠，抱箍应居中	中、低压风管宽度≥100 mm

表 8-8　矩形风管无法兰连接形式

无法兰连接形式		附件板厚/mm	使用范围
S形插条	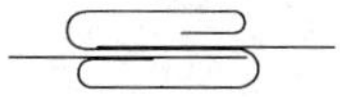	≥0.7	低压风管单独使用连接处必须有固定措施
C形插条		≥0.7	中、低压风管
立插条		≥0.7	中、低压风管
立咬口	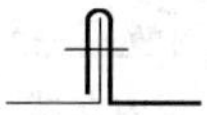	≥0.7	中、低压风管
包边立咬口	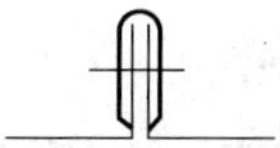	≥0.7	中、低压风管
薄钢板法兰插条	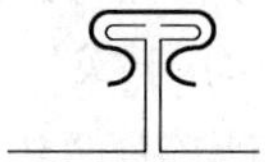	≥1.0	中、低压风管
薄钢板法兰弹簧夹		≥1.0	中、低压风管
直角形平插条	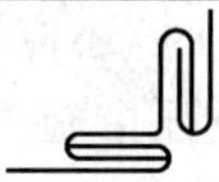	≥0.7	低压风管
立联合角形插条	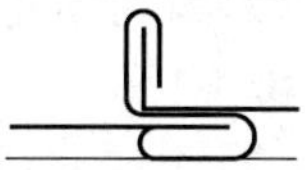	≥0.8	低压风管

注：薄钢板法兰风管也可采用铆接法兰条连接的方法。

表 8-9　圆形风管的芯管连接

风管直径 D/mm	芯管长度 l/mm	自攻螺丝或抽芯铆钉数量/个	外径允许偏差/mm	
			圆管	芯管
120	120	3×2	−1～0	−3～−4
300	160	4×2		
400	200	4×2	−2～0	−4～−5
700	200	6×2		
900	200	8×2		
1 000	200	8×2		

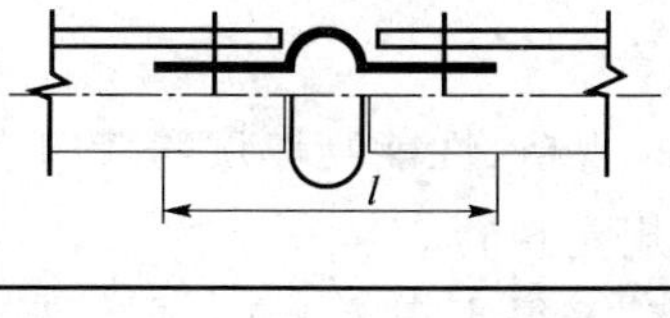

(4) 风管的加固应符合下列规定。

① 风管的加固可采用楞筋、立筋、角钢(内、外加固)、扁钢、加固筋和管内支撑等形式,如图 8-1 所示。

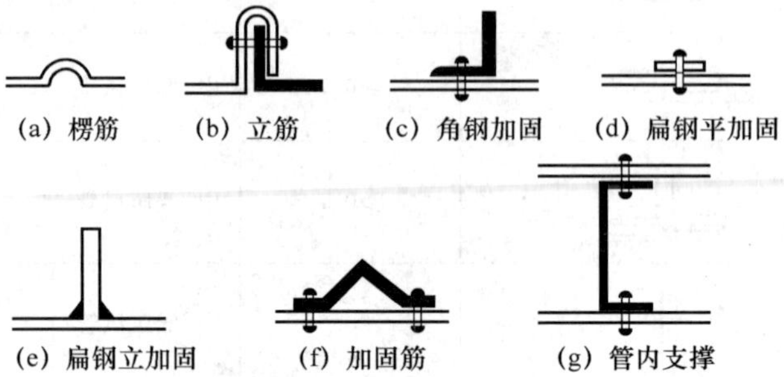

图 8-1　风管的加固形式

② 楞筋或楞线的加固,排列应规则,间隔应均匀,板面不应有明显的变形。

③ 角钢、加固筋的加固,应排列整齐、均匀对称,其高度应小于或等于风管的法兰宽度。角钢、加固筋与风管的铆接应牢固、间隔不应大于 220 mm 且分布均匀,两相交处应连接成一体。

④ 管内支撑与风管的固定应牢固,各支撑点之间及与风管的边沿或法兰的间距应均匀,不应大于 950 mm。

⑤ 中压和高压系统风管的管段,其长度大于 1 250 mm 时,还应有加固框补强。高压系统金属风管的单咬口缝,还应有防止咬口缝胀裂的加固或补强措施。

检验数量:按制作数量抽查 10%,净化空调系统抽查 20%,均不得少于 5 件。

检验方法:查验测试记录,进行装配试验,观察和尺量检查。

(5) 净化空调系统风管还应符合以下规定。

① 现场应保持清洁,存放时应避免积尘和受潮。风管的咬口缝、折边和铆接等处有损坏时,应做防腐处理。

② 风管法兰铆钉孔的间距,当系统洁净度的等级为 1～5 级时,不应大于 65 mm;等级为 6～9 级时,不应大于 100 mm。

③ 静压箱本体、箱内固定高效过滤器的框架及固定件应做镀锌、镀镍等防腐处理。

④ 制作完成的风管,应进行第二次清洗,经检查达到清洁要求后应及时封口。

检验数量:按风管总数抽查 20%,法兰数抽查 10%,不得少于 5 件。

检验方法:观察检查,查阅风管清洗记录,用白绸布擦拭。

8.1.2　非金属、复合材料风管与配件制作分项工程质量控制项目及验收方法

1. 主控项目

(1) 非金属风管的材料品种、规格、性能与厚度等应符合设计和现行国家产品标准的规定。当设计无规定时,应按以下规定执行。

硬聚氯乙烯风管板材的厚度,不得小于表 8-10 或表 8-11 的规定;有机玻璃钢风管板材的厚度,不得小于表 8-12 的规定;无机玻璃钢风管板材的厚度应符合表 8-13 的规定,相应

的玻璃布层数不应少于表 8-14 的规定，其表面不得出现返卤或严重泛霜。用于高压风管系统的非金属风管厚度应按设计规定执行。

(2) 复合材料风管的覆面材料必须为不燃材料，内部的绝热材料应为不燃或难燃 B1 级，且对人体无害的材料。

检验数量：按材料与风管加工批数量抽查 10%，不应少于 5 件。

检验方法：查验材料质量合格证明文件、性能检测报告，观察检查与点燃试验。

表 8-10　中、低压系统硬聚氯乙烯圆形风管板材厚度

风管直径 D	板材厚度/mm
$D \leqslant 320$	3.0
$320 < D \leqslant 630$	4.0
$630 < D \leqslant 1\,000$	5.0
$1\,000 < D \leqslant 2\,000$	6.0

表 8-11　中、低压系统硬聚氯乙烯矩形风管板材厚度

风管长边尺寸 b	板材厚度/mm
$b \leqslant 320$	3.0
$320 < b \leqslant 500$	4.0
$500 < b \leqslant 800$	5.0
$800 < b \leqslant 1\,250$	6.0
$1\,250 < b \leqslant 2\,000$	8.0

表 8-12　中、低压系统有机玻璃钢风管板材厚度

圆形风管直径 D 或短形风管长边尺寸 b	壁厚/mm
$D(b) \leqslant 200$	2.5
$200 < D(b) \leqslant 400$	3.2
$400 < D(b) \leqslant 630$	4.0
$630 < D(b) \leqslant 1\,000$	4.8
$1\,000 < D(b) \leqslant 2\,000$	6.2

表 8-13　中、低压系统无机玻璃钢风管板材厚度

圆形风管直径 D 或短形风管长边尺寸 b	壁厚/mm
$D(b) \leqslant 300$	2.5～3.5
$300 < D(b) \leqslant 500$	3.5～4.5
$500 < D(b) \leqslant 1\,000$	4.5～5.5
$1\,000 < D(b) \leqslant 1\,500$	5.5～6.5
$1\,500 < D(b) \leqslant 2\,000$	6.5～7.5
$D(b) > 2\,000$	7.5～8.5

表 8-14　中、低压系统无机玻璃钢风管玻璃纤维布厚度与层数

圆形风管直径 D 或矩形风管长边 b	风管管体玻璃纤维布厚度/mm		风管法兰玻璃纤维布厚度/mm	
	0.3	0.4	0.3	0.4
	玻璃布层数			
$D(b)\leqslant 300$	5	4	8	7
$300<D(b)\leqslant 500$	7	5	10	8
$500<D(b)\leqslant 1\,000$	8	6	13	9
$1\,000<D(b)\leqslant 1\,500$	9	7	14	10
$1\,500<D(b)\leqslant 2\,000$	12	8	16	14
$D(b)>2\,000$	14	9	20	16

(3) 风管必须通过工艺性的检测或验证，其强度和严密性要求应符合设计或下列规定。

① 风管的强度应能满足在 1.5 倍工作压力下接缝处无开裂。

② 矩形风管的允许漏风量应符合以下规定：低压系统风管 $Q_L\leqslant 0.105\,6P^{0.65}$；中压系统风管 $Q_M\leqslant 0.035\,2P^{0.65}$；高压系统风管 $Q_H\leqslant 0.011\,7P^{0.65}$。其中 Q_L、Q_M、Q_H 为系统风管在相应工作压力下，单位面积风管单位时间内的允许漏风量[$m^3/(h\cdot m^2)$]；P 为风管系统的工作压力(Pa)。

③ 低压、中压圆形复合材料风管以及采用非法兰形式的非金属风管的允许漏风量，应为矩形风管规定值的 50%。

④ 砖、混凝土风道的允许漏风量不应大于矩形低压系统风管规定值的 1.5 倍。

⑤ 排烟、除尘、低温送风系统按中压系统风管的规定，1～5 级净化空调系统按高压系统风管的规定。

检验数量：按风管系统的类别和材质分别抽查，不得少于 3 件及 15 m^2。

检验方法：检查产品合格证明文件和测试报告，或进行风管强度和漏风量测试。

(4) 非金属(硬聚氯乙烯、有机、无机玻璃钢)风管的连接还应符合下列规定。

① 法兰的规格应分别符合表 8-15、表 8-16、表 8-17 的规定，其螺栓孔的间距不得大于 120 mm；矩形风管法兰的四角处，应设有螺孔。

表 8-15　硬聚氯乙烯圆形风管法兰规格

风管直径 D	材料规格(宽×厚)/mm	连接螺栓	风管直径 D	材料规格(宽×厚)/mm	连接螺栓
$D\leqslant 180$	35×6	M6	$800<D\leqslant 1\,400$	45×12	M10
$180<D\leqslant 400$	35×8	M8	$1\,400<D\leqslant 1\,600$	50×15	
$400<D\leqslant 500$	35×10		$1\,600<D\leqslant 2\,000$	60×15	
$500<D\leqslant 800$	40×10		$D>2\,000$	按设计	

表 8-16　硬聚氯乙烯矩形风管法兰规格

<table>
<tr><th>风管边长 D</th><th>材料规格
(宽×厚)/mm</th><th>连接螺栓</th><th>风管边长 D</th><th>材料规格
(宽×厚)/mm</th><th>连接螺栓</th></tr>
<tr><td>D≤160</td><td>35×6</td><td>M6</td><td>800<D≤1 250</td><td>45×12</td><td rowspan="3">M10</td></tr>
<tr><td>160<D≤400</td><td>35×8</td><td rowspan="2">M8</td><td>1 250<D≤1 600</td><td>50×15</td></tr>
<tr><td>400<D≤500</td><td>35×10</td><td>1 600<D≤2 000</td><td>60×15</td></tr>
<tr><td>500<D≤800</td><td>40×10</td><td>M10</td><td>D>2 000</td><td colspan="2">按设计</td></tr>
</table>

表 8-17　有机、无机玻璃钢风管法兰规格

<table>
<tr><th>风管直径 D 或风管边长 b</th><th>材料规格(宽×厚)/mm</th><th>连接螺栓</th></tr>
<tr><td>D(b)≤400</td><td>30×4</td><td rowspan="2">M8</td></tr>
<tr><td>400<D(b)≤1 000</td><td>40×6</td></tr>
<tr><td>1 000<D(b)≤2 000</td><td>50×8</td><td>M10</td></tr>
</table>

② 采用套管连接时，套管厚度不得小于风管板材厚度。

检验数量：按加工批数量抽查 5%，不得少于 5 件。

检验方法：尺量、观察检查。

(5) 复合材料风管采用法兰连接时，法兰与风管板材的连接应可靠，其绝热层不得外露，不得采用降低板材强度和绝热性能的连接方法。

检验数量：按加工批数量抽查 5%，不得少于 5 件。

检验方法：尺量、观察检查。

(6) 砖、混凝土风道的变形缝，应符合设计要求，不应渗水和漏风。

检验数量：全数检查。

检验方法：观察检查。

(7) 非金属风管的加固，除应符合金属风管的加固规定外还应符合下列规定。

① 硬聚氯乙烯风管的直径或边长大于 500 mm 时，其风管与法兰的连接处应设加强板，且间距不得大于 450 mm。

② 有机及无机玻璃钢风管的加固，应为本体材料或防腐性能相同的材料，并与风管成一整体。

检验数量：按加工批抽查 5%，不得少于 5 件。

检验方法：尺量、观察检查。

(8) 矩形风管弯管的制作，一般应采用曲率半径为一个平面边长的内外同心弧形弯管。当采用其他形式的弯管，平面边长大于 500 mm 时，必须设置弯管导流片。

检验数量：其他形式的弯管抽查 20%，不得少于 2 件。

检验方法：观察检查。

(9) 净化空调系统风管还应符合下列规定。

① 矩形风管边长小于或等于 900 mm 时，底面板不应有拼接缝；大于 900 mm 时，不应有横向拼接缝。

② 风管所用的螺栓、螺母、垫圈和铆钉均应采用与管材性能相匹配、不会产生电化学腐蚀的材料，或采取镀锌或其他防腐措施，并不得采用抽芯铆钉。

③ 不应在风管内设加固框及加固筋，风管无法兰连接不得使用 S 形插条、直角形插条及立联合角形插条等形式。

④ 空气洁净度等级为 1～5 级的净化空调系统风管不得采用按扣式咬口。

⑤ 风管的清洗不得用对人体和材质有危害的清洁剂。

检验数量：按风管数抽查 20%，每个系统不得少于 5 个。

检验方法：查阅材料质量合格证明文件和观察检查，白绸布擦拭。

2. 一般项目

(1) 风管的外形尺寸一般应符合以下规定。

① 圆形弯管的曲率半径应符合表 8-18 的规定。

表 8-18 圆形弯管曲率半径

弯管直径 D/mm	曲率半径 R
80～220	≥1.5 D
220～450	D～1.5D
450～800	D～1.5D
800～2 000	D

② 风管两端面平行，风管无明显扭曲与翘角；表面应平整，凸凹不大于 10 mm。

③ 风管外径或外边长小于或等于 300 mm 时，其允许偏差为 2 mm；当风管外径或外边长大于 300 mm 时，其允许偏差为 3 mm。管口平面度的允许偏差为 2 mm，矩形风管两条对角线长度之差不应大于 3 mm；圆形法兰任意正交两直径之差不应大于 2 mm。

检验数量：按风管总数抽查 10%，法兰数抽查 5%，不得少于 5 件。

检验方法：尺量、观察检查。

(2) 硬聚氯乙烯风管还应符合下列规定。

① 风管法兰平面度允许偏差为 2 mm，同一批量加工的相同规格法兰的螺栓孔排列一致，并具有互换性。

② 风管的两端面平行，无明显扭曲，外径和边长的允许偏差为 2 mm；表面平整、圆弧均匀，凸凹不应大于 5 mm。

③ 焊缝的坡口形式和角度应符合表 8-19 的规定。

④ 焊缝应饱满，焊条排列应整齐，无焦黄、断裂现象。

检验数量：按风管总数抽查 10%，法兰数抽查 5%，不得少于 5 件。

检验方法：尺量、观察检查。

表 8-19　焊缝形式及坡口

焊缝形式	焊缝名称	图形	焊缝高度/mm	板材厚度/mm	焊缝坡口张角 α/度
对接焊缝	V形单面焊	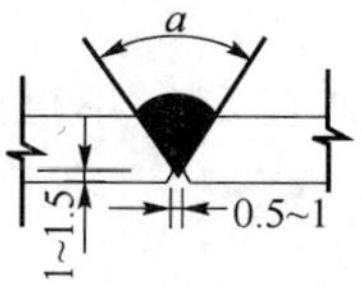	2～3	3～5	70～90
	V形双面焊	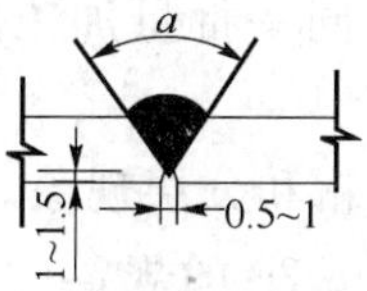	2～3	5～8	70～90
	X形双面焊	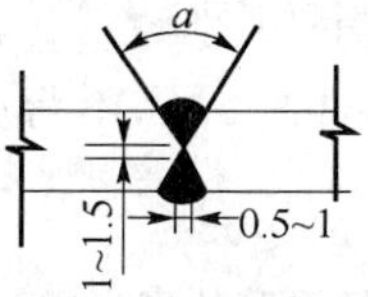	2～3	≥8	70～90
搭接焊缝	搭接焊	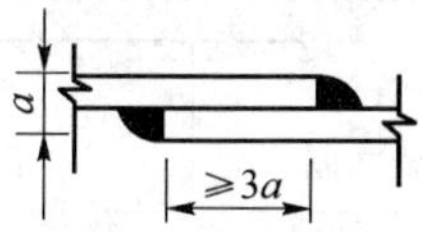	≥最小板厚	3～10	—
填角焊缝	填角焊无坡角	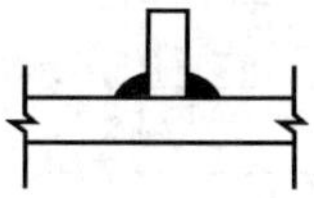	≥最小板厚	6～18	—
		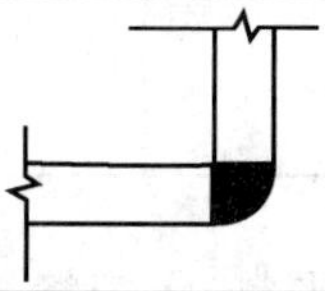	≥最小板厚	≥3	—
对角焊缝	V形对角焊	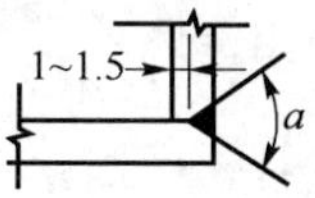	≥最小板厚	3～8	70～90
		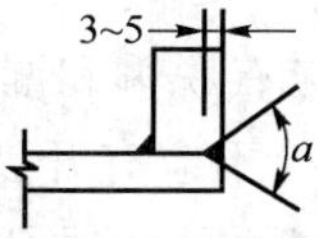	≥最小板厚	6～15	70～90

(3) 有机玻璃钢风管应符合下列规定。

① 风管法兰平面度的允许偏差为 2 mm，同一批量加工的相同规格法兰的螺栓孔排列应一致，并具有互换性。

② 风管不应有明显扭曲、内表面应平整光滑，外表面应整齐美观，厚度应均匀，且边缘无毛刺，并无气泡及分层现象。

③ 风管的外径或外边长尺寸的允许偏差为 3 mm，圆形风管的任意正交两直径之差不应大于 5 mm；矩形风管的两对角线之差不应大于 5 mm。

④ 法兰应与风管成一整体，应有过渡圆弧，并与风管轴线成直角，管口平面度的允许偏差为 3 mm；螺孔的排列应均匀，至管壁的距离应一致，允许偏差为 2 mm。

⑤ 矩形风管的边长大于 900 mm，且管段长度大于 1 250 mm 时，应加固。加固筋的分布应均匀、整齐。

检验数量：按风管总数抽查 10%，法兰数抽查 5%，不得少于 5 件。

检验方法：尺量、观察检查。

(4) 无机玻璃钢风管应符合下列规定。

① 风管法兰平面度的允许偏差为 2 mm，同一批量加工的相同规格法兰的螺栓孔排列应一致，并具有互换性。

② 风管的表面应光洁、无裂纹、无明显泛霜和分层现象。

③ 风管的外形尺寸的允许偏差应符合表 8-20 的规定。

④ 风管法兰的规定与有机玻璃钢法兰规定相同。

检验数量：按风管总数抽查 10%，法兰数抽查 5%，不得少于 5 件。

检验方法：尺量、观察检查。

表 8-20 无机玻璃钢风管外形尺寸/mm

直径或大边长	矩形风管外表平面度	矩形风管管口对角线之差	法兰平面度	圆形风管两直径之差
≤300	≤3	≤3	≤2	≤3
301～500		≤4		
501～1 000	≤4	≤5		≤4
1 001～1 500		≤6	≤3	≤5
1 501～2 000	≤5	≤7		
>2 000	≤6	≤8		

(5) 砖、混凝土风道内表面水泥砂浆应抹平整、无裂缝，不渗水。

检验数量：按风道总数抽查 10%，不得少于一段。

检验方法：观察检查。

(6) 双面铝箔绝热板风管应符合下列规定。

① 风管采用铆接连接时，铆接应牢固，不应有脱铆和漏铆现象；翻边应整齐、紧贴法兰，其宽度应一致，且不应小于 6 mm；咬缝与四角处不应有开裂与孔洞。

② 板材拼接宜采用专用的连接构件，连接后板面平面度的允许偏差为 5 mm。

③ 风管的折角应平直，拼缝粘接应牢固、平整，风管的粘接材料宜为难燃材料。

④ 风管采用法兰连接时，其连接应牢固，法兰平面度的允许偏差为 2 mm。

⑤ 风管的加固，应根据系统工作压力及产品技术标准的规定执行。

检验数量：按风管总数抽查 10%，法兰数抽查 5%，不得少于 5 件。

检验方法：尺量、观察检查。

(7) 铝箔玻璃纤维板风管应符合下列规定。

① 风管的铝箔玻璃纤维板材应干燥、平整；板外表面的铝箔隔气保护层应与内芯玻璃

纤维材料粘合牢固;内表面应有防纤维脱落的保护层,并应对人体无危害。

② 当风管连接采用插入接口形式时,接缝处的粘接应严密、牢固,外表面铝箔胶带密封的每一边粘贴宽度不应小于 25 mm,并应有辅助的连接固定措施。当风管的连接采用法兰形式时,法兰与风管的连接应牢固,并应能防止板材纤维逸出和冷翘。

③ 风管表面应平整、两端面平行,无明显凹穴、变形、起泡,铝箔无破损等。

④ 风管的加固,应根据系统工作压力及产品技术标准的规定执行。

检验数量:按风管总数抽查 10%,不得少于 5 件。

检验方法:尺量、观察检查。

(8) 净化空调系统风管还应符合以下规定。

① 现场应保持清洁,存放时应避免积尘和受潮。风管的咬口缝、折边和铆接等处有损坏时,应做防腐处理。

② 风管法兰铆钉孔的间距,当系统洁净度的等级为 1～5 级时,不应大于 65 mm;等级为 6～9 级时,不应大于 100 mm。

③ 静压箱本体、箱内固定高效过滤器的框架及固定件应做镀锌、镀镍等防腐处理。

④ 制作完成的风管,应进行第二次清洗,经检查达到清洁要求后应及时封口。

检验数量:按风管总数抽查 20%,法兰数抽查 10%,不得少于 5 件。

检验方法:观察检查,查阅风管清洗记录,用白绸布擦拭。

8.1.3 风管部件与消声器制作分项工程质量控制项目及验收方法

1. 主控项目

(1) 手动单叶片或多叶片调节风阀的手轮或扳手,应以顺时针方向转动为关闭,其调节范围及开启角度指示应与叶片开启角度相一致。

用于除尘系统间歇工作点的风阀,关闭时应能密封。

检验数量:按批抽查 10%,不得少于 1 个。

检验方法:手动操作、观察检查。

(2) 电动、气动调节风阀的驱动装置,动作应可靠,在最大工作压力下工作正常。

检验数量:按批抽查 10%,不得少于 1 个。

检验方法:核对产品的合格证明文件、性能检测报告,观察或测试。

(3) 防火阀和排烟阀(排烟口)必须符合有关消防产品标准的规定,并具有相应的产品合格证明文件。

检验数量:按种类、批抽查 10%,不得少于 2 个。

检验方法:核对产品的合格证明文件、性能检测报告。

(4) 防爆风阀的制作材料必须符合设计规定,不得自行替换。

检验数量:全数检查。

检验方法:核对材料品种、规格,观察检查。

(5) 净化空调系统的风阀,其活动件、固定件以及紧固件均应采取镀锌或作其他防腐处理(如喷塑或烤漆);阀体与外界相通的缝隙处,应有可靠的密封措施。

检验数量:按批抽查 10%,不得少于 1 个。

检验方法:核对产品的材料,手动操作、观察。

(6) 工作压力大于 1 000 Pa 的调节风阀，在 1.5 倍工作压力下能自由开关。

检验数量：按批抽查 10%，不得少于 1 个。

检验方法：核对产品的合格证明文件、性能检测（强度测试合格的证书或试验）报告。

(7) 防、排烟系统柔性短管的制作材料必须为不燃材料。

检验数量：全数检查。

检验方法：核对材料品种及合格证明文件。

(8) 消声弯管的平面边长大于 800 mm 时，应加设吸声导流片；消声器内直接迎风面的布质覆面层应有保护措施；净化空调系统消声器内的覆面应为不易产生尘埃的材料。

检验数量：全数检查。

检验方法：观察检查、核对产品的合格证明文件。

2. 一般项目

(1) 手动调节风阀（单叶片或多叶片）应符合下列规定。

① 结构应牢固，启闭应灵活。

② 叶片的搭接应贴合一致，与阀体缝隙应小于 2 mm。

③ 截面积大于 1.2 m^2 的风阀应实施分组调节。

检验数量：按类别、批各抽查 10%，不得少于 1 个。

检验方法：手动操作，尺量、观察检查。

(2) 止回风阀应符合下列规定。

① 启闭灵活，关闭时应严密。

② 阀叶的转轴、铰链应采用不易锈蚀的材料制作，保证转动灵活、耐用。

③ 阀片的强度应保证在最大负荷压力下不弯曲变形。

④ 水平安装的止回风阀应有可靠的平衡调节机构。

检验数量：按类别、批各抽查 10%，不得少于 1 个。

检验方法：观察、尺量，手动操作试验与核对产品的合格证明文件。

(3) 插板风阀应符合下列规定。

① 壳体应严密，内壁应作防腐处理。

② 插板应平整，启闭灵活，并有可靠的定位固定装置。

③ 斜插板风阀的上下接管应成一直线。

检验数量：按类别、批抽查 10%，不得少于 1 个。

检验方法：手动操作，尺量、观察检查。

(4) 三通调节风阀应符合下列规定。

① 拉杆或手柄的转轴与风管的结合处应严密。

② 拉杆可在任意位置上固定，手柄开关应标明调节的角度。

③ 阀板调节方便，并不与风管相碰擦。

检验数量：按类别、批分别抽查 10%，不得少于 1 个。

检验方法：观察、尺量，手动操作试验。

(5) 风量平衡阀应符合产品技术文件的规定。

检验数量：按类别、批分别抽查 10%，不得少于 1 个。

检验方法：观察、尺量，核对产品的合格证明文件。

(6) 风罩的制作应符合下列规定。

① 尺寸正确、连接牢固、形状规则、表面平整光滑,其外壳不应有尖锐边角。

② 槽边侧吸罩、条缝抽风罩尺寸应正确,转角处弧度均匀、形状规则,吸入口平整,罩口加强板分隔间距应一致。

③ 厨房锅灶排烟罩应采用不易锈蚀材料制作,其下部集水槽应严密不漏水,并坡向排放口,罩内油烟过滤器应便于拆卸和清洗。

检验数量:每批抽查10%,不得少于1个。

检验方法:尺量、观察检查。

(7) 风帽的制作应符合下列规定。

① 尺寸应正确,结构牢靠,风帽接管尺寸的允许偏差同风管的规定一致。

② 伞形风帽伞盖的边缘应有加固措施,支撑高度尺寸应一致。

③ 锥形风帽内外锥体的中心应同心,锥体组合的连接缝应顺水,下部排水应畅通。

④ 筒形风帽的形状应规则、外筒体的上下沿口应加固,其不圆度不应大于直径的2%。伞盖边缘与外筒体的距离应一致,挡风圈的位置应正确。

⑤ 三叉形风帽三个支管的夹角应一致,与主管的连接应严密。主管与支管的锥度应为3°～4°。

检验数量:按批抽查10%,不得少于1个。

检验方法:尺量、观察检查。

(8) 矩形弯管导流叶片的迎风侧边缘应圆滑,固定应牢固。导流片的弧度应与弯管的角度相一致。导流片的分布应符合设计规定。当导流叶片的长度超过1 250 mm时,应有加强措施。

检验数量:按批抽查10%,不得少于1个。

检验方法:核对材料,尺量、观察检查。

(9) 柔性短管应符合下列规定。

① 应选用防腐、防潮、不透气、不易霉变的柔性材料。用于空调系统的应采取防止结露的措施;用于净化空调系统的还应是内壁光滑、不易产生尘埃的材料。

② 柔性短管的长度,一般宜为150～300 mm,其连接处应严密、牢固可靠。

③ 柔性短管不宜作为找正、找平或异径连接管。

④ 设于结构变形缝的柔性短管,其宜为长度$L\geqslant$变形缝的宽度+100 mm。

检验数量:按数量抽查10%,不得少于1个。

检验方法:尺量、观察检查。

(10) 消声器的制作应符合下列规定。

① 所选用的材料,应符合设计的规定,如防火、防腐、防潮和卫生性能等要求。

② 外壳应牢固、严密,其漏风量应符合要求。

③ 充填的消声材料,应按规定的密度均匀铺设,并应有防止下沉的措施。消声材料的覆面层不得破损,搭接应使气流顺畅,且应拉紧,界面无毛边。

④ 隔板与壁板结合处应紧贴、严密;穿孔板应平整、无毛刺,其孔径和穿孔率应符合设计要求。

检验数量:按批抽查10%,不得少于1个。

检验方法:尺量、观察检查,核对材料合格的证明文件。

(11)检查门应平整、启闭灵活、关闭严密,其与风管或空气处理室的连接处应采取密封措施,无明显渗漏。

净化空调系统风管检查门的密封垫料,宜采用成型密封胶带或软橡胶条制作。

检验数量:按数量抽查 20%,不得少于 1 个。

检验方法:观察检查。

(12) 风口的规格应以颈部外径或外边长为基准,其尺寸的允许偏差值应符合表 8-21 的规定。风口的外表装饰面应平整、叶片或扩散环的分布应匀称、颜色应一致、无明显的划伤和压痕;调节装置转动应灵活、可靠,定位后应无明显自由松动。

检验数量:按类别、批分别抽查 5%,不得少于 1 个。

检验方法:尺量、观察检查,核对材料合格的证明文件与手动操作检查。

表 8-21 风口尺寸允许偏差/mm

圆形风口		
直径	≤250	>250
允许偏差	0~−2	0~−3

矩形风口			
边长	<300	300~800	>800
允许偏差	0~−1	0~−2	0~−3
对角线长度	<300	300~500	>500
对角线长度之差	≤1	≤2	≤3

8.2 风管系统安装

风管系统安装一般按送、排风与排烟系统安装、空调系统风管安装、净化空调系统风管安装等三个项目划分分项工程。

8.2.1 送、排风与排烟风管系统安装分项工程质量控制项目及验收方法

1. 主控项目

(1) 在风管穿过需要封闭的防火、防爆的墙体或楼板时,应设预埋管或防护套管,其钢板厚度不应小于 1.6 mm。风管与防护套管之间,应用不燃且对人体无危害的柔性材料封堵。

检验数量:按数量抽查 20%,不得少于 1 个系统。

检验方法:尺量、观察检查。

(2) 风管安装必须符合下列规定。

① 风管内严禁其他管线穿越。

② 输送含有易燃、易爆气体或安装在易燃、易爆环境的风管系统应有良好的接地,通过生活区或其他辅助生产房间时必须严密,并不得设置接口。

检验数量：按数量抽查20%，不得少于1个系统。

检验方法：手扳、观察检查。

(3) 室外立管的固定拉索严禁拉在避雷针或避雷网上。

检验数量：按数量抽查20%，不得少于1个系统。

检验方法：手扳、观察检查。

(4) 输送气体温度高于80℃的风管，应按设计规定采取防护措施。

检验数量：按数量抽查20%，不得少于1个系统。

检验方法：观察检查。

(5) 风管部件安装必须符合下列规定。

① 各类风管部件及操作机构的安装，应能保证其正常的使用功能，并便于操作。

② 斜插板风阀的安装，阀板必须为向上拉启；水平安装时，阀板还应为顺气流方向插入。

③ 止回风阀、自动排气活门的安装方向应正确。

检验数量：按数量抽查20%，不得少于5件。

检验方法：尺量、观察检查，动作试验。

(6) 手动密闭阀安装，阀门上标志的箭头方向必须与受冲击波方向一致。

检验数量：全数检查。

检验方法：观察、核对检查。

(7) 风管系统安装完毕后，应按系统类别进行严密性检验，漏风量应符合设计与下列规定。

① 矩形风管的允许漏风量应符合以下规定：低压系统风管 $Q_L \leqslant 0.1056P^{0.65}$；中压系统风管 $Q_M \leqslant 0.0352P^{0.65}$；高压系统风管 $Q_H \leqslant 0.0117P^{0.65}$。其中 Q_L、Q_M、Q_H 为系统风管在相应工作压力下，单位面积风管单位时间内的允许漏风量[$m^3/(h \cdot m^2)$]；P 指风管系统的工作压力(Pa)。

② 低压、中压圆形金属风管、复合材料风管以及采用非法兰连接形式的非金属风管的允许漏风量，应为矩形风管规定值的50%。

③ 砖、混凝土风道的允许漏风量不应大于矩形低压系统风管规定值的1.5倍。

④ 排烟、除尘、低温送风系统按中压系统风管的规定执行，1～5级净化空调系统按高压系统风管的规定执行。

检验数量：按风管系统的类别和材质分别抽查，不得少于3件及或15 m^2。

检验方法：检查产品合格证明文件和测试报告，或进行风管强度和漏风量测试。

2. 一般项目

(1) 风管的安装应符合下列规定。

① 风管安装前，应清除内、外杂物，并做好清洁和保护工作。

② 风管安装的位置、标高、走向，应符合设计要求。现场风管接口的配置，不得缩小其有效截面。

③ 连接法兰的螺栓应均匀拧紧，其螺母宜在同一侧。

④ 风管接口的连接应严密、牢固。风管法兰的垫片材质应符合系统功能的要求，厚度不应小于3 mm。垫片不应凸入管内，亦不宜突出法兰外。

⑤ 柔性短管的安装，应松紧适度，无明显扭曲。

⑥ 可伸缩性金属或非金属软风管的长度不宜超过2 m，并不应有死弯或塌凹。

⑦ 风管与砖、混凝土风道的连接接口，应顺着气流方向插入，并应采取密封措施。风管穿出屋面处应设有防雨装置。

⑧ 不锈钢板、铝板风管与碳素钢支架的接触处，应有隔绝或防腐绝缘措施。

检验数量：按数量抽查10%，不得少于1个系统。

检验方法：尺量、观察检查。

(2) 无法兰连接风管的安装还应符合下列规定。

① 风管的连接处，应完整无缺损、表面应平整，无明显扭曲。

② 承插式风管的四周缝隙应一致，无明显的弯曲或褶皱；内涂的密封胶应完整，外粘的密封胶带，应粘贴牢固、完整无缺损。

③ 薄钢板法兰形式风管的连接，弹性插条、弹簧夹或紧固螺栓的间隔不应大于150 mm，且分布均匀，无松动现象。

④ 插条连接的矩形风管，连接后的板面应平整、无明显弯曲。

检验数量：按数量抽查10%，不得少于1个系统。

检验方法：尺量、观察检查。

(3) 风管的连接应平直、不扭曲。明装风管水平安装，水平度的允许偏差为3‰，总偏差不应大于20 mm。明装风管垂直安装，垂直度的允许偏差为2‰，总偏差不应大于20 mm。暗装风管的位置应正确、无明显偏差。

除尘系统的风管，宜垂直或倾斜敷设，与水平夹角应大于或等于45°尽量杜绝小坡度和水平管，如因其他原因无法避免时，小坡度和水平管应尽量短。

对含有凝结水或其他液体的风管，坡度应符合设计要求，并在最低处设排液装置。

检验数量：按数量抽查10%，但不得少于1个系统。

检验方法：尺量、观察检查。

(4) 风管支、吊架的安装应符合下列规定。

① 风管水平安装，直径或长边尺寸小于等于400 mm，支、吊架间距不应大于4 m；大于400 mm，支、吊架间距不应大于3 m。螺旋风管的支、吊架间距可分别延长至5 m和3.75 m；对于薄钢板法兰的风管，其支、吊架间距不应大于3 m。

② 风管垂直安装，支、吊架间距不应大于4 m，单根直管至少应有2个固定点。

③ 风管支、吊架宜按国标图集与规范选用强度和刚度相适应的形式和规格。对于直径或边长大于2 500 mm的超宽、超重等特殊风管的支、吊架应按设计规定制作。

④ 支、吊架不宜设置在风口、阀门、检查门及自控机构处，离风口或插接管的距离不宜小于200 mm。

⑤ 当水平悬吊的主、干风管长度超过20 m时，应设置防止摆动的固定点，每个系统不应少于1个。

⑥ 吊架的螺孔应采用机械加工。吊杆应平直，螺纹完整、光洁。安装后各副支、吊架的受力应均匀，无明显变形。

风管或空调设备使用的可调隔振支、吊架的拉伸或压缩量应按设计的要求进行调整。

⑦ 抱箍支架，折角应平直，抱箍应紧贴并箍紧风管。安装在支架上的圆形风管应设托座和抱箍，其圆弧应均匀，且与风管外径相配合。

检验数量：按数量抽查10%，不得少于1个系统。

检验方法：尺量、观察检查。

(5) 不锈钢板、铝板风管与碳素钢支架的接触处，应有绝缘或防腐绝缘措施。

检验数量：按数量抽查10%，不得少于1个系统。

检验方法：观察检查。

(6) 非金属风管的安装还应符合下列的规定。

① 风管连接两法兰端面应平直、严密，法兰螺栓两侧应加镀锌垫圈。

② 应适当增加支、吊架与水平风管的接触面积。

③ 硬聚氯乙烯风管的直段连续长度大于20 m，应按设计要求设置伸缩节；支管的重量不得由干管来承受，必须自行设置支、吊架。

④ 风管垂直安装，支架间距不应大于3 m。

检验数量：按数量抽查10%，不得少于1个系统。

检验方法：尺量、观察检查。

(7) 各类风阀应安装在便于操作及检修的部位，安装后的手动或电动操作装置应灵活、可靠，阀板关闭应保持严密。

① 防火阀直径或长边尺寸大于等于630 mm时，宜设独立支、吊架。

② 排烟阀(排烟口)及手控装置(包括预埋套管)的位置应符合设计要求。预埋套管不得有死弯及瘪陷。

③ 除尘系统吸入端管段的调节阀，宜安装在垂直管段上。

检验数量：按数量抽查10%，不得少于5件。

检验方法：尺量、观察检查。

(8) 风帽安装必须牢固，连接风管与屋面或墙面的交接处不应渗水。

检验数量：按数量抽查10%，不得少于5件。

检验方法：观察检查。

(9) 排、吸风罩的安装位置应正确，排列整齐，牢固可靠。

检验数量：按数量抽查10%，不得少于5件。

检验方法：观察检查。

(10) 风口与风管的连接应严密、牢固，与装饰面相紧贴；表面平整、不变形，调节灵活、可靠。条形风口的安装，接缝处应衔接自然，无明显缝隙。同一厅室、房间内的相同风口的安装高度应一致，排列应整齐。

明装无吊顶的风口，安装位置和标高偏差不应大于10 mm。

风口水平安装，水平度的偏差不应大于3‰。

风口垂直安装，垂直度的偏差不应大于2‰。

检验数量：按数量抽查10%，不得少于1个系统或不少于5件和2个房间的风口。

检验方法：尺量、观察检查。

8.2.2 空气调节风管系统安装分项工程质量控制项目及验收方法

1. 主控项目

(1) “风管穿越防火、防爆墙”与送、排风与排烟风管系统安装分项工程“主控项目”(1)同。

(2) “风管严禁其他管线穿越”与送、排风与排烟风管系统安装分项工程“主控项目”(2)同。

(3)“室外立管固定拉索”与送、排风与排烟风管系统安装分项工程“主控项目”(3)同。

(4)“高于80℃风管系统”与送、排风与排烟风管系统安装分项工程“主控项目”(4)同。

(5)“风阀的安装”与送、排风与排烟风管系统安装分项工程“主控项目”(5)同。

(6)“手动密封阀安装”与送、排风与排烟风管系统安装分项工程“主控项目”(6)同。

(7)“风管严密性检验试验”与送、排风与排烟风管系统安装分项工程“主控项目”(7)同。

2. 一般项目

(1)“风管系统的安装”与送、排风与排烟风管系统安装分项工程“一般项目”(1)同。

(2)“无法兰风管系统的安装”与送、排风与排烟风管系统安装分项工程“一般项目”(2)同。

(3)“风管安装的水平、垂直质量”与送、排风与排烟风管系统安装分项工程“一般项目”(3)同。

(4)“风管的支、吊架”与送、排风与排烟风管系统安装分项工程“一般项目”(4)同。

(5)“铝板、不锈钢板风管安装”与送、排风与排烟风管系统安装分项工程“一般项目”(5)同。

(6)“非金属风管安装”与送、排风与排烟风管系统安装分项工程“一般项目”(6)同。

(7) 复合材料风管的安装还应符合下列规定。

① 复合材料风管的连接处,接缝应牢固,无孔洞和开裂。当采用承插连接时,接口应匹配、无松动,端口缝隙不应大于5 mm。

② 采用法兰连接时,应有防冷翘的措施。

③ 支、吊架的安装宜按产品标准的规定执行。

检验数量:按数量抽查10%,但不得少于1个系统。

检验方法:尺量、观察检查。

(8)“风阀的安装”与送、排风与排烟风管系统安装分项工程“一般项目”(8)同。

(9)“风口的安装”与送、排风与排烟风管系统安装分项工程“一般项目”(9)同。

(10) 末端变换风量装置的安装,应设单独支、吊架,与风管连接前宜做动作试验。

检验数量:按总数量抽查10%,且不得少于1台。

检验方法:观察检查、查阅试验记录。

8.2.3 净化空调风管系统安装分项工程质量控制项目及验收方法

1. 主控项目

(1)“风管穿越防火、防爆墙”与送、排风与排烟风管系统安装分项工程“主控项目”(1)同。

(2)“风管严禁其他管线穿越”与送、排风与排烟风管系统安装分项工程“主控项目”(2)同。

(3)“室外立管固定拉索”与送、排风与排烟风管系统安装分项工程“主控项目”(3)同。

(4)“高于80℃风管系统”与送、排风与排烟风管系统安装分项工程“主控项目”(4)同。

(5)“风阀的安装”与送、排风与排烟风管系统安装分项工程“主控项目”(5)同。

(6) 防火阀、排烟阀(口)的安装方向、位置应正确。防火分区隔墙两侧的防火阀,距墙表面不应大于200 mm。

检验数量:按数量抽查20%,不得少于5件。

检验方法:尺量、观察检查,动作试验。

(7) 净化空调风管系统的安装还应符合下列规定。

① 风管、静压箱及其他部件安装前,必须擦拭干净,做到无油污和浮尘,当施工停顿或

完毕时，端口应封好。

② 法兰垫料应为不产生尘埃、不易老化和具有一定强度和弹性的材料，厚度为 5～8 mm，不得采用乳胶海绵；法兰垫片应尽量减少拼接，并不允许直缝对接连接，严禁在垫料表面涂涂料。

③ 风管与洁净室吊顶、隔墙等围护结构的接缝处应严密。

检验数量：按数量抽查 20%，不得少于 1 个系统。

检验方法：观察、用白绸布擦拭。

(8) 集中式真空吸尘系统的安装应符合下列规定。

① 真空吸尘系统弯管的曲率半径不应小于 4 倍管径，弯管的内壁面应光滑，不得采用褶皱弯管。

② 真空吸尘系统三通的夹角不得大于 45°；四通制作应采用两个斜三通的做法。

检验数量：按数量抽查 20%，不得少于 2 件。

检验方法：尺量、观察检查。

(9)“风管严密性检验试验”与送、排风与排烟风管系统安装分项工程“主控项目”(7)同。

2. 一般项目

(1)“风管系统安装”与送、排风与排烟风管系统安装分项工程“一般项目”(1)同。

(2)“无法兰风管系统的安装”与送、排风与排烟风管系统安装分项工程“一般项目”(2)同。

(3)“风管安装的水平、垂直质量”与送、排风与排烟风管系统安装分项工程“一般项目”(3)同。

(4)“风管的支、吊架”与送、排风与排烟风管系统安装分项工程“一般项目”(4)同。

(5)“铝板、不锈钢板风管”与送、排风与排烟风管系统安装分项工程“一般项目”(5)同。

(6)“非金属风管安装”与送、排风与排烟风管系统安装分项工程“一般项目”(6)同。

(7)“复合材料风管安装”与空气调节风管系统安装分项工程“一般项目”(7)同。

(8)“风阀安装”与送、排风与排烟风管系统安装分项工程“一般项目”(7)同。

(9) 净化空调风管系统风口安装还应符合下列规定。

① 风口安装前应清扫干净，其边框与建筑顶棚或墙面间的接缝处应加设密封垫料或密封胶，不应漏风。

② 带高效过滤器的送风口，应采用可分别调节高度的吊杆。

检验数量：按数量抽查 20%，不得少于 1 个系统或不少于 5 件和 2 个房间的风口。

检验方法：尺量、观察检查。

(10) 集中式真空吸尘系统的安装还应符合下列规定。

① 吸尘管道的坡度宜为 5‰，并坡向立管或吸尘点。

② 吸尘嘴与管道的连接，应牢固、严密。

检验数量：按数量抽查 20%，不得少于 5 件。

检验方法：尺量、观察检查。

(11) 风口与风管的连接应严密、牢固，与装饰面相紧贴；表面平整、不变形，调节灵活、可靠。条形风口的安装，接缝处应衔接自然，无明显缝隙。同一厅室、房间内的相同风口的安装高度应一致，排列应整齐。

明装无吊顶的风口，安装位置和标高偏差不应大于10 mm。

风口水平安装，水平度的偏差不应大于3‰。

风口垂直安装，垂直度的偏差不应大于2‰。

检验数量：按数量抽查10%，不得少于1个系统或不少于5件和2个房间的风口。

检验方法：尺量、观察检查。

8.3 系统设备安装

系统设备安装一般按通风机安装、通风与除尘系统设备安装、空调系统设备安装、净化空调系统设备安装、空调制冷系统设备安装等五个项目划分分项工程。

8.3.1 通风机安装分项工程质量控制项目及验收方法

1. 主控项目

(1) 通风机的安装应符合下列规定。

① 型号、规格应符合设计规定，其出口方向应正确。

② 叶轮旋转应平稳、无振动，停转后不应每次停留在同一位置上。

③ 固定通风机的地脚螺栓应拧紧，并有防松动措施。

检验数量：全数检查。

检验方法：依据设计图核对、试运转并观察检查。

(2) 通风机传动装置的外露部位以及直通大气的进、出口，必须装设防护罩(网)或采取其他安全及防尘设施。

检验数量：全数检查。

检验方法：依据设计图核对、观察检查。

2. 一般项目

(1) 通风机的安装应符合下列规定。

通风机的安装，应符合表8-22的规定，叶轮转子与机壳的组装位置应正确；叶轮进风口插入风机机壳进风口或密封圈的深度，应符合设备技术文件的规定，或为叶轮外径值的1%。

表8-22 通风机安装的允许偏差

项次	项目		允许偏差	检验方法
1	中心线的平面位移		10 mm	经纬仪或拉线和尺量检查
2	标高		±10 mm	水准仪或水平仪、直尺、拉线和尺量检查
3	皮带轮轮宽中心平面偏移		1 mm	在主、从皮带轮端面拉线和尺量检查
4	传动轴水平度		纵向0.2‰ 横向0.3‰	在轴或皮带轮0和180的两个位置上，用水平仪检查
5	联轴器	两轴芯径向位移	0.05 mm	在联轴器互相垂直的4个位置上，用百分表检查
		两轴线倾斜	0.2‰	

检验数量：按总数抽查20%，不得少于1台。

检验方法：尺量、观察或检查施工记录。

(2) 现场组装的轴流风机叶片安装角度应一致，达到在同一平面内运转，叶轮与筒体之间的间隙应均匀，水平度允许偏差为1‰。

检验数量：按总数抽查20%，不得少于1台。

检验方法：尺量、观察或检查施工记录。

(3) 风机的隔振支、吊架应符合下列规定。

① 安装隔振器的地面应平整，各组隔振器承受荷载的压缩量应均匀，高度误差应小于2 mm。

② 安装风机的隔振钢支、吊架，其结构形式和外形尺寸应符合设计或设备技术文件的规定。焊接应牢固，焊缝应饱满、均匀。

检验数量：按总数抽查20%，不得少于1台。

检验方法：尺量、观察或检查施工记录。

8.3.2　通风与除尘系统设备安装分项工程质量控制项目及验收方法

1. 主控项目

(1) "通风机安装"与通风机安装分项工程"主控项目"(1)同。

(2) "通风机安全措施"与通风机安装分项工程"主控项目"(2)同。

(3) 除尘器的安装应符合下列规定。

① 除尘器的型号、规格、进出口方向必须符合设计要求。

② 现场组装的除尘器壳体应做漏风量检测，在设计工作压力下允许漏风率为5%，其中离心式除尘器为3%；

③ 布袋除尘器、电除尘器的壳体及辅助设备接地应可靠。

检验数量：按总数抽查20%，不得少于1台；接地全数检查。

检验方法：按图核对、检查测试记录和观察检查。

(4) 静电空气过滤器金属外壳接地必须良好。

检验数量：按总数抽查20%，不得少于1台。

检验方法：核对材料、观察检查或电阻测定。

(5) 电加热器的安装必须符合下列规定。

① 电加热器与钢构架间的绝热层必须为不燃材料；接线柱外露的应加设安全防护罩。

② 电加热器的金属外壳接地必须良好。

③ 连接电加热器的风管的法兰垫片，应采用耐热不燃材料。

检验数量：按总数抽查20%，不得少于1台。

检验方法：核对材料、观察检查或电阻测定。

(6) 过滤式吸尘器的安装方向必须正确，并应设独立支架，与室外的连接管段不得泄漏。

检验数量：全数检查。

检验方法：观察或检测。

2. 一般项目

(1) “通风机安装”与通风机安装分项工程“一般项目”(1)同。

(2) “除尘设备的安装”与通风机安装分项工程“一般项目”(3)同。

(3) 除尘设备的安装还应符合下列规定。

① 除尘器的安装位置应正确、牢固平稳,允许误差应符合表 8-23 的规定。

② 除尘器的活动或转动部件的动作应灵活、可靠,并应符合设计要求。

③ 除尘器的排灰阀、卸料阀、排泥阀的安装应严密,并便于操作与维护修理。

检验数量:按总数抽查 20%,不得少于 1 台。

检验方法:尺量、观察检查及检查施工记录。

表 8-23 除尘器安装允许偏差和检验方法

项次	项目		允许偏差/mm	检验方法
1	平面位移		≤10	用经纬仪或拉线、尺量检查
2	标高		±10	用水准仪、直尺、拉线和尺量检查
3	垂直度	每米	≤2	吊线和尺量检查
		总偏差	≤10	

(4) 现场组装的静电除尘器的安装,还应符合设备技术文件及下列规定。

① 组装后的阳极板、排平面度允许偏差为 5 mm,其对角线允许偏差为 10 mm。

② 阴极小框架组合后主平面的平面度允许偏差为 5 mm,其对角线允许偏差为 10 mm。

③ 阴极大框架的整体平面度允许偏差为 15 mm,整体对角线允许偏差为 10 mm。

④ 阳极板高度小于或等于 7 m 的电除尘器,阴、阳极间距允许偏差为 5 mm。阳极板高度大于 7 m 的电除尘器,阴、阳极间距允许偏差为 10 mm。

⑤ 振打锤装置的固定应可靠;振打锤的转动应灵活。锤头振打方向应正确;振打锤头与振打砧之间应保持良好的线接触状态,接触长度应大于锤头厚度的 0.7 倍。

检验数量:按总数抽查 20%,不得少于 1 组。

检验方法:尺量、观察检查及检查施工记录。

(5) 现场组装布袋除尘器的安装,还应符合下列规定。

① 外壳应严密、不漏,布袋接口应牢固。

② 分室反吹袋式除尘器的滤袋安装,必须平直。每条滤袋的拉紧力应保持在 25~35 N·m;与滤袋连接接触的短管和袋帽,应无毛刺。

③ 机械回转扁布袋袋式除尘器的回转旋臂,转动应灵活可靠,无卡阻现象,净气室上部的顶盖,应密封不漏气。

④ 脉冲袋式除尘器的喷吹孔,应对准文氏管的中心,同心度允许偏差为 2 mm。

检验数量:按总数抽查 20%,不得少于 1 台。

检验方法:尺量、观察检查及检查施工记录。

(6) 消声器的安装应符合下列规定。

① 消声器安装前应保持干净,做到无油污和浮尘。

② 消声器安装的位置、方向应正确,与风管的连接应严密,不得有损坏与受潮。两组同类型消声器不宜直接串联。

③ 现场安装的组合式消声器，消声组件的排列、方向和位置应符合设计要求。每个消声器组件的固定应牢固。

④ 消声器、消声弯管均应设独立支、吊架。

检验数量：整体安装的消声器，按总数抽查10%，且不得少于5台。现场组装的消声器全数检查。

检验方法：手扳和观察检查、检查、核对安装记录。

(7) 空气过滤器的安装应符合下列规定。

① 安装平整、牢固，方向正确。过滤器与框架、框架与围护结构之间应严密无穿透缝。

② 框架式或粗效、中效袋式空气过滤器四周与框架应均匀压紧，无可见缝隙，并应便于拆卸和更换滤料。

③ 卷绕式过滤器的安装框架应平整、展开的滤料，应松紧适度、上下筒体应平行。

检验数量：按总数抽查10%，且不得少于1台。

检验方法：观察检查。

(8) 蒸汽加湿器的安装应设置独立支架，并固定牢固；接管尺寸正确、无渗漏。

检验数量：全数检查。

检验方法：观察检查。

(9) 空气风幕机的安装位置、方向应正确、牢固可靠，纵向垂直度与横向水平度的偏差均不应大于2‰。

检验数量：按总数10%的比例抽查，且不得少于1台。

检验方法：观察检查。

8.3.3　空调系统设备安装分项工程质量控制项目及验收方法

1. 主控项目

(1)“通风机安装”与通风机安装分项工程“主控项目”(1)同。

(2)“通风机安全措施”与通风机安装分项工程“主控项目”(2)同。

(3) 空调机组的安装应符合下列规定。

① 空调机组的型号、规格、方向和技术参数应符合设计要求。

② 现场组装的组合式空气调节机组应做漏风量的检测，其漏风量必须符合现行国家标准《组合式空调机组》(GB/T 4294—2008)的规定。

检验数量：按总数抽检20%，不得少于1台。净化空调系统的机组，1～5级全数检查，6～9级抽查50%。

检验方法：依据设计图核对，检查测试记录。

(4)“静电空气过滤器安装”与通风与除尘系统安装分项工程“主控项目”(4)同。

(5)“电加热器的安装”与通风与除尘系统安装分项工程“主控项目”(5)同。

(6) 干蒸汽加湿器的安装，蒸汽喷管不应朝下。

检验数量：全数检查。

检验方法：观察检查。

2. 一般项目

(1)“通风机的安装”与通风机安装分项工程“一般项目”(1)同。

(2) 组合式空调机组及柜式空调机组的安装应符合下列规定。

① 组合式空调机组各功能段的组装,应符合设计规定的顺序和要求;各功能段之间的连接应严密,整体应平直。

② 机组与供回水管的连接应正确,机组下部冷凝水排放管的水封高度应符合设计要求。

③ 机组应清扫干净,箱体内应无杂物、垃圾和积尘。

④ 机组内空气过滤器(网)和空气热交换器翅片应清洁、完好。

检验数量:按总数抽查20%,不得少于1台。

检验方法:观察检查。

(3) 空气处理室的安装应符合下列规定。

① 金属空气处理室壁板及各段的组装位置应正确,表面平整,连接严密、牢固。

② 喷水段的本体及其检查门不得漏水,喷水管和喷嘴的排列、规格应符合设计的规定。

③ 表面式换热器的散热面应保持清洁、完好。当用于冷却空气时,在下部应设有排水装置,冷凝水的引流管或槽应畅通,冷凝水不外溢。

④ 表面式换热器与围护结构间的缝隙,以及表面式热交换器之间的缝隙,应封堵严密。

⑤ 换热器与系统供回水管的连接应正确,且严密不漏。

检验数量:按总数抽查20%,不得少于1台。

检验方法:观察检查。

(4) 单元式空调机组的安装应符合下列规定。

① 分体式空调机组的室外机和风冷整体式空调机组的安装,固定应牢固、可靠;除应满足冷却风循环空间的要求外,还应符合环境卫生保护有关法规的规定。

② 分体式空调机组的室内机的位置应正确、并保持水平,冷凝水排放应畅通。管道穿墙处必须密封,不得有雨水渗入。

③ 整体式空调机组管道的连接应严密、无渗漏,四周应留有相应的维修空间。

检验数量:按总数抽查20%,不得少于1台。

检验方法:观察检查。

(5)“消声器安装”与通风与除尘系统设备安装分项工程“一般项目”(5)同。

(6) 风机盘管机组的安装应符合下列规定。

① 机组安装前宜进行单机三速试运转及水压检漏试验。试验压力为系统工作压力的1.5倍,试验观察时间为2 min,不渗漏为合格。

② 机组应设独立支、吊架,安装的位置、高度及坡度应正确、固定牢固。

③ 机组与风管、回风箱或风口的连接,应严密、可靠。

检验数量:按总数抽查10%,且不得少于1台。

检验方法:观察检查、查阅检查试验记录。

(7)“粗、中效空气过滤器的安装”与通风与除尘系统设备安装分项工程“一般项目”(6)同。

(8)“空气风幕机的安装”与通风与除尘系统设备安装分项工程“一般项目”(8)同。

(9) 转轮式换热器安装的位置、转轮旋转方向及接管应正确,运转应平稳。

检验数量:按总数抽查20%,且不得少于1台。

检验方法:观察检查。

(10) 转轮式去湿机安装应牢固,转轮及传动部件应灵活、可靠,方向正确;处理空气与再生空气接管应正确;排风水平管须保持一定的坡度,并坡向排出方向。

检验数量:按总数抽查 20%,且不得少于 1 台。

检验方法:观察检查。

(11) “蒸汽加湿器安装”与通风与除尘系统设备安装分项工程“一般项目”(7)同。

8.3.4　净化空调系统设备安装分项工程质量控制项目及验收方法

1. 主控项目

(1) “通风机安装”与通风机安装分项工程“主控项目”(1)同。

(2) “通风机安全措施”与通风机安装分项工程“主控项目”(2)同。

(3) “空调机组的安装”与通风机安装分项工程“主控项目”(3)同。

(4) 净化空调设备的安装还应符合下列规定。

① 净化空调设备与洁净室围护结构相连的接缝必须密封。

② 风机过滤器单元(FFU 与 FMU 空气净化装置)应在清洁的现场进行外观检查,目测不得有变形、锈蚀、漆膜脱落、拼接板破损等现象;在系统试运转时,必须在进风口处加装临时中效过滤器作为保护。

检验数量:全数检查。

检验方法:按设计图核对、观察检查。

(5) 高效过滤器应在洁净室及净化空调系统进行全面清扫和系统连续试车 12 h 以上后,在现场拆开包装并进行安装。安装前需进行外观检查和仪器检漏。目测不得有变形、脱落、断裂等破损现象;仪器抽检检漏应符合产品质量文件规定要求。

合格后立即安装,其方向必须正确,安装后的高效过滤器四周及接口,应严密不漏;在调试前应进行扫描检漏。

检验数量:高效过滤器的仪器抽检检漏按批抽 5%,不得少于 1 台。

检验方法:观察检查、按“洁净室测试方法”扫描检测或查看检测记录。

(6) “静电空气过滤器安装”与通风与除尘系统设备安装分项工程“主控项目”(5)同。

(7) “电加热器的安装”与通风与除尘系统设备安装分项工程“主控项目”(6)同。

(8) “干蒸汽加湿器的安装”与空调系统设备安装分项工程“主控项目”(6)同。

2. 一般项目

(1) “通风机的安装”与通风机安装分项工程“一般项目”(1)、(2)、(3)同。

(2) “组合式净化空调机组的安装”与空调系统设备安装分项工程“一般项目”(2)同。

(3) 洁净室空气净化设备的安装,应符合下列规定。

① 带有通风机的气闸室、吹淋室与地面间应有隔振垫。

② 机械式余压阀的阀体、阀板的转轴均应水平,允许偏差为 2‰。余压阀的安装位置应在室内气流的下风侧,并不应在工作面高度范围内。

③ 传递窗的安装应牢固、垂直,与墙体的连接处应密封。

检验数量:按总数抽查 20%,不得少于 1 件。

检验方法:尺量、观察检查。

(4) 装配式洁净室的安装应符合下列规定。

① 洁净室的顶板和壁板(包括夹芯材料)应为不燃材料。

② 洁净室的地面应干燥、平整,平整度允许偏差为1‰。

③ 壁板的构配件和辅助材料的开箱,应在清洁的室内进行,安装前应严格检查其规格和质量。壁板应垂直安装,底部宜采用圆弧或钝角交接;安装后的壁板之间、壁板与顶板间的拼缝,应平整严密,墙板的垂直允许偏差为2‰,顶板水平度的允许偏差及每个单间的几何尺寸的允许偏差均为2‰。

④ 洁净室吊顶在受荷载后应保持平直,压条全部紧贴。洁净室壁板若为上、下槽形板时,其接头应平整、严密;组装完毕的洁净室所有拼接缝,包括与建筑的接缝,均应采取密封措施,做到不脱落,密封良好。

检验数量:按总数抽查20%,不得少于5处。

检验方法:尺量、观察检查及检查施工记录。

(5) 洁净室层流罩的安装应符合下列规定。

① 应设独立的吊杆,并有防晃动的固定措施。

② 层流罩安装的水平度允许偏差为1‰,高度的允许偏差为±1 mm。

③ 层流罩安装在吊顶上,其四周与顶板之间应设有密封及隔振措施。

检验数量:按总数抽查20%,且不得少于5件。

检验方法:尺量、观察检查及检查施工记录。

(6) 风机过滤器单元(FFU、FMU)的安装应符合下列规定。

① 风机过滤器单元的高效过滤器安装前应检漏,仪器抽检检漏应符合产品质量文件的规定,合格后进行安装,方向必须正确;安装后的FFU或FMU机组应便于检修。

② 安装后的FFU风机过滤器单元,应保持整体平整,与吊顶衔接良好。风机箱与过滤器之间的连接、过滤器单元与吊顶框架间连接应有可靠的密封措施。

检验数量:按总数抽查20%,且不得少于2个。

检验方法:尺量、观察检查及检查施工记录。

(7) "粗、中效空气过滤器的安装"与通风与除尘系统设备安装分项工程"一般项目"(6)同。

(8) 高效过滤器的安装应符合下列规定。

① 高效过滤器采用机械密封时,须采用密封垫料,其厚度为6~8 mm,并定位贴在过滤器边框上,安装后垫料的压缩应均匀,压缩率为25%~50%。

② 采用液槽密封时,槽架安装应水平,不得有渗漏现象,槽内无污物和水分,槽内密封液高度宜为2/3槽深。密封液的熔点宜高于50℃。

检查数量:按总数抽查20%,且不得少于5个。

检查方法:尺量、观察检查。

(9) "消声器安装"与通风与除尘系统设备安装分项工程"一般项目"(5)同。

(10) "蒸汽加湿器安装"与通风与除尘系统设备安装分项工程"一般项目"(7)同。

8.3.5 空调制冷系统设备安装分项工程质量控制项目及验收方法

1. 主控项目

(1) 制冷设备与制冷附属设备的安装应符合下列规定。

① 制冷设备、制冷附属设备的型号、规格和技术参数必须符合设计要求，并具有产品合格证书、产品性能检验报告。

② 设备安装的位置、标高和管口方向必须符合设计要求。用地脚螺栓固定的制冷设备或制冷附属设备，其垫铁的放置位置应正确、接触紧密；螺栓必须拧紧，并有防松动措施。

检验数量：全数检查。

检验方法：查阅图纸核对设备型号、规格；产品质量合格证书和性能检验报告。

(2) 设备的混凝土基础必须进行质量交接验收，合格后方可安装。

检验数量：全数检查。

检验方法：查阅图纸核对设备型号、规格；产品质量合格证书和性能检验报告。

(3) 直接膨胀表面式冷却器的外表应保持清洁、完整，空气与制冷剂应呈逆向流动；表面式冷却器与外壳四周的缝隙应堵严，冷凝水排放应畅通。

检验数量：全数检查。

检验方法：观察检查。

(4) 燃油系统的设备与管道、储油罐及日用油箱的安装位置和连接方法应符合设计与消防要求。

燃气系统设备的安装应符合设计和消防要求。调压装置、过滤器的安装和调节应符合设备技术文件的规定，且应可靠接地。

检验数量：全数检查。

检验方法：按图纸核对、观察、查阅接地测试记录。

(5) 制冷设备的各项严密性试验和试运行的技术数据，均应符合设备技术文件的规定。对组装式的制冷机组和现场充注制冷剂的机组，必须进行吹污、气密性试验、真空试验和充注制冷剂检漏试验，其相应的技术数据必须符合产品技术文件和有关现行国家标准、规范的规定。

检验数量：全数检查。

检验方法：旁站观察、检查和查阅试运行记录。

(6) 制冷系统管道、管件和阀门的安装应符合下列规定。

① 制冷系统的管道、管件和阀门的型号、材质及工作压力等必须符合设计要求，并应具有出厂合格证、质量证明书。

② 法兰、螺纹等处的密封材料应与管内的介质性能相适应。

③ 制冷剂液体管不得向上装成“Ω”形。气体管道不得向下装成“U”形(特殊回油管除外)；液体支管引出时，必须从干管底部或侧面接出；气体支管引出时，必须从干管顶部或侧面接出；有两根以上的支管从干管引出时，连接部位应错开，间距不应小于2倍支管直径，且不小于200 mm。

④ 制冷机与附属设备之间制冷剂管道的连接，其坡度与坡向应符合设计及设备技术文件要求。当设计无规定时，应符合表8-24的规定。

⑤ 制冷系统投入运行前，应对安全阀进行调试校核，其开启和回座压力应符合设备技术文件的要求。

检验数量：按总数抽检20%，且不得少于5件。第5款全数检查。

检验方法：核查合格证明文件、观察、水平仪测量、查阅调校记录。

表 8-24 制冷剂管道坡度、坡向

管道名称	坡向	坡度
压缩机吸气水平管(氟)	压缩机	≥10‰
压缩机吸气水平管(氨)	蒸发器	≥3‰
压缩机排气水平管	油分离器	≥10‰
冷凝器水平供液管	贮液器	(1～3)‰
油分离器至冷凝器水平管	油分离器	(3～5)‰

(7) 燃油管道系统必须设置可靠的防静电接地装置,其管道法兰应采用镀锌螺栓连接或在法兰处用铜导线进行跨接,且接合良好。

检验数量:系统全数检查。

检验方法:观察检查、查阅试验记录。

(8) 燃气系统管道与机组的连接不得使用非金属软管。燃气管道的吹扫和压力试验应为压缩空气或氮气,严禁用水。当燃气供气管道压力大于 0.005 MPa 时,焊缝无损检测执行标准应按设计规定。当设计无规定,且采用超声波探伤时,应全数检测,以质量不低于Ⅱ级为合格。

检查数量:系统全数检查。

检查方法:观察检查、查阅探伤报告和试验记录。

(9) 氨制冷剂系统管道、附件、阀门及填料不得采用铜或铜合金材料(磷青铜除外),管内不得镀锌。氨系统的管道焊缝应进行无损探伤检验(射线照相检验,抽检率为 10%,以质量不低于Ⅲ级为合格。在不易进行射线照相检验操作的场合,可用超声波检验代替,以不低于Ⅱ级为合格)。

检验数量:系统全数检查。

检验方法:观察检查、查阅探伤报告和试验记录。

(10) 输送乙二醇溶液的管道系统,不得使用内镀锌管道及配件。

检验数量:按系统的管段抽查 20%,且不得少于 5 件。

检验方法:观察检查、查阅安装记录。

(11) 制冷管道系统应进行强度、气密性试验及真空试验,且必须合格。

检验数量:系统全数检查。

检验方法:旁站、观察检查和查阅试验记录。

2. 一般项目

(1) 制冷机组与制冷附属设备的安装应符合下列规定。

① 制冷设备及制冷附属设备安装位置、标高的允许偏差,应符合表 8-25 的规定。

表 8-25 制冷设备与制冷附属设备安装允许偏差和检验方法

序号	项目	允许偏差/mm	检验方法
1	平面位移	10	经纬仪或拉线和尺量检查
2	标高	±10	水准仪或经纬仪、拉线和尺量检查

② 整体安装的制冷机组，其机身纵、横向水平度的允许偏差为 1‰，并应符合设备技术文件的规定。

③ 采用隔振措施的制冷设备或制冷附属设备，其隔振器安装位置应正确；各个隔振器的压缩量应均匀一致，偏差不应大于 2 mm。

④ 设置弹簧隔振的制冷机组，应设有防止机组运行时水平位移的定位装置。

检验数量：全数检查。

检验方法：在机座或指定的基准面上用水平仪、水准仪等检测、尺量与观察检查。

(2) 制冷附属设备安装的水平度或垂直度允许偏差为 1‰，并应符合设备技术文件的规定。

检验数量：全数检查。

检验方法：在机座或指定的基准面上用水平仪、水准仪等检测、尺量与观察检查。

(3) 模块式冷水机组单元多台并联组合时，接口应牢固，且严密不漏。连接后机组的外表，应平整、完好，无明显的扭曲。

检验数量：全数检查。

检验方法：尺量、观察检查。

(4) 燃油系统油泵和蓄冷系统载冷剂泵的安装，纵、横向水平度允许偏差为 1‰，联轴器两轴芯轴向倾斜允许偏差为 0.2‰，径向位移为 0.05 mm。

检验数量：全数检查。

检验方法：在机座或指定的基准面上，用水平仪、水准仪等检测，尺量、观察检查。

(5) 制冷系统管道、管件的安装应符合下列规定。

① 管道、管件的内外壁应清洁、干燥；铜管管道支吊架的型式、位置、间距及管道安装标高应符合设计要求，连接制冷机的吸、排气管道应设单独支架；管径小于等于 20 mm 的铜管道，在阀门处应设置支架；管道上下平行敷设时，吸气管应在下方。

② 制冷剂管道弯管的弯曲半径不应小于 3.5D(管道直径)，其最大外径与最小外径之差不应大于 0.08D，且不应使用焊接弯管及皱褶弯管。

③ 制冷剂管道分支管应按介质流向弯成 90°弧度与主管连接，不宜使用弯曲半径小于 1.5D 的压制弯管。

④ 铜管切口应平整、不得有毛刺、凹凸等缺陷，切口允许倾斜偏差为管径的 1%，管口翻边后应保持同心，不得有开裂及皱褶，并应有良好的密封面。

检验数量：按系统抽查 20%，且不得少于 5 件。

检验方法：尺量、观察检查。

(6) 管道的焊接应符合下列规定。

① 采用承插钎焊焊接连接的铜管，其插接深度应符合表 8-26 的规定。承插的扩口方向应迎介质流向。当采用套接钎焊焊接连接时，其插接深度应不小于承插连接的规定。采用对接焊缝组对管道的内壁应齐平，错边量不大于 0.1 倍壁厚，且不大于 1 mm。

表 8-26　承插式焊接的铜管承口的扩口深度

铜管规格	≤DN15	DN20	DN25	DN32	DN40	DN50	DN65
承插口的扩口深度/mm	9～12	12～25	15～18	17～20	21～24	24～26	26～30

② 管道穿越墙体或楼板时,管道的支吊架和钢管的焊接应符合有关规定。

检验数量:按系统抽查20%,且不得少于5件。

检验方法:尺量、观察检查。

(7) 制冷系统阀门的安装应符合下列规定。

① 位置、方向和高度应符合设计要求。

② 水平管道上的阀门的手柄不应朝下;垂直管道上的阀门手柄应朝向便于操作的地方。

③ 自控阀门安装的位置应符合设计要求。电磁阀、调节阀、热力膨胀阀、升降式止回阀等的阀头均应向上;热力膨胀阀的安装位置应高于感温包,感温包应装在蒸发器末端的回气管上,与管道接触良好,绑扎紧密。

④ 安全阀应垂直安装在便于检修的位置,其排气管的出口应朝向安全地带,排液管应装在泄水管上。

检验数量:按系统抽查20%,且不得少于5件。

检验方法:尺量、观察检查、旁站或查阅试验记录。

(8) 制冷剂阀门安装前应进行强度和严密性试验。强度试验压力为阀门公称压力的1.5倍,时间不得少于5 min;严密性试验压力为阀门公称压力的1.1倍,持续时间30 s不漏为合格。合格后应保持阀体内干燥。如阀门进、出口封闭破损或阀体锈蚀的还应进行解体清洗。

检验数量:按系统抽查20%,且不得少于5件。

检验方法:尺量、观察检查、旁站或查阅试验记录。

(9) 制冷系统的吹扫排污应采用压力为0.6 MPa的干燥压缩空气或氮气,以浅色布检查5 min,无污物为合格。系统吹扫干净后,应将系统中阀门的阀芯拆下清洗干净。

检验数量:全数检查。

检验方法:观察、旁站或查阅试验记录。

8.4 空调水系统安装

空调水系统安装一般按照金属管道空调水系统安装、非金属管道空调水系统安装、空调水系统设备安装等三个项目划分分项工程。

8.4.1 金属管道空调水系统安装分项工程质量控制项目及验收方法

1. 主控项目

(1) 空调工程水系统的设备与附属设备、管道、管配件及阀门的型号、规格、材质及连接形式应符合设计规定。

检验数量:按总数抽查10%,且不得少于5件。

检验方法:观察检查外观质量并检查产品质量证明文件、材料进场验收记录。

(2) 管道与设备的连接,应在设备安装完毕后进行,与水泵、制冷机组的接管必须为柔性接口。柔性短管不得强行对口连接,与其连接的管道应设置独立支架。

检验数量:系统全数检查。每个系统管道、部件数量抽查10%,且不得少于5件。

检验方法:尺量、观察检查,旁站或查阅试验记录、隐蔽工程记录。

(3) 固定在建筑结构上的管道支、吊架,不得影响结构的安全。管道穿越墙体或楼板处应设钢制套管,管道接口不得置于套管内,钢制套管应与墙体饰面或楼板底部平齐,上部应高出楼层地面 20～50 mm,并不得将套管作为管道支撑。

保温管道与套管四周间隙应使用不燃绝热材料填塞紧密。

检验数量:系统全数检查。每个系统管道、部件数量抽查 10%,且不得少于 5 件。

检验方法:尺量、观察检查,旁站或查阅试验记录、隐蔽工程记录。

(4) 补偿器的补偿量和安装位置必须符合设计及产品技术文件的要求,并应根据设计计算的补偿量进行预拉伸或预压缩。

设有补偿器(膨胀节)的管道应设置固定支架,其结构形式和固定位置应符合设计要求,并应在补偿器的预拉伸(压缩)前固定;导向支架的设置应符合所安装产品技术文件的要求。

检验数量:抽查 20%,且不得少于 1 个。

检验方法:观察检查,旁站或查阅补偿器的预拉伸或预压缩记录。

(5) 冷热水及冷却水系统应在系统冲洗、排污合格(目测:以排出口的水色和透明度与入水口对比相近,无可见杂物),再循环试运行 2 h 以上,且水质正常后才能与制冷机组、空调设备相贯通。

检验数量:系统全数检查。每个系统管道、部件数量抽查 10%,且不得少于 5 件。

检验方法:尺量、观察检查,旁站或查阅试验记录、隐蔽工程记录。

(6) 阀门的安装应符合下列规定。

① 阀门的安装位置、高度、进出口方向必须符合设计要求,连接应牢固紧密。

② 安装在保温管道上的各类手动阀门,手柄均不得向下。

③ 阀门安装前必须进行外观检查,阀门的铭牌应符合现行国家标准《通用阀门标志》(GB12220—1989)的规定。

检验数量:①、②款抽查 5%,且不得少于 1 个。对于安装在主干管上起切断作用的闭路阀门,全数检查。

检验方法:按设计图核对、观察检查;旁站或查阅试验记录。

(7) 对于工作压力大于 1.0 MPa 及在主干管上起到切断作用的阀门,应进行强度试验(试验压力为公称压力的 1.5 倍,持续时间不少于 5 min,阀门的壳体、填料应无渗漏)和严密性试验(试验压力为公称压力的 1.1 倍;压力保持不变,时间应符合表 8-27 的规定,以阀瓣密封面无渗漏为合格),合格后方准使用。其他阀门可不单独进行试验,待在系统试压中检验。

检验数量:全数检查。

检验方法:核对产品技术文件,旁站或查阅试验记录。

表 8-27 阀门压力持续时间

公称直径 DN/mm	最短试验持续时间/s	
	严密性试验	
	金属密封	非金属密封
≤50	15	15
65～200	30	15
250～450	60	30
≥500	120	60

(8) 管道系统安装完毕、外观检查合格后,应按设计要求进行水压试验。当设计无要求时,应符合下列规定。

① 冷热水、冷却水系统的试验压力:当工作压力小于等于 1.0 MPa 时,为 1.5 倍工作压力,但最低不小于 0.6 MPa;当工作压力大于 1.0 MPa 时,为工作压力加 0.5 MPa。

② 对于大型或高层建筑垂直位差较大的冷(热)媒水、冷却水管道系统宜采用分区、分层试压和系统试压相结合的方法。一般建筑可采用系统试压方法。

分区、分层试压:对相对独立的局部区域的管道进行试压。在试验压力下,稳压 10 min,压力不得下降,再将系统压力降至工作压力,在 60 min 内压力不得下降、外观检查无渗漏为合格。

系统试压:在各分区管道与系统主、干管全部连通后,对整个系统的管道进行系统的试压。试验压力以最低点的压力为准,但最低点的压力不得超过管道与组成件的承受压力。压力试验升至试验压力后,稳压 10 min,压力下降不得大于 0.02 MPa,再将系统压力降至工作压力,外观检查无渗漏为合格。

③ 各类耐压塑料管的强度试验压力为 1.5 倍工作压力,严密性试验压力为 1.15 倍的设计工作压力。

④ 凝结水系统采用充水试验,应以不渗漏为合格。

检验数量:系统全数检查。

检验方法:旁站观察或查阅试验记录。

2. 一般项目

(1) 金属管道的焊接应符合下列规定。

① 管道焊接材料的品种、规格、性能应符合设计要求。管道对接焊口的组对和坡口形式等应符合表 8-28 的规定;对口的平直度为 1%,全长不大于 10 mm。管道的固定焊口应远离设备,且不宜与设备接口中心线相重合。管道对接焊缝与支、吊架的距离应大于 50 mm。

表 8-28 管道焊接坡口形式和尺寸

序号	厚度 T/mm	坡口名称	坡口形式	坡口尺寸		
				间隙 C/mm	钝边 P/mm	坡口角度 α/度
1	1~3	I 形坡口	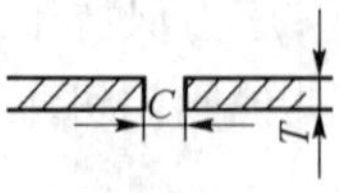	0~1.5	—	—
	3~6 双面焊			1~2.5		
2	6~9	V 形坡口	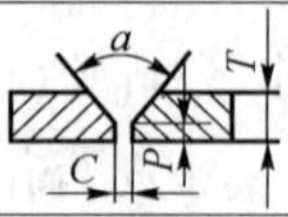	0~2.0	0~2	65~75
	9~26			0~3.0	0~3	55~75
3	2~30	T 形坡口	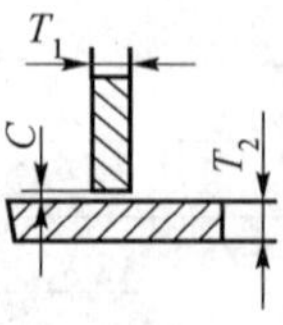	0~2.0	—	—
I 形、V 形坡口内壁错边量≤0.1T,且≤2 mm;外壁≤3 mm						

② 管道焊缝表面应清理干净,并进行外观质量的检查。焊缝外观质量不得低于现行国家标准《现场设备、工业管道焊接工程施工及验收规范》(GB 50236—1998)中第11.3.3条的Ⅳ级规定(储氨管道为Ⅲ级)。

检验数量:按总数抽查20%,且不得少于1处。

检验方法:尺量、观察检查。

(2) 螺纹连接的管道,螺纹应清洁、规整,断丝或缺丝不大于螺纹全扣数的10%;连接牢固。接口处根部外露螺纹为2～3扣,无外露填料;镀锌管道的镀锌层应注意保护,对局部的破损处,应做防腐处理。

检验数量:按总数抽查5%,且不得少于5处。

检验方法:观察检查。

(3) 法兰连接的管道,法兰面应与管道中心线垂直,并同心。法兰对接应平行,其偏差不应大于其外径的1.5‰,且不得大于2 mm;连接螺栓长度应一致、螺母在同侧、均匀拧紧。螺栓紧固后不应低于螺母平面。法兰的衬垫规格、品种与厚度应符合设计的要求。

检验数量:按总数抽查5%,且不得少于5处。

检验方法:尺量、观察检查。

(4) 钢制管道的安装应符合下列规定。

① 管道和管件在安装前,应将其内、外壁的污物和锈蚀清除干净。当管道安装间断时,应及时封闭敞开的管口。

② 弯制弯管的弯曲半径:热弯不应小于管道外径的3.5倍、冷弯不应小于管道外径的4倍;焊接弯管不应小于管道外径的1.5倍;冲压弯管不应小于管道外径的1倍。弯管的最大外径与最小外径的差不应大于管道外径的8%,管壁减薄率不应大于15%。

③ 冷凝水排水管坡度,应符合设计文件的规定。当设计无规定时,其坡度宜大于或等于8‰;软管连接的长度,不宜大于150mm。

④ 热水管道与支、吊架之间,应有绝热衬垫(承压强度能满足管道重量的不燃、难燃硬质绝热材料或经防腐处理的木衬垫),其厚度不应小于绝热层厚度,宽度应大于支、吊架支承面的宽度。衬垫的表面应平整、衬垫接合面的空隙应填实。

⑤ 管道安装的坐标、标高和纵、横向的弯曲度应符合表8-29的规定。在吊顶内等暗装管道的位置应正确,无明显偏差。

检验数量:按总数抽查10%,且不得少于5处。

检验方法:尺量、观察检查。

表8-29　管道安装的允许偏差和检验方法

项目			允许偏差/mm	检查方法
坐标	架空及地沟	室外	25	按系统检查管道的起点、终点、分支点和变向点及各点之间的直管 用经纬仪、水准仪、液体连通器、水平仪、拉线和尺量检查
		室内	15	
	埋地		60	
标高	架空及地沟	室外	±20	
		室内	±15	
	埋地		±25	

续表

项目		允许偏差/mm	检查方法
水平管道平直度	DN≤100 mm	2L‰，最大 40	用直尺、拉线和尺量检查
	DN>100 mm	3L‰，最大 60	
立管垂直度		5L‰，最大 25	用直尺、线锤、拉线和尺量检查
成排管段间距		15	用直尺尺量检查
成排管段或成排阀门在同一平面上		3	用直尺、拉线和尺量检查

注：L——管道的有效长度(mm)。

(5) 钢塑复合管道的安装，当系统工作压力不大于 1.0 MPa 时，可采用涂(衬)塑焊接钢管螺纹连接，与管道配件的连接深度和扭矩应符合表 8-30 的规定；当系统工作压力为 1.0～2.5 MPa 时，可采用涂(衬)塑无缝钢管法兰连接或沟槽式连接，管道配件均为无缝钢管涂(衬)塑管件。

表 8-30 钢塑复合管螺纹连接深度及紧固扭矩

公称直径/mm		15	20	25	32	40	50	65	80	100
螺纹连接	深度/mm	11	13	15	17	18	20	23	27	33
	牙数	6.0	6.5	7.0	7.5	8.0	9.0	10.0	11.5	13.5
扭矩/N·m		40	60	100	120	150	200	250	300	400

沟槽式连接的管道，其沟槽与橡胶密封圈和卡箍套必须为配套合格产品；支、吊架的间距应符合表 8-31 的规定。

检验数量：按总数抽查 10%，且不得少于 5 处。

检验方法：尺量、观察检查、查阅产品合格证明文件。

表 8-31 沟槽式连接管道的沟槽及支、吊架的间距

公称直径/mm	沟槽深度/mm	允许偏差/mm	支、吊架的间距/mm	端面垂直度允许偏差/mm
65～100	2.20	0～+0.3	3.5	1.0
125～150	2.20	0～+0.3	4.2	1.5
200	2.50	0～+0.3	4.2	
225～250	2.50	0～+0.3	5.0	
300	3.0	0～+0.5	5.0	

注：1. 连接管端面应平整光滑、无毛刺；沟槽过深，应作为废品，不得使用。
2. 支、吊架不得支承在连接头上，水平管的任意两个连接头之间必须有支、吊架。

(6) 金属管道的支、吊架的型式、位置、间距、标高应符合设计或有关技术标准的要求。设计无规定时，应符合下列规定。

① 支、吊架的安装应平整牢固，与管道接触紧密。管道与设备连接处，应设独立支、吊架。

② 冷(热)媒水、冷却水系统管道机房内总、干管的支、吊架，应采用承重防晃管架；与设备连接的管道管架宜有减振措施。当水平支管的管架采用单杆吊架时，应在管道起始点、阀

门、三通、弯头及长度每隔 15 m 设置承重防晃支、吊架。

③ 无热位移的管道吊架，其吊杆应垂直安装；有热位移的，其吊杆应向热膨胀(或冷收缩)的反方向偏移安装，偏移量按计算确定。

④ 滑动支架的滑动面应清洁、平整，其安装位置应从支承面中心向位移反方向偏移 1/2 位移值或符合设计文件规定。

⑤ 竖井内的立管，每隔 2～3 层应设导向支架。在建筑结构负重允许的情况下，水平安装管道支、吊架的间距应符合表 8-32 的规定。

表 8-32　钢管道支、吊架的最大间距

公称直径/mm		15	20	25	32	40	50	70	80	100	125	150	200	250	300
支架的最大间距/m	L_1	1.5	2.0	2.5	2.5	3.0	3.5	4.0	5.0	5.0	5.5	6.5	7.5	8.5	9.5
	L_2	2.5	3.0	3.5	4.0	4.5	5.0	6.0	6.5	6.5	7.5	7.5	9.0	9.5	10.5
	对大于 300 mm 的管道可参考 300 mm 管道														

注：1. 适用于工作压力不大于 2.0 MPa，不保温或保温材料密度不大于 200 kg/m^3 的管道系统。

2. L_1 用于保温管道，L_2 用于不保温管道。

⑥ 管道支、吊架的焊接应由持证合格焊工施焊，并不得有漏焊、欠焊或焊接裂纹等缺陷。支架与管道焊接时，管道侧的咬边量，应小于 0.1 管壁厚。

检验数量：按系统支架数量抽查 5%，且不得少于 5 个。

检验方法：尺量、观察检查。

(7) 阀门、集气罐、自动排气装置、除污器(水过滤器)等管道部件的安装应符合设计要求，并应符合下列规定。

① 阀门安装的位置、进出口方向应正确，并便于操作；连接应牢固紧密，启闭灵活；成排阀门的排列应整齐美观，在同一平面上的允许偏差为 3 mm。

② 电动、气动等自控阀门在安装前应进行单体的调试，包括开启、关闭等动作试验。

③ 冷冻水和冷却水的除污器(水过滤器)应安装在进机组前的管道上，方向正确且便于清污。与管道连接牢固、严密，其安装位置应便于滤网的拆装和清洗。过滤器滤网的材质、规格和包扎方法应符合设计要求。

检验数量：按规格、型号抽查 10%，且不得少于 2 个。

检验方法：对照设计文件尺量、观察和操作检查。

(8) 闭式系统管路应在系统最高处及所有可能积聚空气的高点设置排气阀，在管路最低点应设置排水管及排水阀。

检验数量：按规格、型号抽查 10%，且不得少于 2 个。

检验方法：对照设计文件尺量、观察和操作检查。

8.4.2　非金属管道空调水系统安装分项工程质量控制项目及验收方法

1. 主控项目

与金属管道空调水系统安装分项工程“主控项目”同。

2. 一般项目

(1) 当空调水系统的管道,采用建筑用硬聚氯乙烯(PVC-U)、聚丙烯(PP-R)、聚丁烯(PB)与交联聚乙烯(PEX)等有机材料管道时,其连接方法应符合设计和产品技术要求的规定。

检验数量:按总数抽查20%,且不得少于2处。

检验方法:观察检查,验证产品合格证书和试验记录。

(2) 采用建筑用硬聚氯乙烯(PVC-U)、聚丙烯(PP-R)与交联聚乙烯(PEX)等管道时,管道与金属支、吊架之间应有隔绝措施,不可直接接触。当管道为热水管道时,还应加宽其接触的面积。支、吊架的间距应符合设计和产品技术要求的规定。

检验数量:按系统支架数量抽查5%,且不得少于5个。

检验方法:观察检查。

(3)"管道的支吊架"与金属管道空调水系统安装分项工程"一般项目"(6)同。

(4)"阀门的安装"与金属管道空调水系统安装分项工程"一般项目"(7)同。

(5)"系统放气阀与排水阀"与金属管道空调水系统安装分项工程"一般项目"(8)同。

8.4.3 空调水系统设备安装分项工程质量控制项目及验收方法

1. 主控项目

(1) 空调工程水系统的设备与附属设备、管道、管配件及阀门的型号、规格、材质及连接形式应符合设计规定。

检验数量:按总数抽查10%,且不得少于5件。

检验方法:观察检查外观质量并检查产品质量证明文件、材料进场验收记录。

(2) 冷却塔的型号、规格、技术参数必须符合设计要求。对含有易燃材料冷却塔的安装,必须严格执行施工防火安全的规定。

检验数量:全数检查。

检验方法:按图纸核对,监督执行安全防火规定。

(3) 水泵的规格、型号、技术参数应符合设计要求和产品性能指标。水泵正常连续试运行的时间,不应少于2 h。

检验数量:全数检查。

检验方法:按图纸核对,实测或查阅水泵试运行记录。

(4) 水箱、集水缸、分水缸、储冷罐的满水试验或水压试验必须符合设计要求。储冷罐内壁防腐涂层的材质、涂抹质量、厚度必须符合设计或产品技术文件要求,储冷罐与底座必须进行绝热处理。

检验数量:全数检查。

检验方法:观察检查,查阅安装和试验记录。

2. 一般项目

(1) 风机盘管机组及其他空调设备与管道的连接,宜采用弹性接管或软接管(金属或非金属软管),其耐压值应大于或等于1.5倍的工作压力。软管的连接应牢固、不应有强扭和瘪管。

检验数量:按总数抽查10%,且不得少于5处。

检验方法:观察、查阅产品合格证明文件。

(2) 冷却塔安装应符合下列规定。

① 基础标高应符合设计的规定,允许误差为±20 mm。冷却塔地脚螺栓与预埋件的连接或固定应牢固,各连接部件应采用热镀锌或不锈钢螺栓,其紧固力应一致、均匀。

② 冷却塔安装应水平,单台冷却塔安装水平度和垂直度允许偏差均为2‰。同一冷却水系统的多台冷却塔安装时,各台冷却塔的水面高度应一致,高差不应大于30 mm。

③ 冷却塔的出水口及喷嘴的方向和位置应正确,积水盘应严密无渗漏;分水器布水均匀。带转动布水器的冷却塔,其转动部分应灵活,喷水出口按设计或产品要求,方向应一致。

④ 冷却塔风机叶片端部与塔体四周的径向间隙应均匀。对于可调整角度的叶片,角度调整应一致。

检验数量:全数检查。

检验方法:尺量、观察检查,积水盘做充水试验或查阅试验记录。

(3) 水泵及附属设备的安装应符合下列规定。

① 水泵的平面位置和标高允许偏差为±10 mm,安装的地脚螺栓应垂直、拧紧,且与设备底座接触紧密。

② 垫铁组放置位置正确、平稳,接触紧密,每组垫铁不超过3块。

③ 整体安装的泵,纵向水平偏差不应大于0.1‰,横向水平偏差不应大于0.20‰;解体安装的泵纵、横向安装水平偏差均不应大于0.05‰;水泵与电机采用联轴器连接时,联轴器两轴芯的允许偏差,轴向倾斜不应大于0.2‰,径向位移不应大于0.05 mm;小型整体安装的管道水泵不应有明显偏斜。

④ 减震器与水泵及水泵基础连接牢固、平稳、接触紧密。

检验数量:全数检查。

检验方法:扳手试拧、观察检查,用水平仪和塞尺测量或查阅设备安装记录。

(4) 水箱、集水器、分水器、储冷罐等设备的安装,支架或底座的尺寸、位置符合设计要求。设备与支架或底座接触紧密,安装平正、牢固。平面位置允许偏差为15 mm,标高允许偏差为±5 mm,垂直度允许偏差为1‰。

膨胀水箱安装的位置及接管的连接,应符合设计文件的要求。

检验数量:全数检查。

检验方法:尺量、观察检查,旁站或查阅试验记录。

(5) 冷冻水和冷却水的除污器(水过滤器)应安装在进机组前的管道上,方向正确;与管道连接牢固、严密,其安装位置应便于便于清污和滤网的拆装和清洗。过滤器滤网的材质、规格和包扎方法应符合设计要求。

检验数量:按规格、型号抽查10%,且不得少于2个。

检验方法:对照设计文件尺量、观察和操作检查。

8.5 管道的防腐与绝热

管道的防腐与绝热工程一般按照风管系统防腐与绝热施工、管道系统的防腐与绝热施工两个项目划分分项工程。

8.5.1 风管系统防腐与绝热施工分项工程质量控制项目及验收方法

1. 主控项目

(1) 风管和管道的绝热,应采用不燃或难燃材料,其材质、密度、规格与厚度应符合设计要求。如采用难燃材料时,应对其难燃性进行检查,合格后方可使用。

检验数量:按批随机抽查1件。

检验方法:观察检查、检查材料合格证,并做点燃试验。

(2) 防腐涂料和油漆,必须是在有效保质期限内的合格产品。

检验数量:按批检查。

检验方法:观察、检查材料出厂合格证明文件。

(3) 在下列场合必须使用不燃绝热材料。

1) 电加热器前后800 mm的风管和绝热层;

2) 穿越防火隔墙两侧2 m范围内风管、管道和绝热层。

检验数量:全数检查。

检验方法:观察、检查材料合格证明文件、做点燃试验。

(4) 输送介质温度低于周围空气露点温度的管道,当采用非闭孔性绝热材料时,隔汽层(防潮层)必须完整,且封闭良好。

检验数量:按数量抽查10%,且不得少于5段。

检验方法:观察检查。

(5) 位于洁净室内的风管及管道的绝热,不应采用易产生尘埃的材料(如玻璃纤维、短纤维矿棉等)。

检验数量:全数检查。

检验方法:观察检查。

2. 一般项目

(1)喷、涂油漆的漆膜应均匀、无堆积、皱纹、气泡、掺杂、混色与漏涂等缺陷。

检验数量:按面积抽查10%。

检验方法:观察检查。

(2) 各类空调设备、部件的油漆喷、涂,不得遮盖铭牌标志和影响部件功能的使用。

检验数量:按数量抽查10%,且不得少于2个。

检验方法:观察检查。

(3) 风管系统部件的绝热,不得影响其操作功能。

检验数量:按数量抽查10%,且不得少于2个。

检验方法:观察检查。

(4) 绝热材料层应密实,无裂缝、空隙等缺陷。表面应平整,当采用卷材或板材时,允许偏差为5 mm;采用涂抹或其他方式时,允许偏差为10 mm。防潮层(包括绝热层的端部)应完整,且封闭良好;其搭接缝应顺水。

检验数量:管道按轴线长度抽查10%;部件、阀门抽查10%,且不得少于2个。

检验方法:观察检查、用钢丝刺入保温层、尺量。

(5) 风管绝热层采用粘结方法固定时,施工应符合下列规定。

① 粘结剂的性能应符合使用温度和环境卫生的要求,并与绝热材料相匹配;

② 粘结材料宜均匀地涂在风管、部件或设备的外表面上,绝热材料与风管、部件及设备表面应紧密贴合,无空隙。

③ 绝热层纵、横向的接缝,应错开。

④ 绝热层粘贴后,如进行包扎或捆扎,包扎时搭接处应均匀、贴紧;捆扎时应松紧适度,不得损坏绝热层。

检验数量:按数量抽查10%。

检验方法:观察检查,检查材料合格证和施工记录。

(6) 风管绝热层采用保温钉连接固定时,应符合下列规定。

① 保温钉与风管、部件及设备表面的连接,可采用粘接或焊接,结合应牢固,不得脱落;焊接后应保持风管的平整,并不应影响镀锌钢板的防腐性能。

② 矩形风管或设备保温钉的分布应均匀,其数量为:底面每平方米不应少于16个,侧面不应少于10个,顶面不应少于8个。首行保温钉至风管或保温材料边沿的距离应小于120 mm。

③ 风管法兰部位的绝热层的厚度,不应低于风管绝热层的0.8倍;

④ 带有防潮隔汽层绝热材料的拼缝处,应用粘胶带封严。粘胶带的宽度不应小于50 mm。粘胶带应牢固地粘贴在防潮面层上,不得有胀裂和脱落。

检验数量:按数量抽查10%,且不得少于5处。

检验方法:观察检查。

(7) 使用绝热涂料作绝热层时,应分层涂抹,厚度均匀,不得有气泡和漏涂等缺陷,表面固化层应光滑,牢固无缝隙。

检验数量:按数量抽查10%。

检验方法:观察检查。

(8) 当采用玻璃纤维布作绝热保护层时,搭接的宽度应均匀,宜为30～50 mm,且松紧适度。

检验数量:按数量抽查10%,且不得少于10 m^2。

检验方法:尺量、观察检查。

(9) 金属保护壳的施工,应符合下列规定:

1) 应紧贴绝热层,不得有脱壳、褶皱、强行接口等现象。接口的搭接应顺水,并有凸筋加强,搭接尺寸为20～25 mm。采用自攻螺钉固定时,螺钉间距应匀称,并不得刺破防潮层。

2) 户外金属保护壳的纵、横向接缝,应顺水;其纵向接缝应位于管道的侧面。金属保护壳与外墙面或屋顶的交接处应加设泛水。

检验数量:按数量抽查10%。

检验方法:观察检查。

8.5.2 管道系统防腐与绝热施工分项工程质量控制项目及验收方法

1. 主控项目

与风管系统防腐与绝热施工分项工程"主控项目"同。

2. 一般项目

(1)“防腐涂层质量”与风管系统防腐与绝热施工分项工程“一般项目”(1)同。

(2)“空调设备、部件油漆或绝热”与风管系统防腐与绝热施工分项工程“一般项目”(2)同。

(3)“绝热材料厚度及平整度”与风管系统防腐与绝热施工分项工程“一般项目”(3)同。

(4)“绝热涂料”与风管系统防腐与绝热施工分项工程“一般项目”(6)同。

(5)“玻璃布保护层的施工”与风管系统防腐与绝热施工分项工程“一般项目”(7)同。

(6)管道阀门、过滤器及法兰部位的绝热结构应能单独拆卸。

检验数量:按数量抽查10%,且不得少于5个。

检验方法:观察检查。

(7)管道绝热层的施工,应符合下列规定。

① 绝热产品的材质和规格,应符合设计要求,管壳的粘贴应牢固、铺设应平整;绑扎应紧密,无滑动、松弛与断裂现象。

② 硬质或半硬质绝热管壳的拼接缝隙,保温时不应大于5 mm、保冷时不应大于2 mm,并用粘接材料勾缝填满;纵缝应错开,外层的水平接缝应设在侧下方。当绝热层的厚度大于100 mm时,应分层铺设,层间应压缝。

③ 硬质或半硬质绝热管壳应用金属丝或难腐织带捆扎,其间距为300～350 mm,且每节至少捆扎2道。

④ 松散或软质绝热材料应按规定的密度压缩其体积,疏密应均匀。毡类材料在管道上包扎时,搭接处不应有空隙。

检验数量:按数量抽查10%,且不得少于10段。

检验方法:尺量、观察检查及查阅施工记录。

(8)管道防潮层的施工应符合下列规定。

① 防潮层应紧密粘贴在绝热层上,封闭良好,不得有虚粘、气泡、褶皱、裂缝等缺陷。

② 立管的防潮层,应由管道的低端向高端敷设,环向搭接的缝口应朝向低端;纵向的搭接缝应位于管道的侧面,并顺水。

③ 卷材防潮层采用螺旋形缠绕的方式施工时,卷材的搭接宽度宜为30～50 mm。

检验数量:按数量抽查10%,且不得少于10 m。

检验方法:尺量、观察检查。

(9)“金属保护层的施工”与风管系统防腐与绝热施工分项工程“一般项目”(8)同。

(10)冷热源机房内制冷系统管道的外表面,应做色标。

检验数量:按数量抽查10%。

检验方法:观察检查。

8.6 通风与空调安装工程系统调试

通风与空调安装工程系统调试分项工程质量控制项目及验收方法

1. 主控项目

(1)通风机、空调机组中的风机,叶轮旋转方向正确、运转平稳、无异常振动与声响,其电机运行各项参数应符合设备技术文件的规定。在额定转速下连续运转2h后，滑动轴承外壳最高温度不得超过70℃；滚动轴承不得超过80℃。

检验数量：按风机数量抽查10%，且不得少于1台。

检验方法：观察、旁站、用声级计测定、查阅试运转记录及有关文件。

(2) 水泵叶轮旋转方向正确，无异常振动和声响，紧固连接部位无松动，其电机运行功率值符合设备技术文件的规定。水泵连续运转2h后，滑动轴承外壳最高温度不得超过70℃；滚动轴承不得超过75℃。

检验数量：全数检查。

检验方法：观察、旁站、用声级计测定、查阅试运转记录及有关文件。

(3) 冷却塔本体应稳固、无异常振动，其噪声应符合设备技术文件的规定。风机试运转按本"主控项目"(1)执行。冷却塔风机与冷却水系统循环试运行不少于2h，运行应无异常情况。

检验数量：全数检查。

检验方法：观察、旁站、用声级计测定、查阅试运转记录及有关文件。

(4) 制冷机组、单元式空调机组的试运转，应符合设备技术文件和现行国家标准《制冷设备、空气分离设备安装工程施工及验收规范》(GB 50274—1998)的有关规定，正常运转不少于8h。

检验数量：全数检查。

检验方法：观察、旁站、用声级计测定、查阅试运转记录及有关文件。

(5) 电控防火、防排烟风阀(口)的手动、电动操作应灵活、可靠，信号输出正确。

检验数量：按系统中风阀的数量抽查20%，且不得少于5件。

检验方法：观察、旁站、用声级计测定、查阅试运转记录及有关文件。

(6) 系统总风量调试结果与设计风量的偏差不应大于10%。

检验数量：按风管系统数量抽查10%，且不得少于1个系统。

检验方法：观察、旁站、查阅调试记录。

(7) 空调冷、热水、冷却水总流量测试结果与设计流量的偏差不应大于10%。

检验数量：按风管系统数量抽查10%，且不得少于1个系统。

检验方法：观察、旁站、查阅调试记录。

(8) 舒适空调的温度、相对湿度应符合设计的要求。恒温、恒湿房间室内空气温度、相对湿度及波动范围应符合设计规定。

检验数量：按风管系统数量抽查10%，且不得少于1个系统。

检验方法：观察、旁站、查阅调试记录。

(9) 防排烟系统联合试运行与调试的结果(风量及正压)，必须符合设计与消防的规定。

检验数量：按总数抽查10%，且不得少于2个楼层。

检验方法：观察、旁站、查阅调试记录。

(10) 净化空调系统还应符合下列规定。

① 单向流洁净室系统的系统总风量调试结果与设计风量的允许偏差为0～20%，室内各风口风量与设计风量的允许偏差为15%。新风量与设计新风量的允许偏差为10%。

② 单向流洁净室系统的室内截面平均风速的允许偏差为0～20%，且截面风速不均匀度不应大于0.25。新风量和设计新风量的允许偏差为10%。

③ 相邻不同级别洁净室之间、洁净室与非洁净室之间的静压差不应小于 5 Pa，洁净室与室外的静压差不应小于 10 Pa。

④ 室内空气洁净度等级必须符合设计规定的等级或在商定验收状态下的等级要求。

高于等于 5 级的单向流洁净室，在门开启的状态下，测定距离门 0.6 m 室内侧工作高度处空气的含尘浓度，亦不应超过室内洁净度等级上限的规定。

检验数量：调试记录全数检查，测点抽查 5%，且不得少于 1 点。

检验方法：检查、验证调试记录。

2. 一般项目

(1) 风机、空调机组、风冷热泵等设备运行时，产生的噪声不宜超过产品性能说明书的规定值。

检验数量：抽查 20%，且不得少于 1 台。

检验方法：观察、旁站、查阅试运转记录。

(2) 风机盘管机组的三速、温控开关的动作应正确，并与机组运行状态一一对应。

检验数量：抽查 10%，且不得少于 5 台。

检验方法：观察、旁站、查阅试运转记录。

(3) 水泵运行时不应有异常振动和声响、壳体密封处不得渗漏、紧固连接部位不应松动、轴封的温升应正常；在无特殊要求的情况下，普通填料泄漏量不应大于 60 mL/h，机械密封的不应大于 5 mL/h。

检验数量：抽查 20%，且不得少于 1 台。

检验方法：观察、旁站、查阅试运转记录。

(4) 系统经过平衡调整，各风口或吸风罩的风量与设计风量的允许偏差不应大于 15%。

检验数量：按系统数量抽查 10%，且不得少于 1 个系统或 1 个房间。

检验方法：观察、用仪表测量检查及查阅调试记录。

(5) 空调工程水系统调试及无生产负荷联动试运转应符合下列规定。

① 空调工程水系统应冲洗干净、不含杂物，并排除管道系统中的空气；系统连续运行应达到正常、平稳；水泵的压力和水泵电机的电流不应出现大幅波动。系统平衡调整后，各空调机组的水流量应符合设计要求，允许偏差为 20%。

② 多台冷却塔并联运行时，各冷却塔的进、出水量应达到均衡一致。

检验数量：按系统数量抽查 10%，且不得少于 1 个系统或 1 个房间。

检验方法：观察、用仪表测量检查及查阅调试记录。

(6) 各种自动计量检测元件和执行机构的工作应正常，满足建筑设备自动化（BA、FA 等）系统对被测定参数进行检测和控制的要求。

检验数量：按系统数量抽查 10%，且不得少于 1 个系统或 1 个房间。

检验方法：观察、用仪表测量检查及查阅调试记录。

(7) 空调房间的有关于技术参数应符合下列要求。

① 空调室内噪声应符合设计规定要求。

② 有压差要求的房间、厅堂与其他相邻房间之间的压差，舒适性空调正压为 0～25 Pa；工艺性的空调应符合设计的规定。

③ 有环境噪声要求的场所，制冷、空调机组应按现行国家标准《采暖通风与空气调节设备噪声声功率级的测定——工程法》(GB 9068—1988)的规定进行测试。洁净室内的噪声

应符合设计的规定。

检验数量:按系统数量抽查10%,且不得少于1个系统或1个房间。

检验方法:观察、用仪表测量检查及查阅调试记录。

(8) 通风与空调工程的控制和监测设备,应能与系统的检测元件和执行机构正常沟通,系统的状态参数应能正确显示,设备联锁、自动调节、自动保护应能正确动作。

检验数量:按系统或监测系统总数抽查30%,且不得少于1个系统。

检验方法:旁站观察,查阅调试记录。

【实训四】 通风与空调工程质量验收

一、实训目的

1. 了解通风与空调工程质量验收的主要内容及要求;

2. 熟悉通风与空调工程施工质量验收的组织、程序及检验资料的填写方法;

3. 能进行通风与空调工程质量分阶段验收。

二、实训过程

1. 引入典型工程案例,在教师的指导下,学生可以分组(也可以独立)完成案例项目中的通风与空调分部(子分部)、分项、检验批工程的验收及资料填写;

2. 学生完成后集体进行交流,然后教师进行讲评。

三、实训方法

采用案例法。

第9章

电梯安装工程

电梯安装工程可以按照电梯不同的规格型号划分子项目，依据《电梯工程施工质量验收规范》(GB 50310—2002)，本章主要研究电力驱动的曳引式或强制式电梯；液压电梯；自动扶梯、自动人行道等三种常见的电梯，分别按照三个子项介绍安装施工质量控制项目及验收方法(不适用于杂物电梯)。

9.1 电力驱动的曳引式或强制式电梯

电力驱动的曳引式或强制式电梯安装质量验收一般按照设备进场质量；土建基础交接质量；驱动主机安装质量；导轨安装质量；电梯门系统安装质量；轿厢及对重(平衡重)安装质量；安全部件安装质量；悬挂装置、随行电缆、补偿装置安装质量；电气装置安装质量；整机安装质量等10个项目划分分项工程。

9.1.1 电力驱动的曳引式或强制式电梯设备进场分项工程质量控制项目及验收方法

1. 主控项目

随机文件必须包括下列资料：土建布置图；产品出厂合格证；门锁装置、限速器、安全钳及缓冲器的型式试验证书复印件。

检验方法：旁站、现场逐件登记检查。

2. 一般项目

(1) 随机文件还应包括下列资料：装箱单；安装、使用维护说明书；动力电路和安全电路的电气原理图。

检验方法：旁站、现场逐件登记检查。

(2) 设备零部件应与装箱单内容相符。

检验方法：旁站、现场逐件登记检查。

(3) 设备外观不应存在明显的损坏。

检验方法：旁站、现场逐件登记检查。

9.1.2 电梯安装土建交接分项工程质量控制项目及验收方法

1. 主控项目

(1) 机房(如果有)内部、井道土建(钢架)结构及布置必须符合电梯土建布置图的要求。

检验方法:旁站、对照图纸检查。

(2) 主电源开关必须符合下列规定。

① 主电源开关应能够切断电梯正常使用情况下的最大电流。

② 对有机房电梯该开关应能从机房入口处方便地接近。

③ 对无机房电梯该开关应设置在井道外工作人员方便接近的地方,且应具有必要的安全防护。

检验方法:查阅材料进场证明文件,现场观察检查。

(3) 井道必须符合下列规定。

① 当底坑底面下有人员能到达的空间存在,且对重(或平衡重)上未设有安全钳装置时,对重缓冲器必须能安装在(或平衡重运行区域的下边)一直延伸到坚固地面上的实心桩墩上。

② 电梯安装之前,所有层门预留孔必须设有高度不小于 1.2 m 的安全保护围封,并应保证有足够的强度。

③ 当相邻两层门地坎间的距离大于 11 m 时,其间必须设置井道安全门,井道安全门严禁向井道内开启,且必须装有安全门处于关闭时电梯才能运行的电气安全装置。当相邻轿厢间有相互救援用轿厢安全门时,可不执行本款。

检验方法:对照设计文件及图纸要求,现场观察检查。

2. 一般项目

机房(如果有)还应符合下列规定。

① 机房内应设有固定的电气照明,地板表面上的照度不应小于 200 lx。机房内应设置一个或多个电源插座。在机房内靠近入口的适当高度处应设有一个开关或类似装置控制机房照明电源。

② 机房内应通风,从建筑物其他部分抽出的陈腐空气,不得排入机房内。

③ 应根据产品供应商的要求,提供设备进场所需要的通道和搬运空间。

④ 电梯工作人员应能方便地进入机房或滑轮间,而不需要临时借助于其他辅助设施。

⑤ 机房应采用经久耐用且不易产生灰尘的材料建造,机房内的地板应采用防滑材料(此项可在电梯安装后验收)。

⑥ 在一个机房内,当有两个以上不同平面的工作平台,且相邻平台高度差大于 0.5 m 时,应设置楼梯或台阶,并应设置高度不小于 0.9 m 的安全防护栏杆。当机房地面有深度大于 0.5 m 的凹坑或槽坑时,均应加盖。供人员活动空间和工作台面以上的净高度不应小于 1.8 m。

⑦ 供人员进出的检修活板门应有不小于 0.8 m×0.8 m 的净通道,开门到位后应能自行保持在开启位置。检修活板门关闭后应能支撑两个人的重量(按每个人在门的任意 0.2 m×0.2 m 面积上作用 1 000 N 的力计算),不得有永久性变形。

⑧ 门或检修活板门应装有带钥匙的锁,它应从机房内不用钥匙打开。只供运送器材的活板门,可只在机房内部锁住。

⑨ 电源零线和接地线应分开。机房内接地装置的接地电阻值不应大于 4 Ω。

⑩ 机房应有良好的防渗、防漏水保护。

检验方法:尺量、仪表实测或查阅测试记录、现场观测检查。

9.1.3 电力驱动的曳引式或强制式电梯驱动主机安装分项工程质量控制项目及验收方法

1. 主控项目

紧急操作装置动作必须正常。可拆卸的装置必须置于驱动主机附近易接近处，紧急救援操作说明必须贴于紧急操作时易见处。

检验方法：单件测试旁站，现场观察检查。

2. 一般项目

(1) 当驱动主机承重梁需埋入承重墙时，埋入端长度应超过墙厚中心至少 20 mm，且支承长度不应小于 75 mm。

检验方法：尺量、现场观察或查阅隐蔽工程施工记录。

(2) 制动器动作应灵活，制动间隙调整应符合产品设计要求。

检验方法：现场观察检查。

(3) 驱动主机、驱动主机底座与承重梁的安装应符合产品设计要求。

检验方法：现场观察检查。

(4) 驱动主机减速箱（如果有）内油量应在油标所限定的范围内。

检验方法：现场观察检查。

(5) 机房内钢丝绳与楼板孔洞边间隙应为 20～40 mm，通向井道的孔洞四周应设置高度不小于 50 mm 的台缘。

检验方法：尺量、现场观察检查。

9.1.4 电梯导轨安装分项工程质量控制项目及验收方法

1. 主控项目

导轨安装位置必须符合土建布置图要求。

检验方法：依据图纸，现场观察检查。

2. 一般项目

(1) 两列导轨顶面间的距离偏差应为：轿厢导轨 0～+2 mm；对重导轨 0～+3 mm。

检验方法：尺量、现场观察检查。

(2) 导轨支架在井道壁上的安装应固定可靠。预埋件应符合土建布置图要求。锚栓（如膨胀螺栓等）固定应在井道壁的混凝土构件上使用，其连接强度与承受振动的能力应满足电梯产品设计要求，混凝土构件的压缩强度应符合土建布置图要求。

检验方法：查阅试验记录、对照图纸现场检查。

(3) 每列导轨工作面（包括侧面与顶面）与安装基准线每 5 m 的偏差均不应大于下列数值。

轿厢导轨和设有安全钳的对重（平衡重）导轨为 0.6 mm；不设安全钳的对重（平衡重）导轨为 1.0 mm。

检验方法：尺量或查阅安装记录检查。

(4) 轿厢导轨和设有安全钳的对重（平衡重）导轨工作面接头处不应有连续缝隙，导轨接头处台阶不应大于 0.05 mm。如超过应修平，修平长度应大于 150 mm。

检验方法：尺量、现场观察检查。

(5) 不设安全钳的对重(平衡重)导轨接头处缝隙不应大于 1.0 mm，导轨工作面接头处台阶不应大于 0.15 mm。

检验方法：尺量、现场观察检查。

9.1.5 电梯门系统安装分项工程质量控制项目及验收方法

1. 主控项目

(1) 层门地坎至轿厢地坎之间的水平距离偏差为 0～＋3 mm，且最大距离严禁超过 35 mm。

检验方法：尺量、现场观察检查。

(2) 层门强迫关门装置必须动作正常。

检验方法：现场观察检查。

(3) 动力操纵的水平滑动门在关门开始的 1/3 行程之后，阻止关门的力严禁超过 150 N。

检验方法：尺量、现场观察检查。

(4) 层门锁钩必须动作灵活，在证实锁紧的电气安全装置动作之前，锁紧元件的最小啮合长度为 7 mm。

检验方法：尺量、现场观察检查。

2. 一般项目

(1) 门刀与层门地坎、门锁滚轮与轿厢地坎间隙不应小于 5 mm。

检验方法：尺量、现场观察检查。

(2) 层门地坎水平度不得大于 2‰，地坎应高出装修地面 2～5 mm。

检验方法：尺量、现场观察检查。

(3) 层门指示灯盒、召唤盒和消防开关盒应安装正确，其面板与墙面贴实，横竖端正。

检验方法：现场观察检查。

(4) 门扇与门扇、门扇与门套、门扇与门楣、门扇与门口处轿壁、门扇下端与地坎的间隙，乘客电梯不应大于 6 mm，载货电梯不应大于 8 mm。

检验方法：尺量、现场观察检查。

9.1.6 电梯轿厢及对重(平衡重)安装分项工程质量控制项目及验收方法

1. 主控项目

当距轿厢底面在 1.1 m 以下使用玻璃轿壁时，必须在距轿厢底面 0.9～1.1 m 的高度安装扶手，且扶手必须独立地固定，不得与玻璃有关。

检验方法：尺量、现场观察检查。

2. 一般项目

(1) 当轿厢有反绳轮时，反绳轮应设置防护装置和挡绳装置。

检验方法:现场观察检查。

(2) 当轿顶外侧边缘至井道壁水平方向的自由距离大于 0.3 m 时,轿顶应装设防护栏及警示性标识。

检验方法:尺量、现场观察检查。

(3) 当对重(平衡重)架有反绳轮,反绳轮应设置防护装置和挡绳装置。

检验方法:现场观察检查。

(4) 对重(平衡重)块应可靠固定。

检验方法:现场观察或查阅安装记录检查。

9.1.7 电梯安全部件安装分项工程质量控制项目及验收方法(同时适用于液压电梯安全部件安装检验批工程的验收)

1. 主控项目

(1) 限速器动作速度整定封记必须完好,且无拆动痕迹。

检验方法:现场观察检查。

(2) 当安全钳可调节时,整定封记应完好,且无拆动痕迹。

检验方法:尺量、现场观察检查。

2. 一般项目

(1) 限速器张紧装置与其限位开关相对位置安装应正确。

检验方法:对照图纸、现场观察检查。

(2) 安全钳与导轨的间隙应符合产品设计要求。

检验方法:对照产品设计文件要求、尺量、现场观察检查。

(3) 轿厢在两端站平层位置时,轿厢、对重的缓冲器撞板与缓冲器顶面间的距离应符合土建布置图要求。轿厢、对重的缓冲器撞板中心与缓冲器中心的偏差不应大于 20 mm。

(4) 液压缓冲器柱塞铅垂度不应大于 0.5%,充液量应正确。

检验方法:尺量、现场观察检查。

9.1.8 悬挂装置、随行电缆、补偿装置安装分项工程质量控制项目及验收方法

1. 主控项目

(1) 绳头组合必须安全可靠,且每个绳头组合必须安装防螺母松动和脱落的装置。

检验方法:现场观察检查。

(2) 钢丝绳严禁有死弯。

检验方法:现场观察检查。

(3) 当轿厢悬挂在两根钢丝绳或链条上,且其中一根钢丝绳或链条发生异常相对伸长时,为此装设的电气安全开关应动作可靠。

检验方法:调试旁站、现场观察检查。

(4) 随行电缆严禁有打结和波浪扭曲现象。

检验方法:现场观察检查。

2. 一般项目

(1) 每根钢丝绳张力与平均值偏差不应大于5%。

检验方法:张力试验或查验安装记录、现场观察检查。

(2) 随行电缆的安装应符合下列规定。

① 随行电缆端部应固定可靠。

② 随行电缆在运行中应避免与井道内其他部件干涉。当轿厢完全压在缓冲器上时,随行电缆不得与底坑地面接触。

检验方法:现场观察检查。

(3) 补偿绳、链、缆等补偿装置的端部应固定可靠。

检验方法:现场观察检查。

(4) 对补偿绳的张紧轮,验证补偿绳张紧的电气安全开关应动作可靠。张紧轮应安装防护装置。

检验方法:查阅安装记录、现场观察检查。

9.1.9 电梯电气装置安装分项工程质量控制项目及验收方法(同时适用于液压电梯电气装置安装检验批工程的验收)

1. 主控项目

(1) 电气设备接地必须符合下列规定。

① 所有电气设备及导管、线槽的外露可导电部分均必须可靠接地(PE)。

② 接地支线应分别直接接至接地干线接线柱上,不得互相连接后再接地。

检验方法:现场观察检查。

(2) 导体之间和导体对地之间的绝缘电阻必须大于1 000 Ω/V,且其值不得小于以下要求。

① 动力电路和电气安全装置电路:0.5 MΩ;

② 其他电路(控制、照明、信号等):0.25 MΩ。

检验方法:摇表实测或查阅安装记录检查。

2. 一般项目

(1) 主电源开关不应切断下列供电电路。

① 轿厢照明和通风。

② 机房和滑轮间照明。

③ 机房、轿顶和底坑的电源插座。

④ 井道照明。

⑤ 报警装置。

检验方法:查阅安装记录或现场观察检查。

(2) 机房和井道内应按产品要求配线。软线和无护套电缆应在导管、线槽或能确保起到等效防护作用的装置中使用。护套电缆和橡套软电缆可明敷于井道或机房内使用,但不得明敷于地面。

检验方法:现场观察检查。

(3) 导管、线槽的敷设应整齐牢固。线槽内导线总面积不应大于线槽净面积60%;导管内导线总面积不应大于导管内净面积40%;软管固定间距不应大于1 m,端头固定间距不应大于 0.1 m。

检验方法:尺量、现场观察检查。

(4) 接地支线应采用黄绿相间的绝缘导线。

检验方法:现场观察检查。

(5) 控制柜(屏)的安装位置应符合电梯土建布置图中的要求。

检验方法:对照图纸、现场观察检查。

9.1.10 电梯整机安装分项工程质量控制项目及验收方法

1. 主控项目

(1) 安全保护验收必须符合下列规定。

① 必须检查以下安全装置或功能。

(a) 断相、错相保护装置或功能。当控制柜三相电源中任何一相断开或任何二相错接时,断相、错相保护装置或功能应使电梯不发生危险故障(当错相不影响电梯正常运行时可没有错相保护装置或功能)。

(b) 短路、过载保护装置。动力电路、控制电路、安全电路必须有与负载匹配的短路保护装置;动力电路必须有过载保护装置。

(c) 限速器。限速器上的轿厢(对重、平衡重)下行标志必须与轿厢(对重、平衡重)的实际下行方向相符。限速器铭牌上的额定速度、动作速度必须与被检电梯相符。

(d) 安全钳。安全钳必须与其型式试验证书相符。

(e) 缓冲器。缓冲器必须与其型式试验证书相符。

(f) 门锁装置。门锁装置必须与其型式试验证书相符。

(g) 上、下极限开关。上、下极限开关必须是安全触点,在端站位置进行动作试验时必须动作正常。在轿厢或对重(如果有)接触缓冲器之前必须动作,且缓冲器完全压缩时,保持动作状态。

(h) 轿顶、机房(如果有)、滑轮间(如果有)、底坑停止装置。位于轿顶、机房、滑轮间、底坑的停止装置的动作必须正常。

② 下列安全开关,必须动作可靠:限速器绳张紧开关;液压缓冲器复位开关;有补偿张紧轮时,补偿绳张紧开关;当额定速度大于 3.5 m/s 时,补偿绳轮防跳开关;轿厢安全窗(如果有)开关;安全门、底坑门、检修活板门(如果有)开关;对可拆卸式紧急操作装置所需要的安全开关;悬挂钢丝绳(链条)为两根时,防松动安全开关。

检验方法:查验试验证书、现场试车、旁站、观察检查。

(2) 限速器安全钳联动试验必须符合下列规定。

① 限速器与安全钳电气开关在联动试验中必须动作可靠,且应使驱动主机立即制动。

② 对瞬时式安全钳,轿厢应载有均匀分布的额定载重量;对渐进式安全钳,轿厢应载有均匀分布的 125%额定载重量。当短接限速器及安全钳电气开关,轿厢以检修速度下行,人为使限速器机械动作时,安全钳应可靠动作,轿厢必须可靠制动,且轿底倾斜度不应大于 5%。

检验方法:联动动作试验、尺量、现场观察检查。

(3) 层门与轿门的试验必须符合下列规定。

① 每层层门必须能够用三角钥匙正常开启。

② 当一个层门或轿门(在多扇门中任何一扇门)非正常打开时,电梯严禁启动或继续运行。

检验方法:旁站、现场观察检查。

(4) 曳引式电梯的曳引能力试验必须符合下列规定。

① 轿厢在行程上部范围空载上行及行程下部范围载有 125%额定载重量下行,分别停层 3 次以上,轿厢必须可靠地制停(空载上行工况应平层)。轿厢载有 125%额定载重量以正常运行速度下行时,切断电动机与制动器供电,电梯必须可靠制动。

② 当对重完全压在缓冲器上,且驱动主机按轿厢上行方向连续运转时,空载轿厢严禁向上提升。

检验方法:旁站、现场观察检查。

2. 一般项目

(1) 曳引式电梯的平衡系数应为 0.4～0.5。

检验方法:查阅使用维护说明书。

(2) 电梯安装后应进行运行试验;轿厢分别在空载、额定载荷工况下,按产品设计规定的每小时启动次数和负载持续率各运行 1 000 次(每天不少于 8 h),电梯应运行平稳、制动可靠、连续运行无故障。

检验方法:查阅试车运行记录、现场观察检查。

(3) 噪声检验应符合下列规定。

① 机房噪声:对额定速度小于等于 4 m/s 的电梯,不应大于 80 dB(A);对额定速度大于 4 m/s 的电梯,不应大于 85 dB(A)。

② 乘客电梯和病床电梯运行中轿内噪声:对额定速度小于等于 4 m/s 的电梯,不应大于 55 dB(A);对额定速度大于 4 m/s 的电梯,不应大于 60 dB(A);

③ 乘客电梯和病床电梯的开关门过程噪声不应大于 65 dB(A)。

检验方法:查阅试车记录、现场实测检查。

(4) 平层准确度检验应符合下列规定。

① 额定速度小于等于 0.63 m/s 的交流双速电梯,应在±15 mm 的范围内。

② 额定速度大于 0.63 m/s 且小于等于 1.0 m/s 的交流双速电梯,应在±30 mm 的范围内。

③ 其他调速方式的电梯,应在±15 mm 的范围内。

检验方法:查阅试车记录、现场实测检查。

(5) 运行速度检验应符合下列规定。

当电源为额定频率和额定电压、轿厢载有 50%额定载荷时,向下运行至行程中段(除去加减速段)时的速度,不应大于额定速度的 105%,且不应小于额定速度的 92%。

检验方法:查阅试车记录、现场实测检查。

(6) 观感检查应符合下列规定。

① 轿门带动层门开、关运行,门扇与门扇、门扇与门套、门扇与门楣、门扇与门口处轿壁、门扇下端与地坎应无刮碰现象。

② 门扇与门扇、门扇与门套、门扇与门楣、门扇与门口处轿壁、门扇下端与地坎之间各自的间隙在整个长度上应基本一致。

③ 对机房(如果有)、导轨支架、底坑、轿顶、轿内、轿门、层门及门地坎等部位应进行清理。

检验方法:旁站、现场实测检查。

9.2 液压电梯

液压电梯安装质量验收一般按照电梯设备进场质量;液压系统安装质量;液压装置、随行电缆安装质量;整机安装质量等四个项目划分分项工程。

9.2.1 设备进场验收分项工程质量控制项目及验收方法

1. 主控项目

随机文件必须包括下列资料:土建布置图;产品出厂合格证;门锁装置、限速器(如果有)、安全钳(如果有)及缓冲器(如果有)的型式试验合格证书复印件。

检验方法:查阅随机进场资料检查。

2. 一般项目

(1) 随机文件还应包括下列资料:装箱单;安装、使用维护说明书;动力电路和安全电路的电气原理图;液压系统原理图。

检验方法:查阅随机进场资料检查。

(2) 设备零部件应与装箱单内容相符。

检验方法:旁站或查阅随机装箱单资料检查。

(3) 设备外观不应存在明显的损坏。

检验方法:现场观察检查。

9.2.2 液压系统安装分项工程质量控制项目及验收方法

1. 主控项目

液压泵站及液压顶升机构的安装必须按土建布置图进行。顶升机构必须安装牢固,缸体垂直度严禁大于0.4‰。

检验方法:对照图纸、尺量、现场观察检查。

2. 一般项目

(1) 液压管路应可靠联结,且无渗漏现象。

检验方法:现场观察检查。

(2) 液压泵站油位显示应清晰、准确。

检验方法:现场观察检查。

(3) 显示系统工作压力的压力表应清晰、准确。

检验方法:现场观察检查。

9.2.3 悬挂装置、随行电缆安装分项工程质量控制项目及验收方法

1. 主控项目

(1) 如果有绳头组合必须安全可靠,且每个绳头组合必须安装防螺母松动和脱落的装置。

检验方法：现场观察检查。

(2) 钢丝绳严禁有死弯。

检验方法：现场观察检查。

(3) 当轿厢悬挂在两根钢丝绳或链条上，其中一根钢丝绳或链条发生异常相对伸长时，为此装设的电气安全开关必须动作可靠。对具有两个或多个液压顶升机构的液压电梯，每一组悬挂钢丝绳均应符合上述要求。

检验方法：现场观察检查。

(4) 随行电缆严禁有打结和波浪扭曲现象。

检验方法：现场观察检查。

2. 一般项目

(1) 如果有钢丝绳或链条，每根张力与平均值偏差不应大于5%。

检验方法：现场测定或查阅安装记录检查。

(2) 随行电缆的安装还应符合下列规定。

① 随行电缆端部应固定可靠。

② 随行电缆在运行中应避免与井道内其他部件干涉。当轿厢完全压在缓冲器上时，随行电缆不得与底坑地面接触。

检验方法：现场观察检查。

9.2.4 整机安装分项工程质量控制项目及验收方法

1. 主控项目

(1) 液压电梯安全保护验收必须符合下列规定。

① 必须检查以下安全装置或功能。

(a) 断相、错相保护装置或功能。当控制柜三相电源中任何一相断开或任何二相错接时，断相、错相保护装置或功能应使电梯不发生危险故障(当错相不影响电梯正常运行时可没有错相保护装置或功能)。

(b) 短路、过载保护装置。动力电路、控制电路、安全电路必须有与负载匹配的短路保护装置；动力电路必须有过载保护装置。

(c) 防止轿厢坠落、超速下降的装置。液压电梯必须装有防止轿厢坠落、超速下降的装置，且各装置必须与其型式试验证书相符。

(d) 门锁装置。门锁装置必须与其型式试验证书相符。

(e) 上极限开关。上极限开关必须是安全触点，在端站位置进行动作试验时必须动作正常。它必须在柱塞接触到其缓冲制停装置之前动作，且柱塞处于缓冲制停区时保持动作状态。

(f) 机房、滑轮间(如果有)、轿顶、底坑停止装置。位于轿顶、机房、滑轮间(如果有)、底坑的停止装置的动作必须正常。

(g) 液压油温升保护装置。当液压油达到产品设计温度时，温升保护装置必须动作，使液压电梯停止运行。

(h) 移动轿厢的装置。在停电或电气系统发生故障时，移动轿厢的装置必须能移动轿厢上行或下行，且下行时还必须装设防止顶升机构与轿厢运动相脱离的装置。

② 下列安全开关，必须动作可靠：限速器(如果有)张紧开关；液压缓冲器(如果有)复位开关；轿厢安全窗(如果有)开关；安全门、底坑门、检修活板门(如果有)的开关；悬挂钢丝绳(链条)为两根时，防松动安全开关。

检验方法：旁站或查阅安装调试记录，现场观察检查。

(2) 限速器(安全绳)安全钳联动试验必须符合下列规定。

① 限速器(安全绳)与安全钳电气开关在联动试验中必须动作可靠，且应使电梯停止运行。

② 联动试验时轿厢载荷及速度应符合下列规定。

(a) 当液压电梯额定载重量与轿厢最大有效面积符合表 9-1 的规定时，轿厢应载有均匀分布的额定载重量；当液压电梯额定载重量小于表 9-1 规定的轿厢最大有效面积对应的额定载重量时，轿厢应载有均匀分布的 125%的液压电梯额定载重量，但该载荷不应超过表 8-33 规定的轿厢最大有效面积对应的额定载重量。

表 9-1 额定载重量与轿厢最大有效面积之间关系

额定载重量/kg	轿厢最大有效面积/mm²	额定载重量/kg	轿厢最大有效面积/mm²	额定载重量/kg	轿厢最大有效面积/mm²	额定载重量/kg	轿厢最大有效面积/mm²
100[1]	0.37	525	1.45	900	2.20	1 215	2.95
180[2]	0.58	600	1.60	975	2.35	1 350	3.10
225	0.70	630	1.66	1 000	2.40	1 425	3.25
300	0.90	675	1.75	1 050	2.50	1 500	3.40
375	1.10	750	1.90	1 125	2.65	1 600	3.56
400	1.19	8 000	2.00	1 200	2.80	2 000	4.20
450	1.30	825	2.05	1 250	2.90	2 500[3]	5.00

注：1. 一人电梯的最小值；

2. 二人电梯的最小值；

3. 额定载重量超过 2 500 kg 时，每增加 100 kg 面积增加 0.16 m²，对中间的载重量其面积由线性插入法确定。

(b) 对瞬时式安全钳，轿厢应以额定速度下行；对渐进式安全钳，轿厢应以检修速度下行。

③ 当装有限速器安全钳时，使下行阀保持开启状态(直到钢丝绳松弛为止)的同时，人为使限速器机械动作，安全钳应可靠动作，轿厢必须可靠制动，且轿底倾斜度不应大于 5%。

④ 当装有安全绳安全钳时，使下行阀保持开启状态(直到钢丝绳松弛为止)的同时，人为使安全绳机械动作，安全钳应可靠动作，轿厢必须可靠制动，且轿底倾斜度不应大于 5%。

检验方法：旁站或查阅试车记录、现场观察验收。

(3) 层门与轿门的试验必须符合下列规定。

① 每层层门必须能够用三角钥匙正常开启。

② 当一个层门或轿门(在多扇门中任何一扇门)非正常打开时，电梯严禁启动或继续运行。

检验方法:现场观察检查。

(4) 当轿厢载有120%额定载荷时液压电梯严禁启动。

检验方法:现场观察检查。

2. 一般项目

(1) 液压电梯安装后应进行运行试验;轿厢在额定载重量工况下,按产品设计规定的每小时启动次数运行1 000次(每天不少于8 h),液压电梯应平稳、制动可靠、连续运行无故障。

检验方法:旁站或查验试运行记录、现场观察检查。

(2) 噪声检验应符合下列规定。

① 液压电梯的机房噪声不应大于85 dB(A)。

② 乘客液压电梯和病床液压电梯运行中轿内噪声不应大于55 dB(A)。

③ 乘客液压电梯和病床液压电梯的开关门过程噪声不应大于65 dB(A)。

检验方法:旁站或查验试运行记录、现场观察检查。

(3) 液压电梯平层准确度应在±15 mm范围内。

检验方法:旁站或查验试运行记录、现场观察检查。

(4) 运行速度检验应符合下列规定。

空载轿厢上行速度与上行额定速度的差值不应大于上行额定速度的8%;载有额定载重量的轿厢下行速度与下行额定速度的差值不应大于下行额定速度的8%。

检验方法:旁站或查验试运行记录、现场观察检查。

(5) 额定载重量沉降量试验应符合下列规定。

载有额定载重量的轿厢停靠在最高层站时,停梯10 min,沉降量不应大于10 mm,但因油温变化而引起的油体积缩小所造成的沉降不包括在10 mm内。

检验方法:旁站或查验试运行记录、尺量、现场观察检查。

(6) 液压泵站溢流阀压力检查应符合下列规定。

液压泵站上的溢流阀应设定在系统压力为满载压力的140%～170%时动作。

检验方法:旁站或查验试运行记录、现场观察检查。

(7) 超压静载试验应符合下列规定。

将截止阀关闭,在轿内施加200%的额定载荷,持续5 min后,液压系统应完好无损。

检验方法:旁站或查验试运行记录、现场观察检查。

(8) 观感检查应符合下列规定。

① 轿门带动层门开、关运行,门扇与门扇、门扇与门套、门扇与门楣、门扇与门口处轿壁、门扇下端与地坎应无刮碰现象。

② 门扇与门扇、门扇与门套、门扇与门楣、门扇与门口处轿壁、门扇下端与地坎之间各自的间隙在整个长度上应基本一致。

③ 对机房(如果有)、导轨支架、底坑、轿顶、轿内、轿门、层门及门地坎等部位应进行清理。

检验方法:现场观察检查。

9.3　自动扶梯、自动人行道

自动扶梯、自动人行道安装质量验收一般按照设备进场质量、土建基础质量、整机安装质量等三个项目划分分项工程。

9.3.1　设备进场验收分项工程质量控制项目及验收方法

1. 主控项目

必须提供以下资料。

(1) 技术资料

① 梯级或踏板的型式试验报告复印件,或胶带的断裂强度证明文件复印件。

② 对公共交通型自动扶梯、自动人行道应有扶手带的断裂强度证书复印件。

(2) 随机文件

检验方法:查阅各种随机资料和证明文件。

① 土建布置图

检验方法:查阅随机土建布置图。

② 产品出厂合格证

检验方法:查阅随机资料或证明文件。

2. 一般项目

(1) 随机文件还应提供以下资料。装箱单;安装、使用维护说明书;动力电路和安全电路的电气原理图。

检验方法:查阅各种随机资料和证明文件。

(2) 设备零部件应与装箱单内容相符。

检验方法:查阅随机装箱单、现场旁站检查。

(3) 设备外观不应存在明显的损坏。

检验方法:现场观察检查。

9.3.2　土建基础交接分项工程质量控制项目及验收方法

1. 主控项目

(1) 自动扶梯的梯级或自动人行道的踏板或胶带上空,垂直净高度严禁小于 2.3 m。

检验方法:对照图纸、尺量检验。

(2) 在安装之前,井道周围必须设有保证安全的栏杆或屏障,其高度严禁小于 1.2 m。

检验方法:尺量、现场观察检查。

2. 一般项目

(1) 土建工程应按照土建布置图进行施工,且其主要尺寸允许误差应为:提升高度－15～＋15 mm;跨度 0～＋15 mm。

检验方法:对照图纸、尺量检查。

(2) 根据产品供应商的要求应提供设备进场所需的通道和搬运空间。

检验方法:查阅合同及函件。

(3) 在安装之前,土建施工单位应提供明显的水平基准线标识。

检验方法:现场观察检查。

(4) 电源零线和接地线应始终分开。接地装置的接地电阻值不应大于 4 Ω。

检验方法:摇表实测或查验安装记录、现场观察检查。

9.3.3 整机安装试车分项工程质量控制项目及验收方法

1. 主控项目

(1) 在下列情况下,自动扶梯、自动人行道必须自动停止运行,且①至⑪种情况下的开关断开的动作必须通过安全触点或安全电路来完成。

① 无控制电压;

② 电路接地的故障;

③ 过载;

④ 控制装置在超速和运行方向非操纵逆转下动作;

⑤ 附加制动器(如果有)动作;

⑥ 直接驱动梯级、踏板或胶带的部件(如链条或齿条)断裂或过分伸长;

⑦ 驱动装置与转向装置之间的距离(无意性)缩短;

⑧ 梯级、踏板或胶带进入梳齿板处有异物夹住,且产生损坏梯级、踏板或胶带支撑结构;

⑨ 无中间出口的连续安装的多台自动扶梯、自动人行道中的一台停止运行;

⑩ 扶手带入口保护装置动作;

⑪ 梯级或踏板下陷。

检验方法:查阅试运行记录或旁站,现场观察检查。

(2) 应测量不同回路导线对地的绝缘电阻。测量时,电子元件应断开。导体之间和导体对地之间的绝缘电阻应大于 1 000 Ω/V,且其值必须大于:动力电路和电气安全装置电路 0.5 MΩ;其他电路(控制、照明、信号等)0.25 MΩ。

检验方法:查阅试运行记录或旁站,现场观察检查。

(3) 电气设备接地必须符合下列规定:所有电气设备及导管、线槽的外露可导电部分均必须可靠接地(PE);接地支线应分别直接接至接地干线接线柱上,不得互相连接后再接地。

检验方法:查阅试运行记录或旁站,现场观察检查。

2. 一般项目

(1) 整机安装检查应符合下列规定。

① 梯级、踏板、胶带的楞齿及梳齿板应完整、光滑。

② 在自动扶梯、自动人行道入口处应设置使用须知的标牌。

③ 内盖板、外盖板、围裙板、扶手支架、扶手导轨、护壁板接缝应平整。接缝处的凸台不应大于 0.5 mm。

④ 梳齿板梳齿与踏板面齿槽的啮合深度不应小于 6 mm。

⑤ 梳齿板梳齿与踏板面齿槽的间隙不应小于 4 mm。

⑥ 围裙板与梯级、踏板或胶带任何一侧的水平间隙不应大于 4 mm,两边的间隙之和不应大于 7 mm。当自动人行道的围裙板设置在踏板或胶带之上时,踏板表面与围裙板下端

之间的垂直间隙不应大于 4 mm。当踏板或胶带有横向摆动时，踏板或胶带的侧边与围裙板垂直投影之间不得产生间隙。

⑦ 梯级间或踏板间的间隙在工作区段内的任何位置，从踏面测得的两个相邻梯级或两个相邻踏板之间的间隙不应大于 6 mm。在自动人行道过渡曲线区段，踏板的前缘和相邻踏板的后缘啮合，其间隙不应大于 8 mm。

⑧ 护壁板之间的空隙不应大于 4 mm。

验收方法：尺量、查阅试运行记录、现场观察验收。

（2）性能试验应符合下列规定。

① 在额定频率和额定电压下，梯级、踏板或胶带沿运行方向空载时的速度与额定速度之间的允许偏差为±5%。

② 扶手带的运行速度相对梯级、踏板或胶带的速度允许偏差为 0～+2%。

检验方法：查阅试运行记录、现场实测检验。

（3）自动扶梯、自动人行道制动试验应符合下列规定。

① 自动扶梯、自动人行道应进行空载制动试验，制停距离应符合表 9-2 的规定。

表 9-2　制停距离

额定速度/m·s^{-1}	制停距离范围/m	
	自动扶梯	自动人行道
0.5	0.20～1.0	0.20～1.0
0.65	0.30～1.30	0.30～1.30
0.75	0.35～1.50	0.35～1.50
0.90	——	0.40～1.70

注：若速度在上述数值之间，制停距离用插入法计算。制停距离应从电气制动装置动作开始测量。

② 自动扶梯应进行载有制动载荷的制停距离试验（除非制停距离可以通过其他方法检验），制动载荷应符合表 9-3 规定，制停距离应符合表 9-2 的规定；对自动人行道，制造商应提供按载有表 9-3 规定的制动载荷计算的制停距离，且制停距离应符合表 9-2 的规定。

检验方法：查阅随机质量技术文件、试运行记录或旁站观察检查。

表 9-3　制动载荷

梯级、踏板或胶带的名义宽度/m	自动扶梯每个梯级上的载荷/kg	自动人行道每 0.4 m 长度上的载荷/kg
$z\leqslant0.660$	60	50
$0.6<z\leqslant0.890$	90	75
$0.8<z\leqslant1.1120$	120	100

注：1. 自动扶梯受载的梯级数量由提升高度除以最大可见梯级踢板高度求得，在试验时允许将总制动载荷分布在所求得的 2/3 的梯级上；

2. 当自动人行道倾斜角度不大于 6°，踏板或胶带的名义宽度大于 1.1 m 时，宽度每增加 0.3 m，制动载荷应在每 0.4 m 长度上增加 25 kg；

3. 当自动人行道在长度范围内有多个不同倾斜角度（高度不同）时，制动载荷应仅考虑到那些能组合成最不利载荷的水平区段和倾斜区段。

(4) 电气装置还应符合下列规定。

① 主电源开关不应切断电源插座、检修和维护所必需的照明电源。

② 配线应符合下列的规定。

(a) 机房和井道内应按产品要求配线。软线和无护套电缆应在导管、线槽或能确保起到等效防护作用的装置中使用。护套电缆和橡套软电缆可明敷于井道或机房内使用，但不得明敷于地面。

(b) 导管、线槽的敷设应整齐牢固。线槽内导线总面积不应大于线槽净面积 60%；导管内导线总面积不应大于导管内净面积 40%；软管固定间距不应大于 1 m，端头固定间距不应大于 0.1 m。

(c) 接地支线应采用黄绿相间的绝缘导线。

检验方法：尺量、现场观察检查。

(5) 观感检查应符合下列规定。

① 上行和下行自动扶梯、自动人行道，梯级、踏板或胶带与围裙板之间应无刮碰现象（梯级、踏板或胶带上的导向部分与围裙板接触除外），扶手带外表面应无刮痕。

② 对梯级（踏板或胶带）、梳齿板、扶手带、护壁板、围裙板、内外盖板、前沿板及活动盖板等部位的外表面应进行清理。

检验方法：现场观察检查。

【实训五】　电梯安装工程质量验收

一、实训目的

1. 了解电梯安装工程质量验收的主要内容及要求；

2. 熟悉电梯安装工程施工质量验收的组织、程序及检验资料的填写方法；

3. 能进行电梯安装工程质量分阶段验收。

二、实训过程

1. 引入典型工程案例，在教师的指导下，学生可以分组（也可以独立）完成案例项目中的电梯安装分部（子分部）、分项、检验批工程的验收及资料填写；

2. 学生完成后集体进行交流，然后教师进行讲评。

三、实训方法

采用案例法。

第10章 智能建筑工程

智能化建筑工程可按照不同的系统功能划分成通信网络系统、信息网络系统、火灾自动报警及消防联动系统、安全防范系统、综合布线系统、智能化系统集成、电源与接地、环境与住宅(小区)智能化等九个子分部工程。子分部工程又分为若干个分项工程(子系统)。智能建筑工程质量验收应执行《智能建筑工程质量验收规范》(GB 50339—2003)并按“先产品、后系统、先子系统、后系统集成”的顺序进行。

智能建筑工程质量检查验收按子分部工程(子系统)为单位进行划分,没有明确地划分安装的检验批,以工程实施和检查验收为过程,一般划分为工程实施及质量控制、系统检测、竣工验收三个过程环节。

10.1 通用部分

国家标准《智能建筑工程质量验收规范》(GB 50339—2003)对于各子分部工程质量验收提出了基本规定,是各分部工程质量验收应该执行的基本标准。

10.1.1 工程现场质量管理

智能建筑工程施工现场的质量管理应符合《施工现场质量管理检查记录》(见表 10-1)中的各项要求,并由施工单位在开工前认真填写该记录表,报监理工程师或建设单位项目负责人审查批准,方可开工。

表 10-1 施工现场质量管理记录

编号

系统名称				施工许可证(开工证)	
建设单位				项目负责人	
设计单位				项目负责人	
监理单位				总监理工程师	
施工单位		项目经理		项目技术负责人	
序号	项 目		内 容		
1	现场质量管理检查制度				
2	施工安全技术措施				

续表

序号	项目	内容
3	主要专业工种操作上岗证书	
4	分包方确认与管理制度	
5	施工图审查情况	
6	施工组织设计、施工方案审批	
7	施工技术标准	
8	工程质量检验制度	
9	现场设备、材料存放与管理	
10	检测设备、计量仪表检验	
11	开工报告	
12		
13		
检查结论 总监理工程师 （建设单位项目负责人） 年　月　日		

10.1.2　产品质量检查

1. 智能化建筑产品形态

智能化建筑产品包括各智能化系统中使用的材料，硬件设备、软件产品和工程中应用的各种系统接口。

2. 须进行质量检查的产品项目

(1) 列入《中华人民共和国强制性产品认证产品目录》的产品。

(2) 实施生产许可证或上网许可证管理的产品。

(3) 未列入强制性产品认证产品或未实施生产许可证或上网许可证管理的产品，应按规定程序通过产品检测后，方可使用。

3. 产品质量检查的要求

(1) 产品功能、性能项目的检测，应按相应的现行国家产品标准进行，供需双方有特殊要求的产品，可按合同规定或设计要求进行。

(2) 对不具备现场检测条件的产品，客人要求进行工厂检测，并出具检测报告。

4. 硬件设备和材料质量检查的内容

硬件的检查重点应包括产品的安全性、可靠性、电磁兼容性等项目，可靠性检测可参考生产厂家出具的可靠性检测报告。

5. 软件产品质量应检查的内容

(1) 商业化软件(操作系统、数据化管理系统、应用系统软件、信息安全软件、网络管理软件等)应进行使用许可证和使用范围检查。

(2) 自编应用软件(用户应用软件、用户组态软件、接口软件等),应进行以下内容的测试:①功能测试和系统测试;②容量测试;③可靠性测试;④安全性测试;⑤可恢复性功能测试;⑥兼容性功能测试;⑦自诊断性功能测试;⑧可维护性测试。

(3) 自编软件应提供完整的文档(软件资料、程序结构说明书、安装调试说明书、使用维护说明书等)。

6. 系统接口质量应检查的内容

(1) 合同签订时即应明确接口规范(由系统承包商提供)。

(2) 接口测试方案(系统承包商制定),经检测机构批准后实施。

(3) 系统接口测试应保证:①系统接口性能符合设计要求;②实现接口规定的各项功能;③不发生系统兼容性及通信瓶颈问题。

(4) 系统接口的制造质量和安装质量符合要求。

10.1.3 工程实施及质量控制

工程实施及质量控制是实现系统安装质量的主体过程和关键环节,该过程主要由施工单位来实现。该过程应包括以下内容:与前期工程的交接和工程实施的条件准备;进场设备和材料的验收;隐蔽工程的检查验收;过程检查;工程安装质量检查;工程自检;系统试运行等项目。

1. 须进行交接分部工程

工程开工前,应做好与前期施工工序之间的交接与确认。做好与建筑结构、建筑装饰与装修、建筑给水排水与采暖、建筑电气、通风与空调、电梯等分部工程的接口确认。

2. 工程实施的条件准备

(1) 智能建筑工程必须按已审批的施工图设计文件实施,所以,施工开始前,工程设计文件和施工图必须齐备,并已经过有关部门审批。

(2) 工程施工中出现的设计变更,应填写《设计变更审核表》(见表 10-2)。

(3) 施工现场质量管理检查制度和施工技术措施必须完善。

表 10-2 设计变更审核表

系统(工程)名称＿＿＿＿＿＿　　　　　　　　　　　　　　　　　　　　编号

<table>
<tr><td>更改内容</td><td>更改原因</td><td colspan="2">原设计</td><td>更改为</td></tr>
<tr><td></td><td></td><td colspan="2"></td><td></td></tr>
<tr><td></td><td></td><td colspan="2"></td><td></td></tr>
<tr><td></td><td></td><td colspan="2"></td><td></td></tr>
<tr><td></td><td></td><td colspan="2"></td><td></td></tr>
<tr><td colspan="2">申请：　　　　　　　日期：</td><td rowspan="4">分发单位</td><td colspan="2"></td></tr>
<tr><td colspan="2">审核：　　　　　　　日期：</td><td colspan="2"></td></tr>
<tr><td colspan="2">批准：　　　　　　　日期：</td><td colspan="2"></td></tr>
<tr><td colspan="2">更改实施日期：</td><td colspan="2"></td></tr>
</table>

3. 进场硬件设备、材料、软件的检查验收

（1）依据合同技术文件和工程设计文件对进场硬件设备、材料、软件进行检查验收，并填写《设备材料进场检验表》（见表10-3），经监理工程师或建设单位验收人员签字后，方可使用。未经检查或经过检查认定为不合格的产品不得使用。

（2）经进场验收的设备和材料，应按产品的技术要求妥善保管。

表10-3　设备材料进场检验表

系统名称__________　　　　工程施工单位___________　　　　编号

序号	产品名称	规格、型号、产地	主要性能/功能	数量	包装及外观	检验结果		备注
						合格	不合格	
施工单位人员签名			监理工程师（或建设单位）签名			检查日期		
注：1. 在检查结果栏，按实际情况在相应的空格内打“√”，左列打“√”视为合格，右列打“√”视为不合格。 2. 备注格内填写产品的检测报告和记录是否齐备及主要检测实施人姓名。								

4. 进场设备和材料检查验收要求

（1）进场设备材料必须具备以下质量证明文件：产品出厂合格证或质量保证书、有关项目的检验报告、试验报告。其所反映的设备材料的品种、规格、数量和性能指标应与实际相符合。

（2）进口产品和材料进场必须具备以下质量证明文件：商检证明、产品明书（中文文本或中文译文）。

（3）产品功能性能等项目必须满足现行国际标准，特殊要求的产品应满足合同规定的产品设计要求。

（4）实行产品许可证和强制性产品认证产品应有产品生产许可证和强制性产品认证标志。

（5）产品进场时包装应完好无损，表面无划痕及外力冲击破损现象。

5. 进场软件质量检查验收要求

（1）操作系统软件应提供使用许可证和适用范围等有关文件。

（2）由系统承包商编制的应用软件（计费软件和接口软件等）应提供系统功能的下列测试证明文件：系统容量、可靠性、安全性、兼容性、可恢复性、自诊断性等，并提供软件可维护性的保证文件。

（3）所有自编软件还应提供下列文件：软件资料、程序结构说明书、安装调试说明书、使用和维护说明书，主管部门规定的相关文件。

6. 隐蔽工程的检查验收

（1）隐蔽工程要经过检查验收，并具有完整的过程记录，经监理工程师签字确认后，方可进行隐蔽作业。

（2）规范填写《隐蔽工程（过程记录）验收表》（见表 10-4）。

表 10-4　隐蔽工程（随工检查）验收表

系统（工程）名称__________　　　　编号

<table>
<tr><td colspan="2">建设单位</td><td colspan="2">施工单位</td><td>监理单位</td></tr>
<tr><td rowspan="7">隐蔽工程（随工检查）内容及检查结果</td><td rowspan="2">检查内容</td><td colspan="3">检查结果</td></tr>
<tr><td>安装质量</td><td>楼层（部位）</td><td>图号</td></tr>
<tr><td></td><td colspan="3"></td></tr>
<tr><td></td><td colspan="3"></td></tr>
<tr><td></td><td colspan="3"></td></tr>
<tr><td></td><td colspan="3"></td></tr>
<tr><td></td><td colspan="3"></td></tr>
<tr><td colspan="2">验收意见</td><td colspan="3"></td></tr>
<tr><td colspan="2">建设/总包单位</td><td colspan="2">施工单位</td><td>监理单位</td></tr>
<tr><td colspan="2">验收：
日期：
盖章：</td><td colspan="2">验收：
日期：
盖章：</td><td>验收：
日期：
盖章：</td></tr>
<tr><td colspan="5">注：1. 检查内容包括：(1)管道排列、走向、弯曲处理、固定方式；(2)管道连接、管道搭铁、接地；(3)管口安放护圈标识；(4)接线盒及桥架加盖；(5)线缆对管道及线间绝缘电阻；(6)线揽接头处理等。
2. 检验结果的安装质量栏内，按检验内容序号，合格的打“√”，不合格的打“×”，并注明对应的楼层（部位）图号。
3. 综合安装质量的检查结果，在验收意见栏内填写验收意见，并扼要说明情况。</td></tr>
</table>

7. 工程质量检查

（1）对设备安装质量的检查验收的方法有：现场观察法、核对施工图法、抽查测试法等。

（2）设备安装质量的检查和观感质量的验收，应按检验批要求进行。各智能系统设备安装完成后，系统承包单位应对系统设备进行调试。

（3）应按规定填写《工程安装质量和观感质量验收记录》（见表 10-5）。

表 10-5　工程安装质量和观感质量验收记录表

系统(工程)名称__________　　安装单位__________　　编号

设备名称	项目	要求	方法	主观评价	检查结果		抽查率%
					合格	不合格	
检验结果			安装质量检查结论				
施工单位人员签名：		监理工程师(建设单位)签名：				验收日期：	

注：1. 在检查结果栏，按实际情况在相应的空格内打“√”(左列打“√”视为合格，右列打“√”视为不合格)。
2. 检查结果：K_S＝合格数/项目检查数(项目检查数如无要求或实际缺项未检查的，不计在内)。
3. 检查结果：$K_S \geqslant 0.8$，判为合格；$K_S < 0.8$，判为不合格。必要时作以简要说明。
4. 主观评价栏内填写主观评价意见，分“符合要求”和“不符合要求”，不符合要求者注明主要问题。

8. 工程自检和系统试运行

(1) 系统设备在安装和调试完成后，系统承包单位应进行自检，即对系统中各检测项目逐项检测。

(2) 自检合格后，根据系统的不同要求，在合理的周期内，对系统进行连续不断的试运行，并填写《系统试运行记录》(见表 10-6)。

表 10-6　系统试运行记录

编号

系统名称：__________　　建设(使用)单位：__________

设计单位：__________　　施工单位：__________

日期/时间	系统运行情况	备注	值班人
值班长签名：		建设单位代表签名：	

注：系统运行情况栏中，注明正常/不正常，每班至少填写一次，不正常的在备注栏内扼要说明情况(包括修复日期)。

10.1.4 系统检测

1. 系统检测应具备的条件

(1) 系统安装调试完成后,已按规定的时间进行了试运行。

(2) 已提供了相应的技术文件和工程实施及质量控制记录。

2. 系统检测方案

(1) 系统检测方案应由建设单位组织有关人员制定。

(2) 检测方案应依据合同技术文件、设计文件和相关规范要求制定,方案中应包括检测项目、检测数量、检测方法等内容。

(3) 检测方案须经检测机构批准方可实施。

3. 系统检测

检测机构应按系统检测方案所列检测项目进行检测。

4. 检测结论与处理

(1) 检测结论分为合格与不合格,分项工程(检验批)中的主控项目有一项不合格,则系统检测不合格;一般项目有两项(含)以上不合格,则系统检测不合格。

(2) 系统检测不合格,应限期整改,然后重新检测,直至检测合格为止;系统检测合格,但存在不合格项,应对不合格项限期整改,直至整改合格为止。

(3) 重新检测时,抽检数量应加倍,凡是有整改项目,应在竣工验收时提交整改报告。

5. 系统检测记录

检测机构的检测人员按规范应填写系统监测记录和汇总表(见表 10-7、表 10-8、表 10-9、表 10-10)。

表 10-7 智能建筑工程分项工程监测记录

编号

单位(子单位)工程名称		分部(子分部)工程名称	
分项工程名称		验收部位	
施工单位		项目经理	
施工执行标准名称及标号			
分包单位		分包项目经理	
检测项目及抽检数量		检测记录	备注
检测意见 监理工程师:(签字) (建设单位项目专业技术负责人)(签字) 日期:		检测单位负责人:(签字) 日期:	

表 10-8　子系统检测记录

编号

<table>
<tr><td>系统名称</td><td></td><td>子系统名称</td><td></td><td>序号</td><td></td><td>检测部位</td><td></td></tr>
<tr><td>施工单位</td><td colspan="5"></td><td>项目经理</td><td></td></tr>
<tr><td colspan="2">执行标准名称及编号</td><td colspan="6"></td></tr>
<tr><td colspan="2">分包单位</td><td colspan="3"></td><td colspan="2">项目经理</td><td></td></tr>
<tr><td rowspan="2"></td><td rowspan="2">系统检测内容</td><td rowspan="2">检测规范的规定</td><td rowspan="2" colspan="2">系统检测评定记录</td><td colspan="2">检测结果</td><td rowspan="2">备注</td></tr>
<tr><td>合格</td><td>不合格</td></tr>
<tr><td rowspan="6">主控项目</td><td></td><td></td><td colspan="2"></td><td></td><td></td><td></td></tr>
<tr><td></td><td></td><td colspan="2"></td><td></td><td></td><td></td></tr>
<tr><td></td><td></td><td colspan="2"></td><td></td><td></td><td></td></tr>
<tr><td></td><td></td><td colspan="2"></td><td></td><td></td><td></td></tr>
<tr><td></td><td></td><td colspan="2"></td><td></td><td></td><td></td></tr>
<tr><td></td><td></td><td colspan="2"></td><td></td><td></td><td></td></tr>
<tr><td rowspan="7">一般项目</td><td></td><td></td><td colspan="2"></td><td></td><td></td><td></td></tr>
<tr><td></td><td></td><td colspan="2"></td><td></td><td></td><td></td></tr>
<tr><td></td><td></td><td colspan="2"></td><td></td><td></td><td></td></tr>
<tr><td></td><td></td><td colspan="2"></td><td></td><td></td><td></td></tr>
<tr><td></td><td></td><td colspan="2"></td><td></td><td></td><td></td></tr>
<tr><td></td><td></td><td colspan="2"></td><td></td><td></td><td></td></tr>
<tr><td></td><td></td><td colspan="2"></td><td></td><td></td><td></td></tr>
<tr><td rowspan="5">强制性条文</td><td></td><td></td><td colspan="2"></td><td></td><td></td><td></td></tr>
<tr><td></td><td></td><td colspan="2"></td><td></td><td></td><td></td></tr>
<tr><td></td><td></td><td colspan="2"></td><td></td><td></td><td></td></tr>
<tr><td></td><td></td><td colspan="2"></td><td></td><td></td><td></td></tr>
<tr><td></td><td></td><td colspan="2"></td><td></td><td></td><td></td></tr>
<tr><td colspan="8">检测结论

检测负责人：　　　　　年　月　日</td></tr>
<tr><td colspan="8">注：1. 检测结果栏中，左列打“√”为合格，右列打“√”为不合格。
2. 备注栏内填写检测中出现的问题。</td></tr>
</table>

表 10-9 强制措施条文检测记录

编号

工程名称				结构类型	
建设单位				受检部位	
施工单位				负责人	
项目经理		技术负责人		开工日期	
检测依据	《智能建筑工程施工质量验收规范》(GB 50339—2003)				

条号	项目	检测内容	判定
5.5.2	防火墙和防病毒软件	检查产品销售许可证及符合相关规定	
5.5.3	智能建筑网络安全系统检查	防火墙和防病毒软件的安全保障功能及可靠性	
7.2.6	检测消防控制室向建筑设备系统传输、显示火灾报警信息的一致性和可靠性	1. 检测与建筑设备监控系统的接口 2. 对火灾报警的响应 3. 火灾运行模式	
7.2.9	新型消防设施的设置及功能检测	1. 早期烟雾火灾报警系统 2. 大空间早期火灾智能检测系统 3. 大空间红外图像矩阵火灾报警及灭火系统 4. 可燃气体泄露报警及联动控制系统	
7.2.11	安全防范系统多火灾报警的响应及火灾模式的功能检测	1. 视频安防监控系统的录像、录音响应 2. 门禁系统的响应 3. 停车场(库)的响应 4. 安全防范管理系统的响应	
11.1.7	电源与接地系统	1. 引接验收合格的电源与防雷接地装置 2. 智能化系统的接地装置 3. 防过流和防过压元件的接地装置 4. 防电磁干扰屏蔽的接地装置 5. 防静电接地装置	

表 10-10 系统(分部工程)检测汇总表

系统名称________ 设计单位________ 施工单位________

子系统名称	序号	内容及问题		检测结果	
				合格	不合格
检测机构项目负责人签名:			检测结论		
检测人员签名:			检测日期:		
注:在检测结果栏,按实际情况在相应的空格内打"√"(左列打"√"为合格,右列打"√"为不合格)。					

10.1.5　各智能化系统(分部、子分部)工程竣工验收

1. 各智能化系统竣工验收合格的条件

各智能化系统竣工验收合格必须具备以下条件：工程实施及质量控制检查项目合格；系统检测合格；系统运行管理队伍组建完成，各项管理制度健全；系统运行管理队伍已完成培训，并具有独立上岗的能力；竣工验收资料完整；系统检测项目的抽检和复核符合设计要求；观感质量验收符合要求；智能建筑的等级符合设计等级要求。

2. 竣工验收的结论与处理

(1) 竣工验收的结论分为合格与不合格。

(2) 各智能化系统竣工验收合格，智能化建筑工程验收合格。

(3) 如有不合格的系统(子系统)时，建设单位应责成责任单位限期整改，直至验收合格，不合格的系统(子系统)不能通过验收。

3. 竣工验收表格

竣工验收应按规范填写资料审查结果和验收结论表格(见表 10-11、表 10-12)。

表 10-11　资料审查表

系统名称＿＿＿＿＿＿＿＿＿＿＿＿　　　　　　　　　　编号

序号	审查内容	审查结果				备注
		完整性		准确性		
		完整(或有)	不完整(或无)	合格	不合格	
1	工程合同技术文件					
2	设计更改审核					
3	工程实施及质量控制检验报告及记录					
4	系统检测报告及记录					
5	系统的技术、操作、维护手册					
6	竣工图及竣工文件					
7	重大事故报告及处理					
8	监理文件					
9						
10						
审查结果统计		审查结论				
审核人员签名：				日期：		

注：1. 在检测结果栏，按实际情况在相应的空格内打“√”(左列打“√”为合格，右列打“√”为不合格)；

2. 存在问题，在备注栏内注明；

3. 验收组增加的竣工验收要求文件应填在空格内。

表 10-12　竣工验收结论汇总表

系统名称＿＿＿＿＿＿＿　设计单位＿＿＿＿＿＿＿　施工单位＿＿＿＿＿＿＿

工程实施及质量控制检验结论		验收人签名：　　　年　月　日
系统检测结论		验收人签名：　　　年　月　日
系统检测抽样结果		验收人签名：　　　年　月　日
观感质量验收		验收人签名：　　　年　月　日
资料审查结论		验收人签名：　　　年　月　日
人员培训考评结论		验收人签名：　　　年　月　日
运行管理队伍及规章制度审查		验收人签名：　　　年　月　日
设计等级要求评定		验收人签名：　　　年　月　日
验收结论：		验收小组(委员会)组长签名： 日期：
建议与要求： 验收组组长、副组长(主任、副主任)签名：　　　日期：		
注：1. 本表需附以上所有验收表格、行业要求的其他文件、出席验收会及验收机构人员名单(签到)； 2. 验收结论一律填通过或不通过。		

10.2　通信网络系统

通信网络系统是建筑物内语音、数据、图像传输的基础设施。通过通信网络系统，可实现与外部通信网络(如公用电话网、综合业务数字网、互联网、数据通信网及卫星通信网等)相联，确保信息畅通和实现信息共享。

通信网络系统可以按照不同的项目内容划分为通信系统、卫星数字电视及有线电视系统、公共广播及紧急广播系统等分项(检验批)。其中通信系统又分为电话交换机系统、会议电视系统安装子项。

10.2.1　通信系统

1. 工程实施及质量控制

(1) 进场设备材料质量必须满足下列要求

进场设备材料除满足通用部分所列要求外，还应满足以下要求。

① 进厂产品属于上网许可证管理产品应按规定完成上网许可证检验程序。

② 设备内各种冷却装置、可见可闻的告警装置、时钟装置应工作正常，精度符合要求。

检验方法：对照合同和国家标准《程控电话交换设备安装工程验收规范》(YD 5077—1998)、

《中华人民共和国实施强制性产品认证的产品目录》现场查阅检验。

(2) 软件产品质量必须满足下列要求

进场软件产品应满足通用部分所列要求。

检验方法:对照合同和国家标准《程控电话交换设备安装工程验收规范》(YD5077—1998)现场查阅检验,必要时应现场进行系统各项功能的测试。

(3) 系统安装调试质量应满足下列要求

① 通信系统的机房环境、机房安全、电源与接地应符合规范要求。

② 系统供电的UPS电源或备用的柴油发电机组可自动投入使用,系统供电具备与市电和备用电源之间的自动切换功能,供电质量符合要求。

③ 通信设备接地安装应符合安装说明书要求,当不同设备对接地电阻值要求不一致时,系统接地电阻必须满足最低接地电阻要求。

④ 建筑物外引入的线缆应有防雷措施。

⑤ 过墙或过楼板的线缆通道必须用防火材料封堵,接线的标志与标示应完整,便于核对、检查和检修。

⑥ 光缆和对绞电缆安装应符合本教材有关章节规定。

⑦ 机房湿度、温度和电源电压应符合设计要求。

⑧ 通信设备各个用户终端编号准确,通话正常、清晰,音质符合标准要求。

检验方法:对照国家标准《智能建筑工程质量验收规范》(CB 50339—2003)、《通信电源设备工程验收规范》(YD 5709—1999)现场检验或检测。

2. 系统检测

(1) 系统检测程序

系统检测分三个阶段进行。

① 系统检查测试:主要进行硬件通电测试和系统功能测试。

② 初验测试:主要进行可靠性、接通率、基本功能(业务呼叫及续接、计费、信令、系统负荷能力、传输指标、维护管理、故障诊断、环境适应能力等功能)测试。

③ 试运行验收测试:主要完成网络运行(接入用户和电路)、使用故障率测试。

系统检测合格后,进入试运行验收测试,试运行周期按合同规定执行(应不少于3个月)。

(2) 系统测试应遵循标准及方法步骤

① 系统检测应遵循国家现行标准及规范、工程设计技术文件及产品技术要求。

② 测试方法、操作程序和步骤由建设单位与生产单位共同协商确定,但不得违反国家现行有关规定。

(3) 检测项目、内容

① 通信系统安装工程的检测阶段、检测内容、检测方法及性能指标要求应符合《程控电话交换设备安装工程验收规范》(YD 5077—1998)等国家现行标准要求。

② 通信系统接入公用通信网信道的传输速率、信号方式、物理接口、接口协议应符合设计要求。

③ 通信系统的工程实施和质量控制及系统检测内容应符合表10-13要求。

表 10-13　通信系统工程检测项目表

程控电话交换设备安装工程			
序号	检测内容	序号	检测内容
1	安装验收检查	4	系统检测
1)	机房环境要求	1)	系统功能
2)	设备器材检验	2)	中继电路测试
3)	设备机柜安装加固检验	3)	用户连通性能测试
4)	设备模块配置检查	4)	基本业务与可选业务
5)	设备间及机架内缆线布放	5)	余设备切换
6)	电源及电力线布放检查	6)	路由选择
7)	设备至各类配线设备间缆线布放	7)	信号与接口
8)	缆线导通检查	8)	过负荷测试
9)	各种标签检查	9)	计费功能
10)	接地电阻值检查	5	系统维护管理
11)	接地引入线及接地装置检查	1)	软件版本符合合同规定
12)	机房内防火措施	2)	人机命令核实
13)	机房内安全措施	3)	告警系统
2	通电测试前硬件检查	4)	故障诊断
1)	按施工图设计要求检查设备安装情况	5)	数据生成
2)	设备接地良好,检查设备接地电阻值	6	网络支撑
3)	供电电源电压与极性	1)	网管功能
3	硬件测试	2)	同步功能
1)	设备供电正常	7	模拟测试
2)	告警指示工作正常	1)	呼叫接通率
3)	硬件通电无故障	2)	计费准确率
会议电视系统安装工程			
序号	检测内容	序号	检测内容
1	安装环境检查	1)	单机测试
1)	机房环境	2)	信道测试
2)	会议室照明、音响及色调	3)	传输性能指标测试
3)	电源供给	4)	画面显示效果及切换
4)	接地电阻值	5)	系统控制方法检查
2	设备安装	6)	时钟与同步
1)	管线敷设	4	监测管理系统检测
2)	话筒、扬声器布置	1)	系统故障检测与诊断
3)	摄像机布置	2)	系统实时显示功能
4)	监视器及大屏幕布置	5	计费功能
3	系统测试		

10.2.2 卫星数字电视及有线电视系统

1. 工程实施及质量控制

(1) 设备材料质量应满足下列要求

进场设备材料质量除满足通用部分所列要求外,还应满足以下要求。

① 在同一项目中,选用的主要部件和材料,应具有性能和外观的一致性。

② 设备和部件的输入、输出标称阻抗及电缆的标称特性阻抗应为75 Ω。

③ 进口产品应符合中国广播电视制式和频率配套。

④ 设备供应商还应提供卫星数字接收站满足天线性能要求、无线电性能要求、室外单元和室内单元的电性能要求等有关检测报告。

检验方法:对照设计及合同,现场查验。

(2) 系统安装质量应满足下列要求

① 卫星数字电视的输出电频应符合国家现行的有关标准规范要求。

② 高频头至室内单元的线距、功放器及接收站的位置等应符合设计要求。

③ 卫星电视接收天线安装应牢固、可靠,天线的立柱应保证垂直。

④ 接收天线对卫星的指向角必须正确;天线安装间距应满足设计要求。

⑤ 保安器和天线放大器安装位置应尽量靠近接收天线,满足防水要求。

⑥ 馈线与天线的输出端应连接可靠,馈线应固定安装,进出建筑物的馈线等电缆应穿金属保护套管。

⑦ 竖杆(架)及拉线的强度足够,拉力均匀,拉力方向正确。

⑧ 系统布线整齐、美观、牢固,电缆离地高度及与其他管线的距离符合设计要求。

⑨ 输出用户盒安装位置正确、平整,用户接地盒、避雷器安装符合规范。

⑩ 供电器、电源线安装符合设计及施工要求。

⑪ 机房内电缆布放符合设计要求,电缆布放顺直、无扭绞,引入、引出机架出、拐弯处的电缆均需绑扎固定,引入、引出房屋的电缆应加装防水罩,室外上引电缆在出、入口处应做成滴水弯。

⑫ 电缆两端连接处应留有适当的余量,并有清晰、耐久的标识。

⑬ 系统所有设备的金属外壳应接地良好。

检验方法:查阅安装、调试及自检记录,按照《有线电视广播技术规范》(GY/T 106—1999)、《有线电视系统测量方法》(GY/T 121—1999)、《卫星数字电视接收站测量方法》(GY/T 149—2000)、《卫星电视地球接收站通用技术条件》(GB/T 11442—1995)、《智能建筑工程质量验收规范》(GB 50339—2003)相关规定,旁站和进行现场检测。

2. 系统检测

有线电视系统性能质量应满足下列要求:

① 图像质量的主观等级评价,应不低于4分(见表10-14)。

② 有线电视系统的性能、主要技术指标主观评价应满足表10-15要求。

检验方法:查阅安装调试记录,依据《30Hz—1GHz声音和电视信号的电缆分配系统》(GB 6510—1986)所规定的要求及方法进行现场测定。

表 10-14　图像质量的主观评价标准

等级	图像质量损伤程度
5分	图像上不觉察有损伤和干扰存在
4分	图像上稍有可觉察的损伤和干扰，但不令人讨厌
3分	图像上有明显察觉的损伤和干扰，令人讨厌
2分	图像上损伤和干扰较严重，令人相当讨厌
1分	图像上损伤和干扰极其严重，不能观看

表 10-15　有线电视主要性能指标

序号	项目名称	测试频道	主观评价标准
1	系统输出电平/dBμV	系统内的所有频道	60～80
2	系统载造比	全系统总频道的10%，且不少于5个，少于5个的全检，且分布于整个工作频段的高、中、低段	无噪音，即无雪花干扰
3	载波互调比		图像中无垂直、倾斜或水平条纹
4	交扰调制比		图像中无移动、垂直或倾斜图案，“窜台”
5	回波值		图像中无沿水平方向分布在右边的一条或多条轮廓线，“重影”
6	色/亮度时延差		图像中色、亮信息对齐，“彩色鬼影”
7	载波交流声		图像中无上下移动的彩色条纹，“滚道”
8	伴音和调频广播的声音		图像中无背景噪音，如“丝丝”声，“哼”声，“蜂鸣”声“串音”等

③ HFC 网络的质量应满足下列要求。

(a) HFC 用户分配网应采用中心分配结构，并具有可寻址路权控制及上行信号汇集均衡等功能。

(b) HFC 网络和双向数字电视系统正向测试的调制误差率和相对抖动，反向测试侵入噪声、脉冲噪声和反向隔离度等参数应满足设计要求。

(c) 数据通信、VOD、图文播放等功能应正常。

检验方法：查阅安装和调试记录，依据设计要求进行功能测试。

10.2.3　公共广播与紧急广播系统

1. 工程实施与质量控制

(1) 进场设备及材料质量应满足下列要求

进场设备材料质量除满足通用部分所列要求外，还应满足以下要求。

① 扬声器的声压灵敏度和最大声压级、指向特性、阻抗特性、功率放大器的阻尼系数等技术参数应符合设计要求。

② 调音台的功能应满足使用功能和合同要求，技术性能指标符合设计要求。

③ 周边器材（均衡器、压缩限幅器、反馈抑制器、电子分频器等）的使用功能和技术性能指标符合设计和相关标准的要求。

④ 以上①～③条设备的生产厂均应提供生产营业执照和相关测试证明。

检验方法:对照合同,查阅有关技术文件、说明书、测试记录等资料,旁站检查。

(2) 系统安装质量应满足以下要求

① 系统输入输出不平衡度、音频线的敷设、接地形式及安装质量应符合设计要求。

② 设备之间的阻抗匹配合理。

③ 放声系统分布合理,符合设计要求。

2. 系统检测

(1) 系统效果测试

① 最高输出电平、输出信噪比、声压级和频宽的技术指标应满足设计要求。

② 通过对响度、音色和音质的主观评价评定系统的音响效果见表10-16。

表10-16 扩音系统主观评价标准

音区	频率/Hz	音质评价
低音	150以下	丰满、柔和而富有弹性
中低音	150～500	浑厚有力而不浑浊
中高音	500～5000	明亮透彻而不生硬
高音	5 000以上	纤细、圆润而不尖锐刺耳

(2) 系统功能检测

① 系统应具备业务宣传、背景音乐和公共寻呼插播功能。

② 紧急广播与公共广播共用设备时,其紧急广播由消防分机控制,具有最高优先权;在火灾和突发事件发生时,应能强制切换为紧急广播并以最大音量播出;紧急广播功能测试按《智能建筑工程质量验收规范》(GB 50339—2003)有关规定执行。

③ 功率放大器应配置,并在主机故障时,备用机自动投入运行。

④ 公共广播系统应分区控制,分区的划分不得与消防分区的划分产生矛盾。

(3) 系统检验方法

对照国家技术监督局《主观评价节目源实物标准样品(CD片)》(GSBM—6001)现场检测。

3. 竣工验收

竣工验收文件和记录应包括以下内容:过程质量记录;过程检测记录及系统测试记录;竣工图纸及文件;安装设备明细表。

10.3 信息网络系统

信息网络系统主要指由网络机房和交换机、UPS电源、路由器、防火墙、网管工作站、各种服务器等设备及各种应用软件组成的网络系统,信息网络系统应包括计算机网络、应用软件和网络安全系统等3个子系统。

10.3.1 工程实施及质量控制

1. 进场设备材料及软件

(1) 进场设备材料应满足以下要求

进场设备材料质量除满足通用部分所列要求外,还应满足以下要求。

① 进场设备材料出应满足以上两条及《智能建筑工程质量验收规范》(GB 50339—2003)第 3.3.4、3.3.5 条的有关规定外，还应进行以下检查。

(a) 有序列号的设备必须登记设备的序列号。

(b) 网络设备开箱后通电自检，查看设备状态指示灯的显示、设备启动是否正常。

(c) 计算机系统、UPS 电源、路由器、防火墙、网管工作站、各种服务器等设备按《智能建筑工程质量验收规范》(GB 50339—2003)第 3.2 节的规定执行。

② 产品功能、性能等项目应符合现行国家有关标准。有特殊要求的产品应符合合同或设计要求。

检验方法：依据合同查验设备材料清单和装箱单，查验随机质量证明文件，对照《智能建筑工程质量验收规范》(GB 50339—2003)第 5.2.2、3.3.4、3.3.5 条及 3.2 节的有关规定，现场检查。

(2) 系统软件应满足下列要求

进场软件产品应满足通用部分所列要求。

检验方法：依据合同，对照《智能建筑工程质量验收规范》(GB 50339—2003)第 5.2.6 条的有关规定，现场检查。

(3) 网络安全系统产品应满足以下要求

① 防火墙和防病毒软件必须通过公安部计算机信息系统安全产品质量监督检验中心检验，并具有公安部公共信息安全监督局颁发的《计算机信息系统安全专用产品销售许可证》。

② 特殊行业还应遵守行业的有关规定。

检验方法：查验有关证明文件。

2. 系统安装质量

(1) 网络设备安装应满足以下要求

① 网络设备应安装整齐、固定牢靠，便于维护和管理；高端设备的信息模块和相应的部件要正确安装，空余槽位应安装空板；设备上的标签应标明设备的名称和网络地址，跳线连接应稳固，走向清楚明确，线缆上应正确标签。

② 网管工作站能与网内任一设备进行通信。

③ 各子网(虚拟专网)间节点设计符合通信协议，允许通信用户之间可实现资源共享和信息交换，不允许通信的用户之间无法通信。

④ 局域网内用户与公网的通信应符合配置方案要求。

⑤ 网络连通性符合设计要求，局域网联通中的响应时间和丢包率应符合设计要求。

检验方法：根据设计要求，使用网络测试仪或采用相关测试命令测试网络连通性。

⑥ 网络路由设置、网络拓扑结构图均应符合设计要求。

⑦ 防火墙(硬件)、所有路由器、交换机、网管工作站、服务器安装位置符合设计要求。

⑧ 网络物理连接图与实际布线应一致。

⑨ 网络系统下列设备的参数配置应符合施工图设计文件要求。

(a) 路由器、交换机、防火墙(含软件)和操作系统的参数配置。

(b) 服务器及相关设备的序列号。

(c) MAC 地址和 IP 地址等。

(2) 系统安装调试随工检查

信息系统随工检查的内容见表10-17。

表10-17 信息系统随工检查内容

安装质量检查			
序号	检查内容	序号	检查内容
1	机房环境是否满足要求	8	缆线导通检查
2	设备器材清点检查	9	各种标签检查
3	设备机柜加固检查	10	接地电阻值检查
4	设备模块配置检查	11	接地引入线及接地装置检查
5	设备间及机架内缆线布放检查	12	机房内防火措施检查
6	电源检查	13	机房内安全措施检查
7	设备至各类配线设备间缆线布放	14	其他检查
通电测试前设备检查			
1	按施工图要求检查设备安装情况	3	检查供电电压
2	检查设备接地	4	检查供电极性
设备通电测试检查			
1	设备供电是否正常	3	设备通电后工作是否正常
2	报警指示工作是否正常	4	故障检查

信息网络系统在安装、调试完成后，应进行不少于一个月的试运行，系统的自检和试运行应符合《智能建筑工程质量验收规范》(GB 50339—2003)第3.3.8和3.3.9的要求。

10.3.2 信息网络系统检测

1. 计算机网络系统检测

(1) 主控项目

① 连通性检测应符合以下要求。

(a) 根据网络设备的连通图，网管工作站应能够和任何一台网络设备通信。

(b) 根据网络配置方案要求，允许通信的计算机之间可以进行资源共享和信息交换；不允许通信的计算机之间无法通信，保证网络节点符合设计规定的通讯协议和使用标准。

(c) 检测局域网内的各用户与公用网的通信能力。

② 网络路由设置测试。

使用相关测试命令或根据计算机要求使用网络测试仪测试网络路由设置的正确性。

(2) 一般项目

① 网络管理功能应符合下列要求。

(a) 网管系统应能够搜索到整个网络系统的拓扑结构图和网络设备连接图。

(b) 网管系统应能够对网络设备进行远程配置和网络性能检测，提供网络节点流量、广播率和错误率等参数。

(c) 系统应具备自诊断功能，当线路或设备发生故障后，网管系统能够及时报警和定位故障点。

② 系统容错功能应符合下列要求。

(a) 对具备容错能力的网络系统，应具有错误恢复和故障隔离功能，在出现故障时能及时报警和定位故障点，并自动切换。

(b) 当其中某条链路断开或有故障发生时，整个系统仍应保持正常工作，并在故障恢复后，能自动切换回主链运行。

(c) 切换时间应符合设计要求

2. 应用软件检测

应用软件检测应先对软、硬件配置进行核对，确认无误后方可对系统进行测试。

(1) 主控项目

① 应用软件检查应按照《智能建筑工程质量验收规范》(GB 50339—2003)第 3.2.6 条规定执行，宜采用系统的实际数据和实际应用案例进行测试。

② 应用软件测试内容见表 10-18。

表 10-18 应用软件测试项目及内容

序号	测试项目	测试内容
1	功能测试	在规定的时间内运行软件系统的所有功能，验证系统是否符合功能要求
2	性能测试	对软件的响应时间、吞吐量、辅助储存区、处理精度进行检测，以检查软件是否满足设计文件规定的性能
3	文档测试	全部测试用户文档中所列的应用案例，检测用户文档的清晰性和准确性
4	可靠性测试	对比软件测试报告中可靠性的评价与实际运行中出现的问题，验证其可靠性
5	互联性测试	验证两个或多个不同系统之间的互联性
6	回归测试	软件修改后，应经回归测试验证是否有因修改引出新的错误，验证修改后的软件是否仍能满足设计要求

(2) 一般项目

① 软件的操作命令界面应为标准图形交互界面，风格统一、层次简单，操作命令的命名不得具有二义性。

② 软件的基本功能必须符合设计要求。

③ 软件应具有可扩展性，预留可升级空间以供纳入新功能。

④ 软件应采用能适应最新版本的信息平台，适应信息系统管理功能的变动。

3. 网络安全系统检测

(1) 主控项目

① 计算机信息系统安全专用产品必须具有公安部计算机管理监察部门审批颁发的“计算机信息系统安全专用产品销售许可证”，特殊行业有其他规定时，还应遵守行业的相关规定。

② 与因特网连接的网络系统，必须安装防火墙和防病毒软件，并满足下列要求。

(a) 从外网能够且只能够访问到非军事化区内指定服务器的指定服务。

(b) 从非军事化区可根据需要访问外网的指定服务，从非军事化区可根据需要访问到内网的指定服务器上的指定服务。

(c) 未经授权,从外网不允许访问到内网的任何主机和服务。

(d) 从内网可以根据需要访问外网的指定服务,从内网可以根据需要访问非军事化区的指定服务器上的指定服务。

(e) 用户口令应该加密传输、或者禁止在网络上传输,要求用户必须使用满足安全要求的口令。

(f) 防火墙的配置必须针对某个主机、网段、某种服务,必须能够防范 IP 地址欺骗等行为;防火墙的配置必须是可以调整的。

③ 对于涉及国家机密的党政机关、企事业单位的信息网络工程,必须满足国家现行标准规定的相关要求。

④ 网络环境下病毒的防范应满足以下层次的要求。

(a) 配置网关型防病毒服务器和防病毒软件,对进出办公室自动化网络系统的数据包进行病毒检测和清除,网关型防病毒服务器尽可能与防火墙统一管理。

(b) 配置专门保护邮件服务器的防病毒软件。

(c) 配置保护重要服务器的防病毒软件。

(d) 对系统内每台主机进行保护。

(2) 一般项目

① 中心机房的电源与接地及环境要求应符合《智能建筑工程质量验收规范》(GB 50339—2003)第 11 章、第 12 章规定。

② 对于涉及国家机密的党政机关、企事业单位的信息网络工程,应按《涉密信息设备使用现场的电磁泄露发射保护要求》(BMB5)、《涉及国家秘密的计算机信息系统保密技术要求》(BMZ1)和《涉及国家秘密的计算机信息系统安全保密测评指南》(BMZ3)等国家现行标准的相关规定进行检测和验收。

③ 计算机信息系统安全还应满足下列要求。

(a) 数据在储存、使用和网络传输过程中,不得被篡改、破坏。

(b) 数据在储存、使用和网络传输过程中,不得被非法用户获得。

(c) 对应用系统的访问,应有必要的审计记录。

10.3.3 竣工验收

1. 竣工验收合格规定

(1) 依据本章第一节第四条规定检验合格。

(2) 信息安全管理制度检验测试符合设计及有关规定要求。

2. 竣工验收的文件资料

(1) 设备进场验收报告。

(2) 产品检测报告。

(3) 设备的配置方案和配置文档。

(4) 计算机网络系统的检测记录和检测报告。

(5) 应用软件的检测记录和用户的试运行使用报告。

(6) 安全系统的检测记录和检测报告。

(7) 系统试运行记录。

10.4 建筑设备监控系统

建筑设备监控系统用于对智能建筑内各类机电设备进行监测、控制及自动化管理,达到安全、可靠、节能和集中管理的目的。建筑设备监控系统的监控范围包括空调与通风系统、变配电系统、公共照明系统、给排水系统、热源和热交换系统、冷冻和冷却水系统、电梯和自动扶梯系统等各子系统。

10.4.1 工程实施及质量控制

1. 设备及材料进场

设备及材料进场验收除符合第一节《通用部分》的有关规定外,还应符合下列要求。

(1) 电气设备、材料、成品和半成品的进场验收应按《建筑电气安装工程施工质量验收规范》(GB 50303—2002)中第 3.2 节的有关规定执行。

(2) 各类传感器、变送器、电动阀门及执行器、现场控制器等的进场验收要求。

① 查验合格证和随带技术文件,实行产品许可证和强制性产品认证标志的产品应有产品许可证和强制性产品认证标志。

② 外观检查:铭牌、附件齐全,电气接线端子完好,设备表面无缺损,涂层完整。

(3) 信息网络系统的设备、材料进场验收应符合下列要求。

① 有序列号的设备必须登记设备的序列号。

② 网络设备开箱后通电自检,查看设备状态指示灯的显示是否正常,检查设备启动是否正常。

2. 系统安装质量

(1) 建筑设备监控系统安装前,建筑工程应具备下列条件。

① 已完成机房、弱电竖井的建筑施工。

② 预埋管及预留孔符合设计要求。

③ 空调与通风设备、给排水设备、动力设备、照明控制箱、电梯等设备安装就位,并应预留好设计文件中要求的控制信号接入点。

(2) 施工中的安全技术管理,应符合《建设工程施工现场供用电安全规范》(GB 50194)和《施工现场临时用电安全技术规范》(JGJ 46)中的有关规定。

(3) 施工及施工质量检查应符合下列要求。

① 电缆桥架安装和桥架内电缆敷设,电缆沟内和电缆竖井内电缆敷设,电线、电缆导管和线路敷设,电线、电缆穿管和线槽敷线的施工应按(GB 50303)中第 12 章至第 15 章的有关规定执行,在工程实施中有特殊要求时应按设计文件的要求执行。

② 传感器、电动阀门及执行器、控制柜和其他设备安装时应符合(GB 50303)第 6 章、第 7 章、及设计文件和产品技术文件的要求。

(4) 工程调试完成后,系统承包商要对传感器、执行器、控制器及系统功能(含系统联动功能)进行现场测试,传感器可用高精度仪表现场校验,使用现场控制器改变给定值或用信号发生器对执行器进行检测,传感器和执行器要逐点测试;系统功能、通信接口功能要逐项测试;并填写系统自检表。

(5) 工程调试完成并与工程建设单位协商后,方可投入系统试运行,试运行应由建设单位或物业管理单位派出的管理人员和操作人员进行。认真填写值班运行记录,并应保存系统试运行的原始记录和全部历史数据。

10.4.2 系统检测

1. 检测条件及要求

(1) 建筑设备监控系统的检测应以系统功能和性能检测为主,同时对现场安装质量、设备性能及工程实施过程中的质量记录进行抽查或复核。

(2) 建筑设备监控系统的检测应在系统连续投入试运行时间不少于 1 个月后进行。

(3) 建筑设备监控系统检测应依据工程合同技术文件、施工图设计文件、设计变更审核文件、设备及产品的技术文件进行。

(4) 建筑设备监控系统检测时应提供以下工程实施及质量控制记录:设备材料进场检验记录;隐蔽工程和过程检查验收记录;工程安装质量检查及观感质量验收记录;设备及系统自检测记录;系统试运行记录。

2. 系统检测

(1) 主控项目

① 空调与通风系统功能检测

建筑设备监控系统应对空调系统进行温、湿度及风量自动控制、预定时间表自动启停、节能优化控制等控制功能进行检测。应着重检测系统测控点(温度、相对湿度、压力和压差等)与被控设备(风机、风阀、加湿器及电动阀门等)的控制稳定性、响应时间和控制效果,并检测设备连锁控制和故障应答的正确性。

检测数量:每类机组按总数的 20%抽检,且不得少于 5 台,每类机组不足 5 台时全部检测。

检测要求:被检测机组全部符合设计要求为检测合格。

② 变配电系统功能检测

建筑设备监控系统应对变配电系统的电气参数和电气设备工作状态进行监测,检测时应利用工作站数据读取和现场测量的方法对电压、电流、有功(无功)功率、功率因数、用电量等各项参数的测量和记录进行准确性和真实性检查,显示的电力负荷及上述各参数的动态图形能比较准确地反映参数变化情况,并对报警信号进行验证。

检测方法:抽检,抽检数量按每类参数抽 20%,且数量不得少于 20 个点,总数少于 20 个点时全部检测。被检参数合格率 100% 时为检测合格。

检测要求:对高低压配电柜的运行状态、电力变压器的温度、应急发电机组的工作状态、储油罐的液位、蓄电池组及充电设备的工作状态、不间断电源的工作状态等参数进行检测时,应全部检测,合格率 100%时为检测合格。

③ 公共照明系统功能检测

建筑设备监控系统应对公共照明设备(公共区域、过道、园区和景观)进行监控,应以光照度、时间表等为控制依据,设置程序控制灯组的开关,检测时应检查控制动作的正确性;并检查其手动开关功能。

检测方式：抽检，按照明回路总数的20%抽检，数量不得少于10路，总数少于10路时应全部检测。

检测要求：抽检数量合格率100%时为检测合格。

④ 给排水系统功能检测

建筑设备监控系统应对给水系统、排水系统和中水系统进行液位、压力等参数检测及水泵运行状态和报警进行监控。检测时应通过工作站参数设置或人为改变现场测控点状态，监视设备的运行状态，包括自动调节水泵转速、投运水泵切换及故障状态报警和保护等项是否满足设计要求。

检测方式：抽检，抽检数量按每类系统的50%，且不得少于5套，总数少于5套时全部检测。

检测要求：被检系统合格率100%时为检测合格。

⑤ 热源和热交换系统功能检测

建筑设备监控系统应对热源和热交换系统进行系统负荷调节、预定时间表自动启停和节能优化实施控制。检测时应通过工作站或现场控制器对热源和热交换系统的设备运行状态、故障等的监视、记录与报警进行检测，并检测对设备的控制功能。核实热源和热交换系统能耗计量与统计资料。

检测方式：全部检测。

检测要求：被检系统合格率100%时为检测合格。

⑥ 冷冻和冷却水系统功能检测

建筑设备监控系统应对冷水机组、冷冻冷却水系统进行系统负荷调节、预定时间表自动启停和节能优化控制。检测时应通过工作站对冷水机组、冷冻冷却水系统设备控制和运行参数、状态、故障等的监视、记录与报警情况进行检查，并检查设备运行的联动情况。核实冷冻水系统能耗计量与统计资料。

检测方式：全部检测。

检测要求：满足设计要求时为检测合格。

⑦ 电梯和自动扶梯系统功能检测

建筑设备监控系统应对建筑物内电梯和自动扶梯系统进行监测。检测时应通过工作站对系统的运行状态与故障进行监视，并与电梯和自动扶梯系统的实际工作情况进行核实。

检测方式：全部检测。

检测要求：合格率100%时为检测合格。

⑧ 建筑设备监控系统与子系统（设备）间的数据通信接口功能检测

建筑设备监控系统与带有通信接口的各子系统以数据通信的方式相联时，应在工作站监测子系统的运行参数（含工作状态参数和报警信息），并和实际状态核实，确保准确性和响应时间符合设计要求；对可控的子系统，应检测系统对控制命令的响应情况。

系统接口的质量应按下列要求检查。

(a) 系统承包商应根据接口规范制定接口测试方案。接口测试方案经检测机构批准后实施。系统接口测试应保证接口性能符合设计要求，实现接口规范中规定的各项功能，不发生兼容性及通信瓶颈问题，并保证系统接口的制造和安装质量。

(b) 系统承包商应提交接口规范，接口规范应在合同签订时由合同签订机构负责审定。

检测方式:对接口进行全部检测。

检测要求:检测合格率100%时为检测合格。

⑨ 中央管理工作站与操作分站功能检测

对建筑设备监控系统中央管理工作站与操作分站功能进行检测时,应主要检测其监控和管理功能,对操作分站主要检测其监控和管理权限以及数据与中央管理工作站的一致性。中央管理工作站应检测以下项目。

(a) 各种显示和记录的各种测量数据、运行状态、故障报警等信息的实时性和准确性,以及对设备进行控制和管理的功能;控制命令的有效性和参数设定的功能,保证控制命令被无冲突地执行。

(b) 数据的存储和统计(包括检测数据、运行数据)、历史数据趋势图显示、报答存储统计(包括各类参数报警、通信报警和设备报警)情况,中央管理工作站存储的历史数据时间应大于3个月。

(c) 数据报表生成及打印功能,故障报警信息的打印功能。

(d) 操作的方便性,人机界面应符合友好、汉化、图形化要求,图形切换流程清楚易懂,便于操作。对报警信息的显示和处理应直观有效。

(e) 操作权限,确保系统操作的安全性。

检测要求:以上功能全部满足设计要求时为检测合格。

⑩ 系统实时性检测

(a) 采样速度、系统响应时间应满足合同技术文件与设备工艺性能指标的要求。

检测数量:抽检10%且不少于10台,少于10台时全部检测。

检测要求:合格率90%及以上时为检测合格。

(b) 报警信号响应速度应满足合同技术文件与设备工艺性能指标的要求。

检测数量:抽检20%且不少于10台,少于10台时全部检测。

检测要求:合格率100%时为检测合格。

⑪ 系统可维护功能检测

(a) 应检测应用软件的在线编程(组态)和修改功能,在中央站或现场进行控制器或控制模块应用软件的在线编程(组态)、参数修改及下载。

检测要求:全部功能得到验证为合格,否则为不合格。

(b) 设备、网络通信故障的自检测功能,自检必须指示出相应设备的名称和位置,在现场设置设备故障和网络故障,在中央站观察结果显示和报警。

检测要求:输出结果正确且故障报警准确者为合格,否则为不合格。

⑫ 系统可靠性检测

系统运行时,启动或停止现场设备,不应出现数据错误或产生干扰,影响系统正常工作。检测时采用远动或现场手动启/停现场设备,观察中央站数据显示和系统工作情况。

切断系统电网电源,转为UPS供电时,系统运行不得中断。电源转换时系统工作正常。

中央站冗余主机自动投入时,系统运行不得中断;切换时系统工作正常。

检测要求:工作正常的为合格,否则为不合格。

(2) 一般项目

① 现场设备安装质量检查

现场设备安装质量应符合(GB 50303)第6、7章及设计文件和产品技术文件的要求。

检查数量:(a)传感器:每种类型抽检10%且不少于10台,少于10台时全部检查;(b)执行器:每种类型抽检10%且不少于10台,少于10台时全部检查;(c)各类控制箱(柜)抽检20%且不少于10台,少于10台时全部检查。

检查要求:合格率达到100%时为合格。

② 现场设备性能检测

(a) 传感器精度测试。检测传感器采样显示值与现场实际值的一致性。

检测数量:按照设计总数的10%进行抽测,且不得少于10个,总数少于10个时全部检测。

检测要求:依据设计要求及产品技术条件。合格率达到100%时为检测合格。

(b) 控制设备及执行器性能测试。(包括控制器、电动风阀、电动水阀和变频器等)主要测定控制设备的有效性、正确性和稳定性;测试核对电动调节阀在零开度、50%和80%的行程处与控制指令的一致性及响应速度;测试结果应满足合同技术文件及控制工艺对设备性能的要求。

检测数量:20%抽测,但不得少于5个,总数少于5个时全部测试。

检测要求:合格率达到100%时为检测合格。

③ 根据现场配置和运行情况对以下项目做出评测

(a) 控制网络和数据库的标准化、开放性。

(b) 系统的冗余配置,主要指控制网络、工作站、服务器、数据库和电源等。

(c) 系统可扩展性,控制器I/O口的备用量应符合合同技术文件要求,但不应低于I/O口实际使用数的10%;机柜至少应留有10%的卡件安装空间和10%的备用接线端子。

(d) 节能措施评测,包括空调设备的优化控制、冷热源自动调节、照明设备自动控制、风机变频调速、VAV变风量控制等。根据合同技术文件的要求,通过对系统数据库记录分析、现场控制效果测试和数据计算后做出是否满足设计要求的评测。

评测结论:符合设计要求或不符合设计要求。

10.4.3 竣工验收

1. 竣工验收的时机

竣工验收应在系统正常连续投运时间超过3个月后进行。

2. 竣工验收文件资料应包括以下内容

(1) 工程合同技术文件。

(2) 竣工图纸:设计说明;系统结构图;各子系统控制原理图;设备布置及管线平面图;控制系统配电箱电气原理图;相关监控设备电气接线图;中央控制室设备布置图;设备清单;监控点(I/O)表等。

(3) 系统设备产品说明书。

(4) 系统技术、操作和维护手册。

(5) 设备及系统测试记录:设备测试记录;系统功能检查及测试记录;系统联动功能

测试记录。

(6) 其他文件：工程实施及质量控制记录；相关工程质量事故报告表。

10.5 火灾自动报警及灭火联动系统

消防自动报警及灭火联动系统必须执行《工程建设标准强制性条文》的有关规定，系统的各项检测内容必须逐项实施。

10.5.1 工程实施及质量控制

1. 进场设备材料

进场设备材料应满足下列要求

设备及材料进场验收除符合第一节《通用部分》的有关规定外，还应符合下列要求。

① 喷头、报警阀、压力开关、水流指示器、消防水泵及接合器、稳压泵、自动排气阀、信号阀、止回阀、泄压阀、减压阀等主要组件应经国家相应产品质量监督检验中心检测合格。

② 灭火喷头质量应满足以下要求。

(a) 喷头的型号规格应符合设计要求，商标、型号、公称动作温度、制造厂及生产年月等标志齐全，表面无划痕和机械损伤。

(b) 喷头螺纹密封面无划痕、毛刺、缺扣或短扣。

(c) 闭式喷头应进行密封性能试验，试验压力为3.0 MPa，试验时间不少于3 min，无渗漏为合格。

③ 火灾报警阀质量应满足以下要求。

(a) 阀门的型号规格应符合设计要求，无加工缺陷和机械损伤，并有水流方向的永久标志。

(b) 阀瓣及操作机构动作灵活，无卡塞现象。阀体内清洁无异物堵塞。

(c) 水力警铃的铃锤动作灵活。

(d) 火灾报警阀应进行压力试验。

2. 系统安装质量

(1) 火灾控制器(以下简称控制器)、控制柜安装必须满足下列要求

① 控制器、控制柜安装位置满足表10-19要求。

表10-19 火灾控制器、控制柜器安装位置

安装位置	安装距离	安装及操作要求
在墙上安装	底边距地面1.3～1.5 m	
落地式安装	底边高出地坪0.1～0.2 m	柜下有进出线地沟
靠近门轴安装	距门轴侧面≥0.5 m	正面操作距离≥1.2 m
从后面检修的控制柜	后面板距墙≥1 m	
设备单列布置	控制器正面操作距离≥1.5 m	
设备双列布局	控制器正面操作距离≥3 m	

② 控制器安装应牢固，不得倾斜。安装在轻质墙上时，应采取加固措施。

③ 控制器主电源应直接与消防电源连接，严禁使用电源插头，主电源应有明显标志。

④ 控制器接地应牢固，并有明显的标志。

(2) 消防控制线缆敷设必须满足下列要求

① 消防控制线缆采用暗敷设时，应敷设在不燃结构体内，保护层厚度不小于 30 mm。采用明敷设时，线缆应穿在金属套管或敷设在金属线槽内，应在金属管或金属线槽上涂防火涂料保护。采用绝缘和护套为不易燃性材料的电缆时可不穿金属套管保护，但应敷设在电缆竖井或吊顶内有防护保护措施的封闭式线槽内。

② 如因条件限制，线缆敷设与强、弱电合用竖井时，强、弱电线缆应分别布置在竖井两侧，消防控制线缆应在每层竖井分线处设端子箱，并选用压接或焊接的端子板，其接线端子上应有相应的标号。

③ 端子板每个接线端，接线不得超过两根。

④ 导线应绑扎成束，导线、引入线管敷设后，在进线管处应封堵。

(3) 消防控制设备安装应满足以下要求

① 消防控制设备的外接导线，采用金属软管做套管时，其长度不大于 2 m，且应采用管卡固定，固定点间距不大于 0.5 m，金属软管与消防控制设备的接线盒(箱)应用螺母固定，并根据配管规定接地。

② 消防控制设备的外接导线的端部应有明显的标志。

③ 消防控制设备盘(柜)内不同的电压等级、不同电流类别的端子应分开，并有明显的标志。

(4) 洒水喷头安装必须满足以下要求

① 闭式系统的喷头其公称动作温度应高于环境温度 30°。

② 湿式系统喷头安装位置、功能与选型；溅水盘与顶板距离应满足表 10-20 所列条件。

表 10-20　湿式系统喷头安装位置、功能与选型及溅水盘距顶板的距离表

喷头安装位置及功能	喷头选型要求	溅水盘距顶板的距离/L
配水支管布置在梁下时	选用直立型喷头	75 mm$\leqslant L \leqslant$150 mm
喷头布置在吊顶下	选用下垂型喷头或吊顶型喷头	
喷水—泡沫联用系统	选用洒水喷头	75 mm$\leqslant L \leqslant$150 mm
易受碰撞部位	选用带保护罩的喷头	75 mm$\leqslant L \leqslant$150 mm

③ 每根配水支管控制的标准喷头数为：轻、中危险级场所，不超过 8 只；严重危险级、仓库危险级场所，不超过 6 只。

④ 喷头安装应在系统实验、冲洗合格后进行。

⑤ 喷头安装应采用专用弯头、三通和专用扳手，严禁对喷头进行拆装、改动和利用喷头框架施拧。更不应在喷头上附加任何装饰涂层。

⑥ 当喷头的公称直径小于 10 mm 时，应在配水管上安装过滤器。

⑦ 当喷头安装在不到顶的隔断附近，喷头与隔断的水平距离和最小垂直距离应满足表 10-21 要求。

表 10-21　喷头与隔断的水平距离和最小垂直距离

水平距离/mm	150	225	300	375	450	600	750	>900
最小垂直距离/mm	75	100	150	200	6.0	6.0	6.5	7.0

(5) 报警阀组安装必须满足以下要求

① 报警阀组安装的位置必须符合设计要求，当设计无要求时，阀组应安装在便于操作的明显位置，安装高度为 1.2 m，两侧距墙不应小于 0.5 m，正面距墙不应小于 1.5 m。

② 一个报警阀组在系统中控制的喷头数为：干式系统，不超过 600 只，湿式系统，不超过 800 只。

③ 每个报警阀组控制供水的喷头最高、最低位置高差不应大于 50 m。

④ 报警阀进出口控制阀应采用信号阀，当不采用信号阀时，控制阀应设锁具。

⑤ 报警阀上的标注水流方向应和实际水流方向一致。

⑥ 湿式报警阀水流通路上的过滤器应安装在延迟器前，且便于排渣操作。

⑦ 干式报警阀组应安装在不发生冰冻的场所，注水高度、充气连接管道的管径、止回阀、截止阀、气源设备、压力表等安装应符合设计要求和国家现行有关标准。

⑧ 水力警铃的工作压力不应小于 0.05 MPa，且设在有人值班的位置附近，与报警阀连接应为镀锌管道，管径为 20 mm，距离应不大于 20 m；管径为 15 mm 时，距离应不大于 6 m。

(6) 水流指示器安装应满足下列要求

① 每个防火分区、每个楼层均应设水流指示器，信号阀应安装在水流指示器前的管道上与水流指示器之间的距离不应小于 300 mm。

② 水流指示器应竖直安装在水平管道的上侧，水流指示器的浆片、膜片应动作灵活，且与水流方向一致。

③ 水流指示器应在管道试压、冲洗合格后安装。

(7) 末端试水装置安装应满足以下要求

① 末端试水装置安装应符合设计及有关标准要求。

② 每个报警阀组、防火分区、楼层最不利的喷头出均应设末端试水装置。

③ 试水装置应检验其流量系数。

(8) 其他阀门安装应符合下列要求

① 排气阀应安装在配水干管的顶部和配水管的末端，确保无渗漏。

② 控制阀在安装前应进行清洗，确保无堵塞、无渗漏主要控制阀应有启闭标志。

③ 节流阀应安装在管径不小于 50 mm 的水平管段上，减压孔板应安装在水流转弯处下游一侧的直管上，且距管道转弯处的距离不小于管道公称直径的 2 倍。

④ 可调式加压阀宜水平安装，比例式减压阀宜垂直安装，单呼吸孔减压阀其孔口应向下，双呼吸孔减压阀其孔口应成水平位置，不带压力表的减压阀，其前后相邻部位应安装压力表。减压阀前应安装过滤器，其前后应同时安装控制阀。

⑤ 压力开关应竖直安装在通往水力警铃的管道上，不应在安装中拆装改动。

(9) 管道敷设及安装

① 系统管道材料应符合下列要求。

(a) 配水管道应采用内外热镀锌钢管，报警阀前应用内壁防腐的钢管，其末端应设过滤器。

(b) 管道安装前应调直,并清除内部的杂物。

② 管道连接应满足以下要求。

(a) 螺纹连接的管道应采用机械切割,切割面不得有飞边、毛刺。

(b) 管道弯头处不得使用补心,公称直径大于 50 mm 的管道,不宜采用活接头。

(c) 配水干管(立管)与配水管(水平管)连接,应采用沟槽式连接头异径三通。沟槽式管接头材质应为球墨铸铁,质量符合《球墨铸铁件》(GB/T 1348)要求。

(d) 直径大于 100 mm 的管道应分段采用法兰式连接,焊接法兰的焊接处应重新镀锌后方可连接,并应符合《工业管道工程施工及验收规范》(GB 50235)、《现场设备、工业管道焊接工程施工及验收规范》(GB 50236)等标准要求。

(e) 水平管道段宜设 0.002～0.005 的坡度,坡向排水管。

(f) 系统中设有 2(含)个报警阀组时报警阀组前宜设环形管道。

③ 管道中心线与梁、柱、楼板的最小距离应满足表 10-22 要求。

表 10-22 管道中心线与梁、柱、楼板的最小距离

直径/mm	25	32	40	50	70	80	100	125	150	200
距离/mm	40	40	50	60	70	80	100	125	150	200

④ 管道支架安装应满足以下要求。

(a) 管道支、吊架位置应不妨碍喷头的喷水效果,其距离不应小于 300 mm,距末端喷头不应大于 750 mm。

(b) 两喷头之间支、吊架应不少于 1 个,支、吊架之间的距离不应大于 3.5 m;并满足表 10-23 要求。

表 10-23 管道支、吊架之间的距离

管径/mm	25	32	40	50	70	80	100	125	150	200	250	300
距离/m	3.5	4	4.5	5	6	6	6.5	7	8	9.5	11	12

(10) 消防水箱安装应满足以下要求

① 消防水箱的安装应符合设计要求,安装位置应满足系统最不利的喷头处的最低工作压力。

② 消防水箱间的主要通道宽度应不小于 1.0 m,检修通道宽度不小于 0.7 m;水箱顶距楼板或梁底的距离不应小于 0.6 m。

③ 焊接水箱接焊接(连接)处均需做防锈处理,泄水管不得与生产或生活排水管直接连接。

④ 消防水箱的出水管应设止回阀,并与报警阀入口前管道连接。轻、中危险级系统,止回阀管径不应小于 80 mm;严重、仓库危险级系统,止回阀管径不应小于 100 mm。

(11) 消防给水设备安装应满足以下要求

① 消防系统应按"一用一备或两用一备"的比例设独立给水泵,每组给水泵进、出水管不应少于 2 根,且应采用自灌式吸水方式,泵口要采用放杂物措施。

② 泵组的吸水管上应设控制阀，出水管上应设控制阀、止回阀、压力表，直径不应小于消防泵进水口直径，吸水管的水平管段上不应有漏气现象。

③ 压力表应加设缓冲装置，量程应为工作压力的2～2.5倍。

(12) 水泵接合器安装应满足以下要求

① 消防系统应设水泵接合器，并按每个水泵接合器10～15 L/s的流量核算接合器的使用数量。

② 系统水泵接合器的组装顺序为：接口——接合器本体——联结管——止回阀——安全阀——放空管——控制阀——接口。

③ 消防水泵接合器应设在便于消防车接近的人行道或非机动车行驶路段，并有“消防水泵接合器”的固定标注。

④ 安装在墙壁上的消防水泵结合器，应满足设计要求，在设计无要求时，安装高度宜为1.1 m，距门、窗、孔、洞的净距离应不小于2.0 m。

3. 系统试验及调试

管网安装完成后应进行系统试验，并满足规定要求。

(1) 管网工作压力试验

① 工作压力试验应分段进行，试验介质宜采用生活用水。

② 试验压力为工作压力的1.5倍，且不低于1.4 MPa，试压用压力表不少于2只，精度不低于1.5级，量程为试验压力值的1.5～2倍。

③ 不能参加试压的设备应拆除或用盲板隔离，系统出现泄漏时，应放空试验介质，消除隐患后重新再试。

(2) 管网分段冲洗

① 管网分段冲洗应在管网分段试压结束后进行，管网冲洗宜用生活用水，冲洗前应对仪表采取保护措施。

② 冲洗的先后顺序一般为：先室外、后室内，先地下、后地上。室内冲洗的顺序一般为：配水干管——配水管——配水支管。

③ 对不能冲洗的设备、冲洗后可能会留下杂物、脏物的管段应进行清理。

④ 管网冲洗应连续进行，出水口处水的颜色、透明度与入水口处的颜色和透明度基本一致为合格。

(3) 系统水压强度试验

① 系统水压强度试验的测试点应设在管网的最低点，试验时，排净管网空气，缓慢注水、升压，达到试验压力时，稳压30 min，压力降不应大于0.05 MPa为合格。

② 目测管网变形、渗漏情况。

(4) 系统严密性试验

系统严密性试验应在试压和冲洗结束后进行，试验压力应为设定工作压力，稳压24 h，无泄露为合格。

(5) 系统调试应完成以下项目

① 系统调试的项目包括：水源测试、消防水泵调试、稳压阀调试、报警阀调试、排水装置调试、联动试验等。

② 调试的内容包括：水质、水量；设备的动作、灵敏度、工作过程的协调性；设备的工作

性能、稳定性;整个系统动作的协调性、可控性、可靠性等。

10.5.2 系统检测

1. 系统安装随工检测

(1) 火灾报警控制器应检测项目(见表 10-24)。

表 10-24 火灾报警控制器检测项目表

序号	项 目	检测内容
1	报警控制器	强制性产品认证书;销售许可证书;安装质量;柜内接线质量;报警功能;报警音响;非消防电源切断功能;设备接地
2	层显示屏、复示屏	安装质量

(2) 消防通信及联动设备应检测项目(见表 10-25)。

表 10-25 消防通信及联动设备检测项目表

序号	项 目	检测内容
1	消防通信	消防专用电话;对讲电话;火灾报警外线电话挂通及通话质量
2	消防联动设备	安装质量;柜内布线;电源;盘面控制、显示信号、手动控制装置;故障报警;接地
3	火灾应急广播和报警装置	扬声器和声、光报警器设置;音响功能;强力切换功能;选层广播功能;备用扩音机控制功能
4	消防电梯	电梯专用电话、电梯排水设施安装质量、功能;手动操作功能;远程控制功能;普通电梯迫降功能
5	应急照明灯	安装质量、位置、照度;应急切换功能;充放电功能
6	疏散指示灯	安装质量、位置、指示方向、图形、照度;应急切换功能
7	系统联动功能	声、光报警联动,非消防电源切断等项目的灵敏度、功能
8	控制中心	消防水泵、自动水(雾、管网气体、泡沫、干粉)灭火系统、防火门(卷帘)防烟(排烟)设施的启(停)控制及工作状态显示功能

(3) 消防水(雾)系统应检测项目(见表 10-26)。

表 10-26 消防水(雾)系统检测项目表

序号	项 目	检测内容
1	消防给水系统	消防水池、水箱、水泵、气压给水装置等设备(设施)的位置、容量、安装质量、防漏、防渗和密封功能等
2	室内(外)消火栓系统	消火栓箱体、消火栓、消火给水系统的布局、安装位置、安装质量、系统综合性能等
3	自动喷水(雾)灭火系统	湿式和干式报警阀、雨淋阀、水流指示器、末端试水装置、系统管道、喷头(水雾喷头)、过滤器及系统等设备材料的布局、控制、灵敏度、安装质量、供水量、系统功能及联动功能等
4	水幕、雨淋系统	供水泵、雨淋阀、系统的控制、安装质量、联动功能等

2. 系统检测

火灾自动报警及灭火联动系统检测项目(见表 10-27)。

表 10-27　火灾自动报警及灭火联动系统检测项目表

序号	检测内容	检测依据及方法
1	火灾自动报警及灭火联动系统应是独立的系统,单独设计,其他系统也应布局合理	《火灾自动报警系统施工及验收规范》(GB 50166)
2	与其他系统的联动关系检测方案拟定	《智能建筑工程质量验收规范》(GB 50339—2003)第 3.4.2 条
3	电磁兼容性防护功能检测	《消防电子产品环境试验方法及严酷等级》(GB 16838)
4	消防控制室向建筑设备监控系统传输、现实火灾报警信息的一致性和可靠性检测;建筑设备监控系统对火灾报警的响应及火灾运行模式检测	现场模拟发出火灾报警信号测试
5	消防控制室与安全方法系统等其他子系统的接口和通信功能检测	传输虚拟信号检测
6	智能型火灾探测器的安装数量、性能及安装位置检测;普通型火灾探测器的安装数量、性能及安装位置检测	对照设计文件和《消防电子产品环境试验方法及严酷等级》(GB 16838)现场查验
7	公用广播与紧急广播系统共用检测	《火灾自动报警系统设计规范》(GB 50116)、《智能建筑工程质量验收规范》(GB 50339—2003)
8	安全防范系统中相应的是视频安防监控系统、门禁系统、停车场(库)管理系统对火灾报警的响应及火灾模式操作等功能检测	现场模拟发出火灾报警信号测试

10.5.3　竣工验收

1. 火灾自动报警及消防联动系统的竣工验收应按《火灾自动报警系统施工及验收规范》(GB50166)的规定及地方的配套法规执行。

2. 当火灾自动报警及消防联动系统与其他智能建筑子系统具备联动关系时,其验收按《智能建筑工程质量验收规范》(GB 50339—2003)第 10 章的有关规定执行,但验收程序不得与国家现行规范、法规相抵触。

10.6　安全防范及监控管理系统

安全防范及监控系统应包括视频监控系统、入侵报警系统、出入口控制(门禁)系统、停车场(库)管理系统等 4 个子系统。

10.6.1　工程实施及质量控制

1. 进场材料及设备

进场材料及设备质量应满足本章第 3 节《信息网络系统》进场材料及设备质量要求。

2. 系统安装质量

(1) 系统线缆敷设、设备安装前,建筑工程应具备的条件

① 预埋管、预留件、桥架等的安装符合设计要求。

② 机房、弱电竖井的施工已结束。

(2) 视频监控子系统安装质量

① 系统应具有以下基本功能。

(a) 系统应具有报警功能(布防输入报警、视频丢失报警、硬盘满盘警告、报警满盘警告)和报警时的调用功能。

(b) 系统应具有权限设置功能和热键屏蔽功能,确保不能进行不被授权的操作。

(c) 当监控中心采用屏幕墙显示时,数字视频系统应具有中心逆向还原功能。

(d) 系统应具备在断电、重新来电的情况下的自动关机和开机功能,自动检测任何异常死机,并具有重新启动功能。

(e) 网络型视频监控系统前端监控主机应全自动运行。

② 前端摄像系统质量应满足以下要求。

(a) 摄像机的选配应与被监视的环境条件相匹配,其基本参数选择符合相关要求。

分辨率和灰度一般为:黑白≥350 线、彩色≥270 线、灰度≥8 级。

视频电信号为:1Vp－p±20% ,照度指标与现场条件相匹配。

监视器与摄像机的数量、安装位置应符合设计要求。

(b) 镜头的安装应满足被监视目标距离及视角要求,镜头调节功能动作正常。

(c) 摄像机云台水平、俯仰动作平稳,旋转速率、旋转范围应满足监视目标的需要,固定摄像机的支架应符合设计要求。

(d) 解码器功能应符合设计要求,应能支持对摄像机、镜头、云台的控制,具有为云台、摄像机供电的功能。

③ 图像质量应满足以下要求。

(a) 视频信号在监视器输入端的电压峰值应为 1Vp－p±3db。

(b) 图像应无损伤、无干扰,达到 4 级标准,系统在低照度条件下使用,监视画面应达到可用图像要求。

(c) 数字式视频监控系统的实时监控图像质量和回放图像质量应符合相关要求。

(3) 入侵报警子系统安装质量

① 系统应具有以下功能。

(a) 系统应具有断电事件数据记忆功能,并能够与备用电源的自动切换投入功能和断电记忆功能,备用电源应保证在警戒满载的条件下正常工作 24 h。

(b) 在正常大气条件下,系统连续工作 7 d,不应产生误报警和漏报警。报警响应时间一般要求不小于 4 s。

(c) 报警信号一般应与城市 110 报警系统联网,报警信息上传时,应具有人工确认功能。

(d) 报警事件在监控中心一般应有以下功能:声、光信号显示;报警点位置显示;报警信息记忆等。

② 探测器的安装位置、方式、有效探测区间等应满足设计及下列要求。

(a) 红外探测器不能对准温度会快速变化的物体或热源,与热源的距离不得小于1.5 m。

(b) 探测器应具有防破坏功能和遇到破坏时的报警功能,报警信号应持续到报警原因被排除后才能实现复位。

(c) 报警控制器应具有对防区内的现场布放和撤防的管理功能,有非预定关机的报警、自检、巡检功能。

(d) 在规定条件下,动物活动不应触发探测器的报警;

(4) 出、入口控制(门禁)子系统安装质量

① 系统安装完成后,应符合设计要求。

② 识别器、读卡器应具有以下功能。

(a) 识别器应对人工制造的无效卡具有识别功能,误识率、拒识率、非接触式的识别器的识别距离等参数应符合产品的功能质量指标。

(b) 识别器应具有防破坏、防拆卸、防撬等功能,具有断线、断电、短路等现象的报警功能。

(c) 具有液晶显示器的读卡器应能够显示有效、读错误、无效卡、无效时段等信息功能。

③ 控制器应具有以下功能。

(a) 对非法通行(无效卡、无效时段)的报警功能和防破坏、防拆卸、防撬等功能,同时具有断线、断电、短路等现象的报警功能。

(b) 接受一读卡信息一反映动作全过程,控制器的响应时间应小于0.5 s。并能根据计算机的指令及时开锁或闭锁。

(c) 控制器与控制器之间应具有信息传输功能,并具有断电自动切换功能。

④ 系统应具有以下功能。

(a) 通过软件对控制器进行增加卡、删除卡、时间表、级别表等设置,也可通过软件对门禁点的门禁状态、通行人员、卡号姓名、通行时间等信息进行定义。

(b) 系统应具有自检和故障报警功能。

(c) 出、入口控制(门禁)子系统应具有对通行数据、非法事件的记录和记录保存时间的功能。

(5) 停车场(库)管理子系统安装质量

① 系统对卡的安全检测应具有以下功能,并按要求报警:未进先出;领卡后未入库,折返后再次持卡进场;已出场的卡再重复出场;临时卡未交款先出场或交款后在规定时间以后才出场;进出场的车辆车型、车牌不符。

② 信号指示器安装应满足以下要求。

(a) 车位状况信号指示器应安装在车道出入口的明显位置,高度应在2~2.4 m。

(b) 车位状况信号指示器应安装在能够指示车位状况处,露天安装,应有防水措施。满位显示器上显示的信息应与实际状况相符。

(c) 车位引导指示器应安装在车位中央。

③ 读卡机安装应满足以下要求。

(a) 读卡器应能够显示有效、读错误、无效卡、无效时段等信息功能。并具有对贵宾卡、长期卡、临时卡的识别和分辨功能。

(b) 非接触式读卡机的读卡距离和灵敏度应符合设计要求,读卡机的响应时间应小于2 s。

④ 出入口控制器安装应满足以下要求。

(a) 出入口发卡机工作应畅顺、正常，应保证一车一卡。卡上记录的车辆进出场的日期、时间、入口点等信息应正确无误。

(b) 出入口摄像机社区的车型、颜色、牌号等车辆图像信息失真小，字迹清晰，自动检测识别率应大于 96%。

(c) 出入口控制器应对无效卡发出拒绝放行的信号，并向管理系统报警。

(6) 安全防范及监控管理系统安装质量

① 系统应具有以下功能。

(a) 综合管理系统向各子系统发送的管理命令能够得到及时、准确的响应，各子系统能够及时、准确地向综合管理系统传送监控图像、报警信息。

(b) 检查其中一个子系统时，通过综合管理系统，其他相应的子系统应该得到相应的联动信号。

(c) 系统应具有联动功能的检测。

② 系统施工质量检查和观感质量验收，应根据合同技术文件、设计施工图进行。

(a) 对电(光)缆敷设与布线应检验管线的防水、防潮，电缆排列位置，布放、绑扎质量，桥架的架设质量，缆线在桥架内的安装质量，焊接及插接头安装质量和接线盒接线质量等。

(b) 对接地线应检验接地材料，接地线焊接质量、接地电阻等。

(c) 对系统的各类探测器、摄像机、云台、防护罩、控制器、辅助电源、电锁、对讲设备等的安装部位、安装质量和观感质量等进行检验。

(d) 同轴电缆的敷设、摄像机、机架、监视器等的安装质量检验应符合《民用闭路监视电视系统工程技术规范》(GB 50198)的有关规定。

(e) 控制柜、箱与控制台等的安装质量检验应遵照《建筑电气工程施工质量验收规范》(GB 50303—2002)第 6 章有关规定执行。

(7) 系统自检与试运行

① 安装承包单位应对各类探测器、控制器、执行器等部件的电气性能和功能进行自检，自检应逐点测试。

② 系统设备安装、施工测试完成后，经建设方同意，方可进入系统试运行，试运行周期应不少于 1 个月；并做好试运行记录。

10.6.2 系统检测

1. 系统检测准备

(1) 检测机构

安全防范及监控管理系统的系统检测应由国家或行业授权的检测机构进行，并出具检测报告。

(2) 检测依据

系统检测应依据工程合同技术文件、施工图设计文件、工程设计变更说明和洽商记录、产品的技术文件进行。检测内容、合格判据应执行国家公共安全行业的相关标准。

(3) 检测时应提供资料

① 设备材料进场检验记录。

② 隐蔽工程和过程检查验收记录。

③ 工程安装质量和观感质量验收记录。

④ 设备及系统自检测记录。

⑤ 系统试运行记录。

2. 系统检测项目

(1) 系统综合防范功能检测

① 防范范围、重点防范部位和要害部门的设防情况、防范功能，以及安防设备的运行是否达到设计要求，有无防范盲区。

② 各种防范子系统之间的联动是否达到设计要求。

③ 监控中心系统记录(包括监控的图像记录和报警记录)的质量和保存时间是否达到设计要求。

④ 安全防范系统与其他系统进行系统集成时，应按《智能建筑工程质量验收规范》(GB 50339—2003)第3.2.7条的规定检查系统的接口、通信功能和传输的信息等是否达到设计要求。

(2) 视频安防监控子系统的检测

① 子系统功能检测。

云台转动，镜头、光圈的调节，调焦、变倍，图像切换，防护罩功能的检测。

摄像机抽检的数量应不低于20%且不少于3台，摄像机数量少于3台时应全部检查。被抽检设备的合格率应为100%。

② 图像质量检测。

在摄像机的标准照度下进行图像的清晰度及抗干扰能力的检测。

按表10-14的规定对图像质量进行主观评价，主观评价应不低于4分；抗干扰能力按《安防视频监控系统技术要求》(GA/T 367)进行检测。

③ 子系统整体功能检测。

(a) 功能检测应包括视频安防监控系统的监控范围、现场设备的接入率及完好率；矩阵监控主机的切换、控制、编程、巡检、记录等功能。

(b) 数字视频录像式监控系统还应检查主机死机记录、图像显示和记录速度、图像质量、对前端设备的控制功能以及通信接口功能、远端联网功能等。

(c) 数字硬盘录像监控系统除检测其记录速度外，还应检测记录的检索、回放等功能。

(d) 与出入口管理系统、入侵报警系统、巡更管理系统、停车场(库)管理系统等的联动控制功能。

(e) 视频安防监控系统的图像记录保存功能。

系统功能和联动功能全部检测，功能应符合设计要求时为合格，且系统功能检测合格率应为100%。

(3) 入侵报警子系统检测

① 探测器的盲区检测，防动物功能检测。

② 探测器的防破坏功能检测应包括报警器的防拆报警功能，信号线开路、短路报警功能，电源线被剪的报警功能。

③ 探测器灵敏度检测。

④ 系统控制功能检测应包括系统的撤防、布防功能，关机报警功能，系统后备电源自动切换功能等。

⑤ 系统通信功能检测应包括报警信息传输、报警响应功能。

⑥ 现场设备的接入率及完好率测试。

⑦ 系统的联动功能检测应包括报警信号对相关报答现场照明系统的自动触发、对监控摄像机的自动启动、视频安防监视画面的自动调入，相关出入口的自动启闭，录像设备的自动启动等。

⑧ 报警系统管理软件(含电子地图)功能检测。

⑨ 报警信号联网上传功能的检测。

⑩ 报警系统报警事件存储记录的保存时间应满足管理要求。

探测器抽检的数量应不低于 20%且不少于 3 台，探测器数量少于 3 台时应全部检测；被抽检设备的合格率应为 100%；系统功能和联动功能全部检测，功能应符合设计要求，合格率 100%。

(4) 出入口控制(门禁)子系统的检测

系统检测内容及方法见表 10-28。

表 10-28　出入口控制(门禁)子系统的检测内容

<table>
<tr><th>项目</th><th>序号</th><th>检测内容</th><th>检测方法</th></tr>
<tr><td rowspan="8">系统功能检测</td><td>1</td><td>系统主机在离线的情况下，出入口(门禁)控制器独立工作的准确性、实时性和储存信息的功能</td><td rowspan="8">设置虚拟情境现场实时检测</td></tr>
<tr><td>2</td><td>系统主机对出入口(门禁)控制器在线控制时，出入口(门禁)控制器工作的准确性、实时性和储存信息的功能，以及出入口(门禁)控制器和系统主机之间的信息传输功能</td></tr>
<tr><td>3</td><td>检测掉电后，系统启用备用电源应急工作的准确性、实时性和信息的存储和恢复能力</td></tr>
<tr><td>4</td><td>通过系统主机、出入口(门禁)控制器及其他控制终端，实时监控出入控制点的人员状况</td></tr>
<tr><td>5</td><td>系统对非法强行入侵及时报警的能力</td></tr>
<tr><td>6</td><td>检测本系统与消防系统报警时的联动功能</td></tr>
<tr><td>7</td><td>现场设备的接入率及完好率测试</td></tr>
<tr><td>8</td><td>出入口管理系统的数据存储记录保存时间测试</td></tr>
<tr><td rowspan="4">系统软件检测</td><td>1</td><td>以证明软件功能与任务书或合同书要求一致</td><td rowspan="3">依据(GB 50339－2003)第 3.2.6 条演示所有功能现场操作检测</td></tr>
<tr><td>2</td><td>根据需求说明书规定，对软件时间、适应性、稳定性等以及图形化界面友好程度，逐项进行测试</td></tr>
<tr><td>3</td><td>对软件系统操作的安全性进行测试，如系统操作人员的分级授权、系统操作人员操作信息的存储记录等</td></tr>
<tr><td>4</td><td colspan="2">在软件测试的基础上，对被验收的软件进行综合评审，给出综合评审结论，包括：软件设计与需求的一致性、程序与软件设计的一致性、文档(含软件培训、教材和说明书)描述与程序的一致性、完整性、准确性和标准化程度等</td></tr>
</table>

出入口控制器抽检数量应不低于20%且不少于3台，数量少于3台时应全部检测；系统功能和软件全部检测，功能符合设计要求。各项合格率为100%时为系统功能检测合格。

(5) 停车场(库)管理子系统的检测

检测内容及检测方法见表10-29。

表10-29　停车场(库)管理子系统检测内容及合格判定表

<table>
<tr><th>序号</th><th>检测内容</th><th>检测方法</th></tr>
<tr><td>1</td><td>车辆探测器对出入车辆的探测灵敏度、抗干扰性能检测</td><td rowspan="12">所有项目实时模拟信息，全部检测</td></tr>
<tr><td>2</td><td>自动栅栏升降功能、防砸车功能</td></tr>
<tr><td>3</td><td>读卡器对无效卡的识别功能；非接触IC卡读卡器读卡距离和灵敏度</td></tr>
<tr><td>4</td><td>发卡(票)器吐卡功能是否正常，入场日期、时间等记录是否正确</td></tr>
<tr><td>5</td><td>满位显示器功能是否正常</td></tr>
<tr><td>6</td><td>管理中心的计费、显示、收费、统计、信息储存等功能</td></tr>
<tr><td>7</td><td>出/入口管理监控站及与管理中心站的通信是否正常</td></tr>
<tr><td>8</td><td>管理系统的其他功能，如“防折返”功能</td></tr>
<tr><td>9</td><td>具有图像对比功能的停车场(库)管理系统应出/入口车牌和车辆图像记录的清晰度、调用图像信息的符合情况</td></tr>
<tr><td>10</td><td>停车场(库)管理系统与消防系统报警时的联动功能、电视监控系统摄像机对进出车库车辆的监视</td></tr>
<tr><td>11</td><td>空车位及收费显示</td></tr>
<tr><td>12</td><td>管理中心监控站的车辆出入数据记录保存时间与管理要求的一致性</td></tr>
</table>

管理系统功能应全部检测，符合设计要求为合格；车牌识别系统对车牌的识别率达98%时为合格。

(6) 安全防范及监控管理系统检测

检测内容及合格判定见表10-30。

表10-30　安全防范及监控管理系统检测内容

<table>
<tr><th>序号</th><th>检测项目</th><th>检测内容</th><th>检测方法</th></tr>
<tr><td>1</td><td>数据通信接口</td><td>各子系统与综合管理系统以数据通信方式连接时应能在综合管理监控站上准确和实时地观测到子系统的工作状态和报警信息，并和实际状态核实，对具有控制功能的子系统，应检测从综合管理监控站发送命令时，子系统响应的情况</td><td rowspan="3">所有项目实时模拟信息，全部检测符合设计为合格</td></tr>
<tr><td>2</td><td rowspan="3">监控站软硬件功能</td><td>子系统监控站与综合管理系统监控站对系统状态和报警信息记录的一致性</td></tr>
<tr><td>3</td><td>综合管理系统监控站对各类报警信息的显示、记录、统计、数据报表打印、报警打印等功能</td></tr>
<tr><td>4</td><td>综合管理系统监控站操作的方便性，人机界面应友好、汉化、图形化</td><td></td></tr>
</table>

合格率为100%时为系统功能检测合格。

10.6.3 竣工验收

1. 验收规定

(1) 安全防范系统工程验收执行《安全防范系统验收规则》(GA 308) 规定。

(2) 以管理为主的电视监控系统、出入口控制(门禁)系统、停车场(库)管理等系统的竣工验收执行《智能建筑工程质量验收规范》(GB 50339—2003)第 3.5 节规定。

(3) 竣工验收应在系统正常连续投运 1 个月后进行。

2. 系统验收文件及记录

(1) 工程设计文件:系统结构图、各子系统原理图;施工平面图、设备电气端子接线图;中央控制室设备布置图、接线图;设备清单,系统的产品说明书、操作手册和维护手册。

(2) 工程实施文件资料:工程实施及质量控制记录;设备及系统测试记录;相关工程质量事故报告、工程设计变更单。

10.7 综合布线系统

综合布线系统的安装、检测和验收,除执行本规范外,还应符合《建筑与建筑群综合布线系统工程验收规范》(GB/T 50312)——以下简称"规范"——中的规定。

10.7.1 工程实施及质量控制

1. 进场材料及设备

(1) 进场的设备材料应满足的要求

设备及材料进场验收应符合规范的第一章第一节《通用部分》的有关规定。

(2) 产品功能和性能应满足的要求

① 产品功能和性能等项目应符合现行国家有关标准。有特殊要求的产品应符合合同或设计要求。

② 接线端子的过流、过压保护设施的各项性能指标应符合通信行业标准要求。

③ 光纤及光缆连接设备、材料及附件的零件配套齐全,安装合理,牢固可靠。

④ 光纤插座面板与模块配套面板上应有发射(TX)或接收(RX)的明显标识。

⑤ 光纤跳线外面应有经过防火处理的光纤保护外皮层,且有该光纤类型的标记;六类跳线应为生产厂家的原装产品。

⑥ 光纤的两端活动连接器(活接头用)的端面应装配有合适的保护帽。

2. 系统安装质量

(1) 安装准备

系统施工前应对交接间、设备间、工作区的建筑和环境条件进行检查,检查内容和要求应符合(GB/T 50312) 中的有关规定。

(2) 机柜、机架、配线架安装质量

① 机柜、机架、配线架安装位置应符合设计要求,且安装牢固,无松动、缺件或损坏等现象,与地面的垂直度偏差应不大于 3 mm。

② 机柜不宜安装在活动地板上，应依据机柜尺寸重新制作底座，并与地面固定，底座高度与活动地板相同，水平误差应不大于 2 mm/m^2。

③ 机柜、机架、配线架前应有不小于 800 mm 的空间，背后应有不小于 600 mm 的空间，相邻设备应靠近，同列设备排列整齐。

④ 柜内和架上的布线应路径合理、布局整齐、线缆曲率半径符合规定且绑扎牢固、护套完整，各种标志应统一、完整、醒目、清晰。

⑤ 柜内和架上的跳线环应牢固可靠、排列整齐、平直、一致，接线端子应按电缆用途分区域连接，并设有明显的标志；桥架与线槽宜直接进入机柜内。

⑥ 采用双面配线架落地式安装时，线缆从配线架下面上引，配线架底座位置应与电缆的上线孔对正。

⑦ 明装壁挂式或墙壁暗埋式机柜距地面距离不应小于 500 mm。

(3) 连接硬件安装质量

① 布线系统设备间应设有等电位接地体，配线架、过压过流保护器、机柜、进入建筑物的线缆的金属外皮、屏蔽电缆的屏蔽层等应有可靠的接地。

② 所有接线模块等硬件型号、规格必须与设备配套，安装稳定，连接正确，接线区划分清楚，表面面板保持在一个水平面上，标志完整、清楚、齐全、醒目。

③ 卡入配线架连接模块内的单根电缆色标应与模块卡槽色标一致，大对数电缆按标准色谱的组合规定进行排序。

④ 各种线缆和插件间的链接必须可靠，连接正确，标识清楚。端接于 RJ45 口配线架的线序及排列按照国家标准(T 568A)或(T 568B)二者之一要求进行端接。但必须与信息插座模块的线序排列使用统一标准。

⑤ 采用屏蔽电缆时，电缆屏蔽层与连接部位终端处的屏蔽罩接触应可靠，形成 360°接触界面，接触长度不小于 10 mm。

⑥ 安装在地面上的信息插座应与地面平齐，并有严密的防水、防尘、防压措施。安装在墙上的信息插座，距地面的高度不小于 300 mm。信息插座应有明显的所接终端设备的类型。

(4) 线缆、线槽、桥架和线管安装质量

线缆、线槽、桥架和线管安装质量除应符合规范的第七章的有关要求外，还应该满足以下要求。

① 电缆布放应有余量，交接间、设备间预留长度为 3～6 m；工作区预留长度为 0.3～0.6 m；有特殊要求的按要求执行。

② 管线的填充率应符合设计要求，利用管道敷设光缆，应留有适当余量。直线管道的利用率为 50%～60%，弯管道利用率 40%～50%。

③ 预埋线槽应采用金属线槽，线槽截面利用率不超过 50%；缆线在架空线槽或桥架中布放应顺直，水平部分缆线可以不绑扎，转弯处和垂直布放的线缆应绑扎，绑扎间距不大于 1.5 m。

④ 电缆桥架宜高出地面 2.2 m 以上，顶部距楼板不宜小于 300 mm；距过梁及其他障碍物距离不宜小于 50 mm。

⑤ 电缆转弯时的弯曲半径应符合表 10-31 要求。

表 10-31 电缆转弯时的弯曲半径

序号	电缆种类	弯曲半径
1	4 对双绞线缆	不小于电缆外径的 4 倍
2	屏蔽双绞线电缆	不小于电缆外径的 8 倍
3	主干双绞线电缆	不小于电缆外径的 10 倍

⑥ 光缆穿放的管口应封闭严密，光缆接续应有标识(标号、光缆的型号和规格)，并有足够的预留长度；自然弯曲：5 m/每千米、接续：6～8 m/每侧、设备接口：10～15 m/每侧。

10.7.2 系统检测

1. 检测条件及要求

① 综合布线系统性能检测应采用专用测试仪器对系统的各条链路进行检测。

② 应对系统的信号传输技术指标及工程质量进行评定。

③ 光纤布线应全部检测。

④ 检测对绞电缆布线链路时，以不低于 10%的比例进行随机抽样检测，抽样点必须包括最远布线点。

2. 系统性能检测合格判定

(1) 单项不合格判定

① 对绞电缆布线某一个信息端口及其水平布线电缆(信息点)按规范中附录 B 的指标要求，有一个项目不合格，则该信息点判为不合格。

② 垂直布线电缆某线对按连通性，长度要求、衰减和串扰等进行检测，有一个项目不合格，则判该线对不合格。

③ 光缆布线测试结果不满足规范中附录 C 的指标要求，则该光纤链路判为不合格。

④ 允许未通过检测的信息点、线对、光纤链路经修复后复检，直至复检合格为止。

(2) 系统不合格判定

① 系统中有一条光纤链路无法修复，则判为不合格。

② 对绞电缆布线抽样检测时，被抽样检测点(线对)不合格比例大于 1%，则视为一次抽样检测不合格；应进行加倍抽样；不合格点(线对)必须予以修复并复验。

③ 加倍抽样不合格比例不大于 1%，则视为抽样检测通过。如果不合格比例仍大于 1%，则视为抽样检测不合格。

④ 加倍抽样检测不合格，应进行全部检测，并按全部检测的要求进行判定。

⑤ 无法修复的信息点数目超过信息点总数的 1% 。

⑥ 不合格线对数目超过线对总数的 1%。

⑦ 全部检测或抽样检测的结论为合格，则系统检测合格；否则为不合格。

3. 系统检测内容

(1) 系统检测应包括工程电气性能检测和光纤特性检测。

(2) 电缆系统应检测以下内容：连接接线图是否与设计相符；电缆长度；信号衰减量；近端串扰；衰减对近端串扰比值；等效远端串扰；综合功率近端串扰；综合功率衰减对近端串扰比值；综合功率等效远端串扰；屏蔽层导通。

(3) 光缆系统应检测以下内容:对整个光纤通道的衰减检测;光纤链路的反射测量。

(4) 采用计算机进行综合布线系统管理和维护时,还应检测下列内容:中文平台、系统管理软件;可显示所有硬件设备及其楼层平面图;可显示干线子系统和配线子系统的元件位置;实时显示和登录各种硬件设施的工作状态。

10.7.3 竣工验收

1. 竣工验收的标准

依据《智能建筑工程质量验收规范》(GB 50339—2003)第 3.5 节和规范中的有关规定进行。

2. 竣工验收文件

(1) 规范第 8 章要求的文件;(2) 综合布线系统图;(3) 系统信息端口分布图;(4) 系统各配线区布局图;(5) 信息端口与配线架端口位置的对应关系表;(6) 系统平面布置图;(7) 系统性能自检报告。

10.8 智能化系统集成

智能化系统集成应在建筑设备监控系统、安全防范系统、火灾自动报警及消防联动系统等各子分部工程的基础上,实现建筑物管理系统(BMS)集成。BMS 可进一步与信息网络系统(INS)、通信网络系统(CNS)进行系统集成,实现智能建筑管理集成系统(IBMS),以满足建筑物的监控功能、管理功能和信息共享的需求,便于通过对建筑物和建筑设备的自动检测与优化控制,实现信息资源的优化管理和对使用者提供最佳的信息服务,使智能建筑达到投资合理、适应信息社会需要的目标,并具有安全、舒适、高效和环保的特点。

系统集成检测验收的重点应为系统的集成功能、各子系统之间的协调控制能力、信息共享和综合管理能力、运行管理与系统维护的可实施性、使用的安全性和方便性等要素。

10.8.1 工程实施及质量控制

1. 系统集成工程的实施必须按已批准的设计文件和施工图进行。

2. 系统集成中使用的设备进场验收及产品的质量检查应参照本章第 1 节的有关规定执行。

3. 系统集成调试完成后,应进行系统自检,并填写系统自检报告。

4. 系统集成调试完成,经与工程建设方协商后可投入系统试运行,投入试运行应由建设单位或物业管理单位派出的管理人员和操作人员认真作好值班运行记录,并保存试运行的全部数据。

10.8.2 系统检测

1. 系统集成的检测的时机

系统集成的检测应在建筑设备监控系统、安全防范系统、火灾自动报警及消防联动系统、通信网络系统、信息网络系统和综合布线等子系统检测完成,系统集成完成调试并经过

1个月试运行后进行。

2. 编写系统监测方案

检测前应编写系统集成检测方案，检测方案应包括检测内容、检测方法、检测数量等。

3. 系统集成检测时应提供以下过程质量记录

(1) 硬件和软件进场检验记录。

(2) 系统测试记录。

(3) 系统试运行记录。

4. 系统检测的内容

系统集成的检测应包括接口检测、软件检测、系统功能及性能检测、安全检测等内容。

(1) 主控项目

① 子系统之间的硬线连接、串行通信连接、专用网关(路由器)接口连接等应符合设计文件、产品标准和产品技术文件或接口规范的要求。

应全部检测，100%合格为检测合格；计算机网卡、通用路由器和交换机的连通测试可采用相关测试命令进行测试，或根据设计要求使用网络测试仪测试网络的连通。

② 系统数据集成功能检查；各子系统的数据应在服务器统一界面下显示，界面应汉化和图形化，数据显示应准确，响应时间等性能指标应符合设计要求。

应在服务器和客户端分别对各子系统全部检测，100%合格为检测合格。

③ 系统集成的整体指挥协调能力、系统的报警信息及处理、设备连锁控制功能检测。

应在服务器和有操作权限的客户端全部检测；每个子系统检测数量为子系统所含设备数量的20%，抽检项目100%合格为检测合格。

(2) 一般项目

① 系统集成商应提供系统可靠性维护说明书，包括可靠性维护重点和预防性维护计划，故障查找及迅速排除故障的措施等内容。可靠性维护检测，应通过设定系统故障，检查系统的故障处理能力和可靠性维护性能。

② 系统集成安全性，包括安全隔离身份认证、访问控制、信息加密和解密、抗病毒攻击能力等内容的检测，按本章第2节《信息网络系统》中“网络安全系统检测”有关规定进行。

③ 系统集成的综合管理功能、信息管理和服务功能的检测应符合本章第2节《信息网络系统》中“应用软件检测”的规定，并根据合同技术文件的有关要求进行。

通过现场实际操作，运用案例验证是否满足功能需求。

④ 视频图像接入时，显示应清晰，图像切换应正常，网络系统的视频传输应稳定、无拥塞。

⑤ 系统集成的冗余和容错功能(包括双机备份及切换、数据库备份、备用电源及切换和通信链路冗余切换)、故障自诊断，事故情况下的安全保障措施的检测应符合设计文件要求。

⑥ 系统集成不得影响火灾自动报警及消防联动系统的独立运行，应对其系统相关性进行连带测试。

⑦ 对工程实施及质量控制记录进行审查，要求真实、准确、完整。

5. 应急状态的联动逻辑的检测方法

① 现场模拟火灾信号，在操作员站观察报警和做出判断情况，记录视频安防监控系统、门禁系统、紧急广播系统、空调系统、通风系统和电梯及自动扶梯系统联动逻辑是否符合设

计文件要求。

② 现场模拟非法侵入(越界或入户),在操作员站观察报警和做出判断情况,记录视频安防监控系统、门禁系统、紧急广播系统和照明系统的联动逻辑是否符合设计文件要求。

③ 系统集成商与用户商定的其他方法。

以上联动情况应做到安全、正确、及时和无冲突。符合设计要求的为检测合格,否则为检测不合格。

10.8.3 竣工验收

1. 竣工验收应在系统集成正常连续投运时间1个月后进行。

2. 竣工验收文件资料应包括以下内容:设计说明文件及图纸;设备及软件清单;软件及设备使用手册和维护手册,可靠性维护说明书;过程质量记录;系统集成检测记录;系统集成试运行记录。

10.9 电源与接地

本节适用于智能建筑工程中的智能化系统电源、防雷及接地子系统的系统检测和竣工验收。

在智能化系统电源、防雷及接地系统检测除应满足第七章有关规定外,还应执行国家强制性条文所要求的检测和验收项目,并应查验有关电气装置的质量检验、认证等相关文件。

智能化系统的供电设备应包括正常及应急工作状态下的供电设备。

1. 正常工作状态下的供电设备

包括建筑物内各智能化系统交、直流供电,以及供电传输、操作、保护和改善电能质量的全部设备和装置。

2. 应急工作状态下的供电设备

包括建筑物内各智能化系统配备的应急发电机组、各智能化子系统备用蓄电池组、充电设备和不间断供电设备等。

各智能化系统的电源、防雷及接地系统的检测,可作为分项工程,在各系统检测中进行;也可综合各系统电源与接地系统进行集中检测,并由相应的检测机构提供检测记录。

防雷及接地系统的检测和验收应包括建筑物内各智能化系统的防雷电入侵装置、等电位联结、防电磁干扰接地和防静电干扰接地等。

电源与接地系统必须保证建筑物内备智能化系统的正常运行和人身、设备安全。

10.9.1 系统检测

1. 电源系统检测

(1) 主控项目

① 智能化系统应引接依据《建筑电气安装工程施工质量验收规范》(GB 50303)验收合格的公用电源。

② 智能化系统自主配置的稳流稳压、不间断电源装置的检测,应符合下列规定。

(a) 不间断电源的整流装置、逆变装置和静态开关装置的规格、型号必须符合设计要求。内部结线连接正确，紧固件齐全，可靠不松动，焊接连接无脱落现象。

(b) 不间断电源的输入、输出各级保护系统和输出的电压稳定性、波形畸变系数、频率、相位、静态开关的动作等各项技术性能指标试验调整必须符合产品技术文件要求，且符合设计文件要求。

(c) 不间断电源装置间连线的线间、线对地间绝缘电阻值应大于 0.5 MΩ。

(d) 不间断电源输出端的中性线(N)，必须与由接地装置直接引来的接地干线相连接，做重复接地。

③ 智能化系统自主配置的应急发电机组应符合下列规定。

(a) 发电机的试验必须符合《智能建筑工程质量验收规范》(GB 50339—2003)附录 A 的规定。

(b) 发电机组至低压配电柜馈电线路的相间、相对地间的绝缘电阻值应大于 0.5 MΩ；塑料绝缘电缆馈电线路直流耐压试验为 2.4 kV，时间 15 min，泄漏电流稳定，无击穿现象。

(c) 柴油发电机馈电线路连接后，两端的相序必须与原供电系统的相序一致。

(d) 发电机中性线(工作零线)应与接地干线直接连接，螺栓防松零件齐全，且有标识。

④ 蓄电池组的充、放电应符合产品技术文件要求；整流器的控制调整和输出特性试验应符合产品技术文件要求。

自主配置的蓄电池组及充电设备的检测，应将蓄电池组内电子器件从线路上退出，检测主回路线间和线对地间绝缘电阻值。

⑤ 智能化系统主机房集中供电专用电源设备、各楼层设置用户电源箱的安装质量检测，应符合《智能建筑工程质量验收规范》(GB 50339—2003)附录 B 的规定。

⑥ 智能化系统主机房集中供电专用电源线路的安装质量应符合下列规定。

(a) 金属电缆桥架及其支架和引入或引出的金属电缆导管必须接地(PE)或接零(PEN)可靠，且必须符合下列规定。

金属电缆桥架及其支架全长应不少于 2 处与接地(PE)或接零(PEN)干线相连接；非镀锌电缆桥架间连接板的两端跨接铜芯接地线，接地线最小允许截面积不小于 4 mm^2；镀锌电缆桥架间连接板的两端不跨接接地线，但连接板两端不少于 2 个有防松螺帽或防松垫圈的连接固定螺栓。

(b) 电缆敷设严禁有绞拧、铠装压扁、护层断裂和表面严重划伤等缺陷。

(c) 金属的导管和线槽必须接地(PE)或接零(PEN)可靠，并符合下列规定。

镀锌的钢导管、可挠性导管和金属线槽不得熔焊跨接接地线，以专用接地卡跨接的两卡间连线为铜芯软导线，截面积不小于 4 mm^2；当非镀锌钢导管采用螺纹连接时，连接处的两端焊跨接接地线；当镀锌钢导管采用螺纹连接时，连接处的两端用专用接地卡固定跨接接地线；金属线槽不得作为设备的接地导体，当设计无要求时，金属线槽全长不少于 2 处与接地(PE)或接零(PEN)干线连接；非镀锌金属线槽间连接板的两端跨接铜芯接地线，镀锌线槽间连接板的两端不跨接接地线，但连接板两端不少于 2 个有防松螺帽或防松垫圈的连接固定螺栓。

(d) 金属导管严禁对口熔焊连接；镀锌和壁厚小于等于 2 mm 的钢导管不得套管熔焊连接。

(e) 防爆导管不应采用倒扣连接；当连接有困难时，应采用防爆活接头，其接合面应严密。

(f) 当绝缘导管在砌体上剔槽埋设时，应采用强度等级不小于 M10 的水泥砂浆抹面保护，保护层厚度大于 15 mm。

(g) 三相或单相的交流单芯电缆，不得单独穿于钢导管内。

(h) 不同回路、不同电压等级和交流与直流的电线，不应穿于同一导管内；同一交流回路的电线应穿于同一金属导管内，且管内电线不得有接头。

(i) 危险环境下照明线路的电线和电缆额定电压不得低于 750 V，且电线必须穿于钢导管内。

(2) 一般项目

① 智能化系统自主配置的稳流稳压、不间断电源装置的检测，应执行第 7 章第 1 节中《不间断电源安装分项工程》之"一般项目"的相关规定。

② 智能化系统自主配置的应急发电机组的检测，应执行第 7 章第 1 节中《柴油发电机组安装分项工程》之"一般项目"的相关规定。

③ 智能化系统主机房集中供电专用电源设备、各楼层设置用户电源箱的安装检测，应执行第 1 节中《低压电气动力设备试验和试运行分项工程》之"一般项目"的相关规定。

④ 智能化系统主机房集中供电专用电源线路的安装质量检测，应执行下列规定。

(a) 电缆桥架安装和桥架内电缆敷设，按第 7 章第 1 节中《电缆桥架安装和桥架内电缆敷设分项工程》之"一般项目"的相关规定执行。

(b) 电缆沟内和电缆竖井内电缆敷设，按第 7 章第 1 节中《电缆沟内和电缆竖井内电缆敷设分项工程》之"一般项目"的相关规定执行。

(c) 电线导管、电缆导管和线槽敷设，按第 7 章第 2 节中《电线导管、电缆导管和线槽敷设分项工程》之"一般项目"的相关规定执行。

(d) 电线、电缆穿管和线槽敷线，按第 7 章第 2 节中《电线、电缆穿管和线槽敷线分项工程》之"一般项目"的相关规定执行。

2. 防雷及接地系统检测

(1) 主控项目

① 智能化系统的防雷及接地系统应引接依建筑电气安装工程施工质量验收规范(GB 50303)验收合格的建筑物共用接地装置；采用建筑物金属体作为接地装置时，接地电阻不应大于 1Ω。

② 智能化系统的单独接地装置应符合下列规定。

(a) 人工接地装置或利用建筑物基础钢筋的接地装置必须在地面以上按设计要求位置设测试点。

(b) 测试接地装置的接地电阻值必须符合设计要求，且应按设备要求的最小值确定。

(c) 接地模块顶面埋深不应小于 0.6 m，接地模块间距不应小于模块长度的 3～5 倍。接地模块埋设基坑，一般为模块外形尺寸的 1.2～1.4 倍，且在开挖深度内详细记录地层情况。

(d) 接地模块应垂直或水平就位，不应倾斜设置，保持与原土层接触良好。

③ 智能化系统的防过流、过压元件的接地装置、防电磁干扰屏蔽的接地装置、防静电接

地装置的检测，其设置应符合设计要求，连接可靠。

④ 智能化系统与建筑物等电位联结的检测，应按第 7 章 3.3 中《建筑物等电位联结分项工程》之“主控项目”的相关规定执行。

(2) 一般项目

① 智能化系统的单独接地装置，防过流和防过压元件的接地装置、防电磁干扰屏蔽的接地装置及防静电接地装置的检测，应按第 7 章 3.3 中《接地装置安装分项工程》之“一般项目”的相关规定执行。

② 智能化系统与建筑物等电位联结的检测，应按第 7 章 3.3 中《建筑物等电位联结分项工程》之“一般项目”的相关规定执行。

10.9.2 竣工验收

1. 电源，防雷及接地系统的竣工验收应按本章《通用部分》10.1“各智能化系统（分部、子分部）工程竣工验收”的规定实施。

2. 电源、防雷及接地系统的竣工验收应对系统检测结论进行复核，并做好与相关智能化系统的工程交接和接口检验，系统检测复核合格并获得相关智能化系统竣工验收确认后，电源、防雷及接地系统竣工验收合格。

10.10 环　　境

本节适用于智能建筑内计算机房、通信控制室，监控室及重要办公区域环境系统检测和验收。

环境的检测验收内容包括：空间环境、室内空调环境、视觉照明环境、室内噪声及室内电磁环境等项目。

一般项目按 10％进行抽样检测，合格率达到 90％时为该项检测合格。

10.10.1 系统检测

1. 主控项目

(1) 室内噪声、温度、相对湿度、风速、照度、一氧化碳和二氧化碳含量等参数的检测值应符合设计要求。

(2) 空间环境应符合下列要求。

① 主要办公区域顶棚净高不小于 2.7 m。

② 楼板满足预埋地下线槽（线管）的条件，架空地板、网络地板的铺设应满足设计要求。

③ 为网络布线留有足够的配线间。

(3) 室内空调环境应符合下列要求。

① 实现对室内温度、湿度的自动控制，并符合设计要求。

② 室内温度，冬季 18～22℃，夏季 24～28℃。

③ 室内相对湿度，冬季 40％～60％，夏季 40％～65％。

④ 舒适性空调的室内风速，冬季应不大于 0.2 m/s，夏季应不大于 0.3 m/s。

(4) 视觉照明环境应符合下列要求。

① 工作面水平照度不小于500 lx。

② 灯具满足眩光控制要求。

③ 灯具布置应模数化,消除频闪。

(5) 环境电磁辐射应满足《环境电磁波卫生标准》(GB 9175)和《电磁辐射防护规定》(GB 8702)的有关规定。

按20%进行抽样检测,合格率达到100%时为该项检测合格。

2. 一般项目

(1) 空间环境检测应符合下列要求。

① 室内装饰色彩合理组合,建筑装修用材应符合《建筑装修施工质量验收规范》(GB 50305)的有关规定。

② 防静电、防尘地毯,静电泄漏电阻在1.0×105～ 1.0×108 Ω之间。

③ 采取的降低噪声和隔声措施应恰当。

(2) 室内空调环境检测应符合下列要求。

① 室内CO含量率小于10×10^{-6} g/m^3。

②室内CO_2含量率小于$1\,000\times10^{-6}$ g/m^3。

(3) 室内噪声测试推荐值:办公室40～45dBA,智能化子系统的监控室35～40 dBA。

10.10.2 竣工验收

环境验收仅限于对系统的检测结果进行复核,本节规定的各项指标符合要求,则环境竣工验收合格。

10.11 住宅(小区)智能化

住宅(小区)智能化应包括火灾自动报警及消防联动系统、安全防范系统、通信网络系统、信息网络系统、监控与管理系统,家庭控制器、综合布线系统、电源和接地、环境、室外设备及管网等。

10.11.1 工程实施及质量控制

工程实施及质量控制除应满足本章第1节《通用部分》相关要求外,还应满足以下要求。

(1) 火灾自动报警及消防联动系统设备安装质量应符合《火灾自动报警系统施工及验收规范》(GB 50166)的要求。

(2) 其他系统的设备安装质量应符合本章第2、3、4、6、7节有关规定。

10.11.2 系统检测

住宅(小区)智能化的系统检测应在工程安装调试完成、经过不少于1个月的系统试运行,具备正常投运条件后进行。

住宅(小区)智能化的系统检测应以系统功能检测为主,结合设备安装质量检查、设备功能和性能检测及相关内容进行。

通信网络系统、信息网络系统、综合布线系统、电源与接地、环境的系统检测应符合本章10.2、10.3、10.7、10.9、10.10的有关规定。

1. 火灾自动报警及消防联动系统检测

主控项目

火灾自动报警及消防联动系统功能检测除符合本章第5节要求外，还应符合下列要求。

① 可燃气体泄漏报警系统的可靠性检测。

② 可燃气体泄漏报警时自动切断气源及打开排气装置的功能检测。

③ 已纳入火灾自动报警及消防联动系统的探测器不得重复接入家庭控制器。

2. 安全防范系统检测

视频安防监控系统、入侵报警系统、出入口控制（门禁）系统、巡更管理系统和停车场（库）管理系统的检测应符合本章第6节的有关规定。

3. 访客对讲系统应符合的要求

（1）主控项目

① 室内机门铃提示、访客通话及与管理员通话应清晰，通话保密功能与室内开启单元门的开锁功能应符合设计要求。

② 门口机呼叫住户和功能、CCD红外夜视（可视对讲）功能、电控锁密码开锁功能、在火警等紧急情况下电控锁的自动释放功能应符合设计要求。

③ 管理员机与门口机的通信及联网管理功能、管理员机与门口机、室内机互相呼叫和通话的功能应符合设计要求。

④ 市电停电后，备用电源应能保证系统正常工作8小时以上。

（2）一般项目

访客对讲系统室内机应具有自动定时关机功能，可视访客图像应清晰；管理员机对门口机的图像可进行监视。

4. 监控与管理系统应满足的要求

（1）主控项目

① 表具数据自动抄收及远传系统的检测应符合下列要求。

（a）水、电、气、热（冷）能等表具应采用现场计量、数据远传，选用的表具应符合国家产品标准，表具应具有产品合格证书和计量检定证书。

（b）水、电、气、热（冷）能等表具远程传输的各种数据，通过系统可进行查询、统计、打印、费用计算等。

（c）电源断电时，系统不应出现误读数并有数据保存措施，数据保存至少4个月以上；电源恢复后，保存数据不应丢失。

（d）系统应具有时钟、故障报警、防破坏报警功能。

② 建筑设备监控系统除应符合第4节有关规定外，还应具备饮用水蓄水池过滤设备、消毒设备的故障报警的功能。

③ 住宅（小区）物业管理系统的检测除应符合10.3“应用软件检测”外，还应进行以下内容的检测。

（a）住宅（小区）物业管理系统应包括住户人员管理、住户房产维修、住户物业费等各项费用的查询及收取、住宅(小区)公共设施管理、住宅(小区)工程图纸管理等。

(b) 信息服务项目可包括家政服务、电子商务、远程教育、远程医疗、电子银行、娱乐等；应按设计要求的内容进行检测。

(c) 物业管理公司人事管理、企业管理和财务管理等内容的检测应根据设计要求进行。

使用功能满足设计要求的为合格,否则为不合格。

(2) 一般项目

① 表具现场采集的数据与远传的数据应一致。

每类表具总数达到 100 个及以上的按 10%抽检,少于 100 个的抽检 10 个。

② 建筑设备监控系统除符合第 4 节有关规定外,还应进行以下内容的检测。

(a) 室外园区艺术照明的开启、关闭时间设定、控制回路的开启设定和灯光场景的设定及照度调整。

(b) 园林绿化浇灌水泵的控制、监视功能及中水设备的控制、监视功能。

5. 家庭控制器检测

家庭控制器检测应包括家庭报警、家庭紧急求助、家用电器监控、表具数据采集及处理、通信网络和信息网络接口等内容。

主控项目

(1) 家庭报警功能的应符合下列要求:感烟探测器、感温探测器、燃气探测器的应符合国家现行产品标准的要求;家庭报警的撤防,布防转换及控制功能应符合国家现行产品标准的要求。

(2) 家庭紧急求助报警装置应符合下列要求:可靠性:准确、及时的传输紧急求助信号;可操作性:老年人和未成年人在紧急情况下应能方便地发出求助信号;应具有防破坏和故障报警功能。

(3) 家用电器的监控功能的检测应符合设计要求。

(4) 家庭控制器应对误操作或出现故障报警时具有相应的处理能力。

6. 无线报警的发射频率及功率的检测

一般项目

(1) 每户宜安装一处以上的紧急求助报警装置(如:起居室、卧室等)。

(2) 紧急求助报警装置宜有一种以上的报警方式(如手动、遥控、感应等)。

(3) 报警信号宜区别求助内容。

(4) 紧急求助报警装置宜加夜间显示。

10.11.3 竣工验收

1. 验收时机

住宅(小区)智能化的竣工验收应在系统正常连续投运时间不少于 3 个月后进行。

2. 竣工验收文件和记录应包括的内容

(1) 工程实施及质量控制记录。

(2) 设备和系统检测记录。

(3) 竣工图纸和竣工技术文件。

(4) 技术、使用和维护手册。

(5) 其他文件包括:工程合同及技术文件;相关工程质量事故报告等。

3. 各子系统可以分别验收,应作好验收记录,签署验收意见

【实训六】 建筑工程质量验收的程序和组织

一、实训目的

1. 了解单位工程、分部(子分部)工程、分项工程、检验批各阶段验收的过程;

2. 理解掌握建筑工程质量验收的程序和组织。

二、实训过程

1. 引入典型工程案例,在教师的指导下,学生可以分组(也可以独立)完成案例项目施工及验收中单位工程、分部(子分部)、分项、检验批的验收;

2. 学生完成后集体进行交流,然后教师进行讲评。

三、实训方法

采用案例法。

附　件

附件 1　低压流体输送用镀锌(焊接)钢管

公称口径		外径		普通钢管			加厚钢管		
				壁　厚		理论重量 (kg/m)	壁　厚		理论重量 (kg/m)
(cm)	(in)	公称尺寸 (mm)	允许偏差	公称尺寸 (mm)	允许偏差 (%)		公称尺寸 (mm)	允许偏差 (%)	
6	1/8	10.0		2.00		0.39	2.25		0.46
8	1/4	13.5		2.25		0.62	2.75		0.73
10	3/8	17.0		2.25		0.86	2.75		0.97
15	1/2	21.3		2.75		1.26	3.25		1.45
20	3/4	26.8	0.50mm	2.75	+12 −15	1.63	3.50	+12 −15	2.01
25	1	33.5		3.75		2.42	4.00		2.91
32	$1\frac{1}{4}$	42.3		3.75		3.13	4.00		3.78
40	$1\frac{1}{2}$	48.0		3.50		3.84	4.25		4.58
50	2	60.0		3.50		4.88	4.50		6.16
65	$2\frac{1}{2}$	75.5		3.75		6.64	4.50		7.88
80	3	88.5	±1%	4.00	+12 −15	8.34	4.75	+12 −15	9.81
100	4	114.0		4.00		10.85	5.00		13.44
125	5	140.0		4.00		13.42	5.50		18.24
150	6	165.0		4.50		17.81	5.50		21.63

附件 2　无缝钢管常用规格

外径 D/mm	壁厚 δ(mm)								
	2.5	3.0	3.5	4.0	4.5	5.0	6.0	7.0	8.0
	理论质量 kg/m								
57	3.36	4.00	4.62	5.23	5.83	6.41	7.55	8.63	9.67
60	3.55	4.22	4.88	5.52	6.16	6.78	7.99	9.15	10.26
73	4.35	5.18	6.00	6.81	7.60	8.38	9.91	11.39	12.82
76	4.53	5.40	6.26	7.10	7.93	8.75	10.36	11.91	13.12

续 表

外径 D/mm	壁厚 δ(mm)								
	2.5	3.0	3.5	4.0	4.5	5.0	6.0	7.0	8.0
	理论质量 kg/m								
89	5.33	6.36	7.38	8.38	9.38	10.36	12.28	14.16	15.98
102	6.13	7.32	8.5	9.67	10.82	11.96	14.21	16.40	18.55
108	6.50	7.77	9.02	10.26	11.49	12.70	15.09	17.44	19.73
114				10.48	12.15	13.44	15.98	18.47	20.91
133				12.73	14.26	15.78	18.79	21.75	24.66
140				13.42	15.04	16.65	19.83	22.96	26.04
159					17.15	18.99	22.64	26.24	29.79
168						20.10	23.97	27.79	31.57
219							31.53	36.60	41.63
145								41.09	46.76
273								45.92	52.28

附件 3　热轧薄钢板常用规格

钢板厚度(mm)	钢板宽度(mm)								
	600	650	700,710	750	800	850	900	950	1000
	钢板最大长度(m)								
0.5,0.6	1.2	1.4	1.42	1.5	1.5	1.7	1.8	1.9	2
0.7,0.75,0.8,0.9	2	2	1.42	1.5	1.5	1.7	1.8	1.9	2
1.0	2	2	1.42	1.5	1.6	1.7	1.8	1.9	2
1.2～1.4	2	2	2	2	2	2	2	2	2
1.5～1.8	2	2	2	6	6	6	6	6	6
2.0	2	2	6	6	6	6	6	6	6

附件 4　冷轧薄钢板常用规格

钢板厚度(mm)	钢板宽度(mm)									
	600	650	700,710	750	800,850	900,950	1000,1100	1250	1400,1420	1500
	钢板最大长度(m)									
0.20～0.45	2.5	2.5	2.5	2.5	2.5	3	3	—	—	—
0.55～0.65	2.5	2.5	2.5	2.5	2.5	3	3	3.5	—	—
0.7,0.75	2.5	2.5	2.5	2.5	2.5	3	3	3.5	4	—
0.80～1.0	3	3	3	3	3	3.5	3.5	4	4	4
1.1～1.3	3	3	3	3	3	3.5	3.5	4	4	4
1.4～2.0	3	3	3	3	3	3.5	4	6	6	6

附件 5 常用扁钢规格

宽度(mm)	厚度(mm)									
	3	4	5	6	7	8	9	10	11	12
	理论质量									
10	0.24	0.31	0.39	0.47	0.55	0.63				
12	0.28	0.38	0.47	0.57	0.66	0.75				
14	0.33	0.44	0.55	0.66	0.77	0.88				
16	0.38	0.50	0.63	0.75	0.88	1.00	1.15	1.26		
18	0.42	0.57	0.71	0.85	0.99	1.13	1.27	1.41		
20	0.47	0.63	0.79	0.94	1.10	1.26	1.41	1.57	1.73	1.88
22	0.52	0.69	0.86	1.04	1.21	1.38	1.55	1.73	1.90	2.07
25	0.59	0.79	0.98	1.18	1.37	1.57	1.77	1.96	2.16	2.36
28	0.66	0.88	1.10	1.32	1.54	1.76	1.98	2.20	2.42	2.64
30	0.71	0.94	1.18	1.41	1.65	1.88	2.12	2.36	2.59	2.83
32	0.75	1.01	1.25	1.50	1.76	2.01	2.26	2.54	2.76	3.01
36	0.83	1.13	1.41	1.69	1.97	2.26	2.51	2.82	2.11	3.39

附件 6 等边角钢常用规格

角钢号数	尺寸(mm)		截面面积	外表面积	理论质量
	b	d	(cm^2)	(m^2/m)	(kg/m)
2.0	20	3	1.132	0.078	0.889
		4	1.459	0.077	1.145
2.5	25	3	1.432	0.098	1.124
		4	1.859	0.097	1.459
3	30	3	1.749	0.117	1.373
		4	2.276	0.117	1.786
3.6	36	3	2.109	0.141	1.656
		4	2.756	0.141	2.163
		5	3.382	0.141	2.654
4	40	3	2.359	0.157	1.852
		4	3.086	0.157	2.422
		5	3.791	0.156	2.976
4.5	45	3	2.659	0.177	2.088
		4	3.486	0.177	2.736
		5	4.292	0.176	3.369
		6	5.076	0.176	3.985

续 表

角钢号数	尺寸(mm)		截面面积 (cm²)	外表面积 (m²/m)	理论质量 (kg/m)
	b	d			
5	50	3	2.971	0.197	2.332
		4	3.897	0.197	3.059
		5	4.803	0.196	3.770
		6	5.688	0.196	4.465
5.6	56	3	3.343	0.211	2.624
		4	4.390	0.220	3.446
		5	5.415	0.220	4.251
		6	8.367	0.219	6.568
6.3	63	4	4.978	0.248	3.907
		5	6.143	0.248	4.822
		6	7.288	0.247	5.721
7.0	70	4	5.570	0.275	4.372
		5	6.875	0.275	5.397
		6	8.160	0.275	6.406

附件7　常用不等边角钢规格

角钢号数	尺寸(mm)			截面面积 (cm²)	理论质量 (kg/m)	外表面积 (m²/m)	通常长度 (m)
	B	b	d				
3.2/2	32	20	3 4	1.492 1.939	1.171 1.522	0.102 0.101	3～9
5/3.2	50	32	3 4	2.431 3.177	1.908 2.494	0.161 0.160	
5.6/3.6	56	36	3 4 5	2.743 3.590 4.415	2.153 2.818 3.466	0.181 0.180 0.180	
6.3/4	63	40	4 5 6 7	4.058 4.993 5.908 6.802	3.185 3.920 4.638 5.339	0.202 0.202 0.201 0.201	4～12
7.5/5	75	50	5 6 8 10	6.125 7.260 9.467 11.590	4.808 5.699 7.431 9.098	0.245 0.245 0.244 0.244	

附件8 常用槽钢规格

型 号	尺寸(mm)			截面面积	理论质量	通常长度
	h	b	d	(cm^2)	(kg/m)	(m)
5	50	37	4.5	6.93	5.44	5～12
6.3	63	40	4.8	8.444	6.63	
6.5	65	40	4.8	8.54	6.70	
8	80	43	5.0	10.24	8.04	
10	100	48	5.3	12.74	10.00	5～19
12	120	53	5.5	15.36	12.06	
14 a	140	58	6.0	18.51	14.53	
14	140	60	8.0	21.31	16.73	
16a	160	63	6.5	21.95	17.23	6～19
16	160	65	8.5	25.15	10.74	
18a	180	68	7.0	25.69	20.17	
18	180	70	9.0	29.29	22.99	
20a	200	73	7.0	28.83	22.63	
20	200	75	9.0	32.83	25.77	
22a	220	77	7.0	31.84	24.99	
22	220	79	9.0	36.24	28.45	

附件9 常用圆钢规格

圆钢直径 d(mm)	截面面积 (cm^2)	理论重量 kg/m	圆钢直径 d(mm)	截面面积 (cm^2)	理论重量 kg/m
5	0.1963	0.154	15	1.767	1.39
5.6	0.2375	0.193	16	2.011	1.58
6	0.2827	0.222	17	2.270	1.78
6.5	0.3318	0.260	18	2.545	2.00
7	0.3848	0.302	19	2.835	2.23
8	0.5027	0.395	20	3.142	2.47
9	0.6362	0.499	21	3.464	2.72
10	0.7854	0.617	22	3.801	2.98
11	0.9503	0.746	23	4.155	3.26
12	1.131	0.888	24	4.524	3.55
13	1.327	1.04	25	4.909	3.85
14	1.539	1.21			

附件 10　导线穿管最小管径(一)

导线型号 0.45/0.75 kv	单芯导线 穿管根数	焊接钢管(SC)或水煤气钢管 导线截面(mm^2)													
		1.0	1.5	2.5	4	6	10	16	25	35	50	70	95	120	150
ZR—BV	2		15				25		32		40	50	70		80
BV	3								40		50	70			
BLV	4		20								70		80		
BV—105	5							40						100	
BLV—105	6				25				50					125	
BX	7						40			70	80				150
BLX	8					32									

附件 11　导线穿管最小管径(二)

导线型号 0.45/0.75 kv	单芯导线 穿管根数	薄壁钢管或硬质聚氯乙烯管 导线截面(mm^2)											
		1.0	1.5	2.5	4	6	10	16	25	35	50	70	95
ZR—BV	2		16		20		25	32	40		50	63	
BV	3						32	40			63		
BLV	4						40						
BV—105	5		25					50					
BLV—105	6												
BX	7				32								
BLX	8					40							

附件 12　导线穿管最小管径(三)

导线型号 0.45/0.75 kv	单芯导线 穿管根数	半硬质聚氯乙烯电线管 导线截面(mm^2)									
		1.0	1.5	2.5	4	6	10	16	25	35	50
ZR—BV	2	16		18	20		32		40		50
BV	3	18	20		25		40				
BLV	4	20							50		
BV—105	5		25		32						
BLV—105	6						50				
BX	7		32			40					
BLX	8										

参考文献

[1] 建筑工程施工质量验收统一标准. GB 50300—2001. 北京:中国建筑工业出版社,2001.

[2] 建筑地基基础工程施工质量验收规范. GB 50202—2002. 北京:中国建筑工业出版社,2002.

[3] 砌体工程施工质量验收规范. GB 50203—2002. 北京:中国建筑工业出版社,2002.

[4] 混凝土结构工程施工质量验收规范. GB 50204—2002. 北京:中国建筑工业出版社,2002.

[5] 钢结构工程施工质量验收规范. GB 50205—2002. 北京:中国建筑工业出版社,2002.

[6] 屋面工程施工质量验收规范. GB 50207—2002. 北京:中国建筑工业出版社,2002.

[7] 地下防水工程施工质量验收规范. GB 50208—2002. 北京:中国建筑工业出版社,2002.

[8] 建筑地面工程施工质量验收规范. GB 50209—2002. 北京:中国建筑工业出版社,2002.

[9] 建筑装饰装修工程施工质量验收规范. GB 50210—2001. 北京:中国建筑工业出版社,2001.

[10] 建筑给水排水及采暖工程施工质量验收规范. GB 50242—2002. 北京:中国建筑工业出版社,2002.

[11] 通风与空调工程施工质量验收规范. GB 50243—2002. 北京:中国建筑工业出版社,2002.

[12] 建筑电气工程施工质量验收规范. GB 50303—2002. 北京:中国建筑工业出版社,2002.

[13] 智能建筑工程施工质量验收规范. GB 50339—2003. 北京:中国建筑工业出版社,2003.

[14] 电梯工程施工质量验收规范. GB 50310—2002. 北京:中国建筑工业出版社,2002.

[15] 程协瑞. 安装工程质量验收手册. 北京:中国建筑工业出版社,2006.

[16] 穆红娟,孙滨. 建筑工程质量检验评定技术. 哈尔滨:黑龙江科学技术出版社,2005.

[17] 鲁辉,詹亚民. 建筑工程质量检查与验收. 北京:人民交通出版社,2007.

[18] 张志贤,邢兰菊. 通风管道制作与安装技术. 北京:中国建筑工业出版社,2009.